研究和出版资助：
中德财政合作“贵州省森林可持续经营项目

集体林区森林可持续经营

——以贵州中德财政合作项目为例

姚建勇　欧光龙　主编

中国林业出版社
China Forestry Publishing House

图书在版编目(CIP)数据

集体林区森林可持续经营：以贵州中德财政合作项目为例 / 姚建勇，欧光龙主编. -- 北京：中国林业出版社，2019.3
ISBN 978-7-5038-9356-8

Ⅰ. ①集… Ⅱ. ①姚… ②欧… Ⅲ. ①集体林－森林经营－可持续性发展－研究－贵州 Ⅳ. ①S750

中国版本图书馆CIP数据核字(2019)第039118号

中国林业出版社·自然保护分社（国家公园分社）
策划编辑 刘家玲
责任编辑 刘家玲 宋博洋

出　版 中国林业出版社
(100009 北京市西城区德内大街刘海胡同 7 号)
网　址 www.forestry.gov.cn/lycb.html
电　话 (010) 83143519
发　行 中国林业出版社
印　刷 固安县京平诚乾印刷有限公司
版　次 2019 年 3 月第 1 版
印　次 2019 年 3 月第 1 次印刷
开　本 787mm×1092mm 1/16
印　张 15.25 彩插 8 面
字　数 320 千字
定　价 80.00 元

集体林区森林可持续经营
——以贵州中德财政合作项目为例

编委会

主　编　姚建勇　欧光龙
副主编　李　宏

编委会成员（以姓氏笔画为序）

王　乾　王厚祥　叶道荣　刘　洋
阮友剑　李王刚　严晓梅　宋　禺
张　英　罗　姗　罗惠宁　赵泽龙
侯拥军　敖　俊　敖光鑫　夏　婧
郭　颖　高守荣　高艳平　凌　丽
黄家映　商倩霞　彭良信　曾宪勤
蒲德宽　雷　江　廖祥志　颜　伟

FOREWORD

序

贵州省是长江、珠江上游的重要生态安全屏障，总面积 1761.677 万 hm^2，是我国南方重要的集体林区之一。自 2000 年以来，贵州省委、省政府高度重视生态建设，抢抓西部大开发机遇，提出了“生态立省”战略，实施了以退耕还林、天然林保护等为重点的生态建设工程和“绿色贵州建设三年行动计划”，全省森林覆盖率以每年 1 个百分点快速增长。到 2017 年底，全省森林覆盖率达到 55.3%，森林面积达到 974.2 万 hm^2，其中集体林面积占 94.2%，森林蓄积量 4.49 亿 m^3，乔木林单位面积蓄积量为全国平均水平 89.79 m^3/hm^2 的 87%，为世界平均水平的 50% 左右，为德国、日本等林业发达国家的 25% 左右。长期以来，贵州在森林经营上，重视造林增加森林面积和采伐利用木材，忽视抚育经营提高森林质量，“重造轻管、重护轻营、重量轻质”的现象普遍存在，林分质量总体不高、森林生态系统稳定性低、生态产品不足、珍贵大径材短缺等问题十分突出，林业生态脆弱、产业滞后的局面仍未得到根本性改变。这对贵州省森林可持续经营，尤其是集体林的可持续经营提出了在技术体系、政策体系等方面的强烈需求。

中德财政合作贵州省森林可持续经营项目（以下简称项目）以森林近自然经营理念为指导，遵循自然规律，模拟自然形态，采取七大经营措施，培育出接近自然又优于自然的森林。“通过森林经营获取木材，而不是通过破坏森林获取木材，森林不怕砍，关键是砍什么留什么，这样才能真正实现越采越多、越采越好，实现森林的永续利用”——这一理念得到项目区广大干部群众的普遍认同。项目制定了森林可持续经营技术标准体系，实现了德国技术本土化，创建了森林经营的“贵州模式”。

《集体林区森林可持续经营——以贵州中德财政合作项目为例》一书，全面总结了中德项目的主要做法和成功经验，阐释了森林经营的“贵州模式”，为贵州省认真贯彻落实《国家林业和草原局关于支持贵州省建设长江经济带林业草原改革试验区的意见》和《贵州省人民政府办公厅印发生态优先绿色发展森林扩面提质增效行动计划》两个文件，提出的创新森林质量提升方式的实现具有重要的意义，同时为我国南方集体林区的森林可持续经营提供参考与借鉴。

2018 年 12 月

PREFACE

前言

森林经营是林业可持续发展的基础，为实现森林可持续经营，各国纷纷探索森林可持续经营理论，开展了大量促进森林可持续经营的实践活动。自20世纪50年代以来，已逐步形成了多个森林可持续经营的模式，较为典型的包括森林生态系统经营理论、“近自然的林业”理论和综合森林经营理论（或森林多功能经营理论）。贵州省地处我国西南亚热带地区，到2017年底，贵州省森林面积达到974.2万hm^2（1.461亿亩），森林覆盖率达到55.3%，乔木林中幼龄林面积占71.11%，森林蓄积量仅为4.49亿m^3，乔木林单位面积蓄积量为全国平均水平89.79 m^3/hm^2的87%，普遍存在森林经营滞后、森林质量不高的问题。

德国在森林可持续经营方面有着世界先进的理论、技术和经验，贵州省在国家财政部、原国家林业局的大力支持下，2009年争取到德国政府赠款项目——中德财政合作贵州省森林可持续经营项目（以下简称项目）。项目总投资8134万元，其中德方赠款450万欧元，折合人民币4275万元，占总投资的52.6%；中方配套人民币3859万元，占总投资的47.4%。在开阳、息烽、黔西、大方、金沙县以及百里杜鹃管委会实施，涉及1511个村6.02万农户。项目实施八年来，经过省、市、县三级政府及林业、财政、审计等部门的共同努力，实施森林经营面积6.24万hm^2，占协议面积3.5万hm^2的178.3%，据监测数据显示，间伐4年后中龄林分和近熟林分胸径年生长量分别提高35.29%和27.02%，立木蓄积平均年生长量分别提高了24.67%和33.33%。生物多样性增加，生态服务价值提高了30%。项目制定了《参与式林业方法指南》、《森林经营设计方案编制指南》、《森林可持续经营技术指南》和《森林可持续经营监测指南》等标准体系，确立了森林经营方案的核心地位，要求按审批的森林经营方案组织实施森林经营活动，引导农民组建了151个森林经营单位，编制完成森林经营方案151个，采取省、市、县三级培训模式，通过培训和实践实操，许多农户逐步成为名副其实的“土专家”。项目探索出一整套适合贵州乃至我国南方集体林区可复制可推广的森林可持续经营模式，实现了德国技术本土化。项目得到了国家林业和草原局对外合作项目中心领导及德国复兴银行期终评估专家的充分肯定，项目首席技术顾问 Hubert Forster（胡伯特 · 福斯特）先生这样评价 :“中德财政合作贵州省森林可持续经营项目实施十分成功，项目成果大大超出预期，如果贵州乃至中国的森林经营目标是建设充满活力、稳定和高生产力的林分，且兼顾经济、生态和社会效益，有效的途径就是实施中德财政合作贵州省森林可持续经营项目”。

本书共分为 8 章，第 1 章介绍了森林可持续经营的理论基础，第 2 章介绍了集体林及其森林经营现状，第 3 章介绍了贵州省森林资源及森林经营现状，第 4 ～ 8 章以项目为案例，介绍项目的具体操作及其经验。

本书是编著团队研究成果的总结，项目在实施过程中，得到了原贵州省林业厅厅长金小麒、巡视员甘如一、副厅长沈晓春、贵州省林业局局长黎平、副局长向守都的关心和支持，得到项目首席技术顾问 Hubert Forster（胡伯特 · 福斯特）先生、森林规划专家 Ulrich Apel（伍力）博士、国际监测专家 Josef Trainer（约瑟夫 · 特纳）先生、国际参与式林业专家 Sylvie Dideron（狄娟）女士和 George Kasberger（乔治·卡思博格）博士、国际森林采伐专家 Josef Wolf（约瑟夫·伍尔夫）先生、国际森林体验教育专家 Wolfgang Graf（武尔夫冈·格拉夫）先生、国内营林专家范安国和张伟斌先生、国内参与式林业与社会经济影响监测专家梁伟忠先生的指导。本书成稿后，得到了中国林业科学研究院陆元昌教授和贵州大学生命科学院喻理飞教授的审定，在此一并致谢！

由于时间仓促，加之作者水平有限，书中难免存在不足之处，恳请读者批评指正。

编者

2018 年 12 月

CONTENTS

目录

第 5 章　贵州省森林可持续经营方案编制

第 6 章　项目区森林可持续经营活动

第 7 章　项目区森林可持续经营活动影响监测

第 8 章　贵州省森林可持续经营项目取得的成果、经验及应用前景

附　录

第1章 森林可持续经营的理论基础

本章综述了森林经营的基本理论，并介绍可持续发展、林业可持续发展和森林可持续经营的相关概念，尤其重点阐述了森林可持续经营的原则、标准及其主要做法，并介绍了参与式森林可持续经营的相关内容，从而为今后贵州省中德财政合作项目形成的森林可持续经营技术和经验的推广奠定理论基础。

1.1 森林经营概述

1.1.1 森林经营定义

1.1.1.1 森林经营的概念

森林经营（forest management，management of silviculture）是指从森林建群后幼林郁闭到实现培育目标的林分成熟状态这整个森林生长发育期间执行抚育间伐到主伐更新的一系列作业和管理措施的有序技术体系。一般地看，森林经营就是对现有森林进行科学培育以提高森林产量和质量的生产活动总称，主要包括森林抚育、林木改造、采伐更新、护林防火及副产品利用等。广义的森林经营还包括林木病虫害防治、林场管理、产品销售、狩猎等。在林业生产中，森林经营工作范围广，持续时间长，要求在生态学基础上妥善解决森林中的种种矛盾，及时恢复森林，扩大森林资源，保护森林环境，促进森林生长，提高森林质量和各种有益效能，缩短培育林木时间，合理控制采伐量，逐步实现越采越多、越采越好、青山常在、永续利用。

在中国通常指为获得林木和其他林产品或森林生态效益而进行的营林活动，包括更新造林、森林抚育、林分改造、护林防火、林木病虫害防治、伐区管理等。广义的森林经营则是指以森林为经营对象的全部管理工作，除营林活动外，还包括森林调查和规划设计、林地利用、木材采伐利用、林区动植物利用、林产品销售、林业资金运用、林区建设和劳动安排、林业企业经营管理以及森林生态效益评价等。

按经营目的可划分为两大类：①生产性经营。主要是为了生产木材、柴炭和各种林产品，如用材林、薪炭林、竹林、经济林的经营。②生态性经营。主要是为了发挥森林的生态效益，改善人们的生产、生活环境条件，如防护林、水源涵养林、水土保持林、防风固沙林、风景林、自然保护区的森林经营。

生产性经营中又有掠夺经营与永续经营、粗放经营与集约经营的区别。掠夺式经营是对森林只顾采伐利用，不顾育林，仅靠天然更新成次生林的经营方式。永续经营是在遵循森林采伐量不超过生长量的原则下利用森林，并注重人工培育，使森林资源越采越多，能持久发挥生态效益的经营方式。粗放经营主要依赖森林的自然更新与生长能力。集约经营是在一定的林地面积上，投入较多的生产资料，采用先进技术措施，获得较高的林木产量和较大的生态效益的经营方式。中国森林资源人均数量少，木材供需矛盾较大，改变这种状况需实行永续经营，并由粗放经营向集约经营转化。

按生产关系划分，在中国有国家经营、合作经营和个体经营三种基本类型。东北、内蒙古和西南的大林区主要是由国家设立林业企业进行森林经营。长江以南的浙江、安徽、江西、福建、湖北、湖南、贵州、广西、广东等省、自治区的森林以合作经营为主，其中有的是集体统一经营，有的是由家庭承包经营全民所有和集体所有的山林。个体经营的主要是农村居民自有的、种植在房前屋后和自留山上的林木。

1.1.1.2 森林经营与森林经理的异同

森林经营与森林经理两词在英文中都是 forest management，这样易把内涵实际存在很大差异的二者等同起来，进而使得各自的工作、研究方向变得扑朔迷离，不利于它们的发展。但是，除了差别外，二者间同样存在千丝万缕的联系，再加上都又处在不断地发展之中，所以长期以来，二者的模糊叠加性一直困惑着许多人，因此，有必要对二者进行分析界定。

（1）森林经营与森林经理区别

首先，概念不同。森林经理指根据森林永续利用的原则，对森林资源进行详细调查和规划设计，制定森林经营方案，是林业生产的全面调查和规划设计工作，内容包括林业生产条件的调查研究、检查和分析森林经营活动，清查森林资源，组织和划分森林经营单位、设计森林权所有者副产品利用及各种森林经营措施，最后编成森林施业案（即森林经营利用规划方案），以指导林业生产工作。森林经营是各种森林培育措施的总称。通常指为获得林木和其他林产品或森林生态效益而进行的营林活动，包括更新造林、森林抚育、林分改造、护林防火、林木病虫害防治、伐区管理等。广义的森林经营则是指以森林为经营对象的全部管理工作，除营林活动外，还包括森林调查和规划设计、林地利用、木材采伐利用、林区动植物利用、林产品销售、林业资金运用、林区建设和劳动安排、林业企业经营管理以及森林生态效益评价等。

其次，范围不同。森林经理是根据林业部门的四大特点，即林业任务的多样性、林业生产周期的长期性、经营面积的辽阔性和森林永续再生性，对某一现实森林进行科学的经营，以便发挥森林的不断再生产和森林的多种效益，所进行一系列的专门工作，森林经营应该是在森林经理的指导思想下的森林经理工作的延伸和深入，也就是对某一现实森林进行调查分析，然后确定合理的经营原则以及合理经营和合理采伐技术进行规划设计，提出经营利用案，最后才进行森林经营，分别不同的林种、不同的树种、不同的小班或不同的经营类型，把相应的经营技术落实到各个山头地块，采取不同的作业式。所以，不管是从时间尺度还是从地域范围上，森林经理工作都超越森林经营。地域上，森林经理的工作对象可以是一个林业局、一个林场或一大片森林；而森林经营的范围往往小得多，一般针对林分、一个小班，大至一个经营类型。时间上，森林经理必须考虑林业生产的全过程，保持时间上的连续性，周而复始，永续利用；森林经营仅是在造林抚育以后对森林采取的全部活动。

第三，任务不同。伴随着社会和科学的发展，特别是国际环发大会以来，林业发生了巨大的变化，同森林经理密切相关的是可持续发展林业思想的确定。可持续林业肩负着优化环境与促进发展的双重使命，是林业发展的新阶段，在这个阶段森林经理的任务要有相应的转变和丰富，具体包括：森林调查及森林区划，编制森林经营方案，方案执行后的检查、修订和监督，森林资源管理。森林经营是一整套经营技术的综合，是以现有的单个林分为出发点，所以，相比之下任务差异很大，同时显得更为具体。一是培育有生长潜力符合经营要求的中幼龄林；二是改造低质劣林；三是提高林地利用率；四是合理利用森林资源；五是提高林地生产力；六是开展综合利用，多种经营。

第四，学科性质不同。森林经理从学科性质上讲，即森林经理学，是一门集理论与实践于一体，涉及生物、技术、管理的综合性同时在林学中已属于开拓性的学科。既有经营性质，又有管理性质，但是又不是二者的简单相加，从历史和现状考察，以及从这门学科的问世及其发展历程来分析，森林经理学是一门偏重于技术性具有硬科学和软科学的综合体。森林经营学和森林经理学相比，不管是研究范围还是研究内容都要简单得多，特别是在软科学性质方面，也就是在组织、管理、协调等工作方面，它是一门较为单纯的技术性学科。

（2）森林经营与森林经理相同点

首先，主体一致。森林不仅是个复杂的森林生态系统，并且是一个错综复杂的生态经济系统。实践证明，自然状态下的森林发挥不了其最大潜力和功能，也就满足不了人们日益高涨的各种效益的需求。森林经理和森林经营学科以研究森林为中心，但十分强调人在其中的参与作用，强调以人为本，注重人的主观能动性的发挥，因此它们的主体是一致的，就是人，是林业工作者。特别是当前森林可持续经营的概念已拓宽到包括运用行政的、经济的、法律的、社会的以及科学技术等手段的综合行为，同时还是一种有计划的人为干预措施。所以把森林经营有关的组成要素、目标、结构组成以及在特定环境下结构功能转换的过程有机地结合起来，把过去的森林经理中“以物为中心”转换到“物理、人理、事理”有机结合的“以过程为中心”的轨道上来，形成一种开放的、动态的功能耦合过程。那么

森林经营管理工作者正是这种功能的组织者。

其次，根本目的一致。森林经营的思想是合理的多向森林利用，其目的是提高森林质量和有林地单位面积的产量，充分利用发挥林地的生产潜力，提高林地的占有率，从而提高林地的生产力、保护和扩大森林资源、提高森林的生态功能和社会效益。核心是提高单位面积的生长量，提高林地的占有率，只要森林多了，质量也就提高了，就能实现越经营越好、青山常在、永续利用的总目的。森林经理的目的是研究如何在时间和空间上保证森林永续利用的实现，因此必须研究森林经理对象的结构，各森林类型的空间布局及相互关系、作用，从时间、空间上安排林业生产措施后对经理对象产生的变化，也就是把现有森林经过科学经营管理，特别是调整之后达到永续利用以及最大限度地发挥经济效益和生态效益的状态为目的。从上述可知，二者虽然身处不同层次，其目的存在着合作又分工的差异，但在更高层次、更远的方位来分析，它们的根本目的是一致的，就是实现森林资源的永续利用，以及森林资源和人类社会的可持续发展。

1.1.2 森林经营的基本内容

1.1.2.1 森林经营的目的

人类经营管理森林的目的，是为了利用森林的功能满足人类生产和生活的需要。森林的功能主要有三方面：①生产木材和林产品；②涵养水源、保持水土、防风固沙、净化大气、调节气候、防止噪音、为野生动植物的栖息和繁殖提供场所等，目的是为了保护生态环境；③为旅游、卫生保健提供良好环境。各国和各地区的自然、经济情况有所不同，对森林各种功能所需要的方面与程度也不尽相同。过去人们经营森林多以利用木材为主，森林的生态功能已愈来愈为人们所认识，发挥森林的多种效益也愈来愈为人们所重视。例如横贯中国东北、华北、西北的防护林（习称“三北防护林”），森林经营的目的主要是为发挥森林保护生态环境的功能。

1.1.2.2 森林经营的指导原则

森林经营的指导原则主要是：①经济原则，通过经营森林，取得经济收益；②生态原则，保持森林生态效益持久发挥；③永续原则，坚持森林资源的消耗量不大于生长量，保持森林资源永续利用。这三项原则互相制约、互相促进，缺一不可。

1.1.2.3 森林经营的主要措施

森林经营的措施以森林经营的指导原则和国家制订的森林法规为依据。在中国，主要措施是：①在国有林区施行科学的林价制度；②对森林资源进行经理调查，掌握资源消长变化情况；③根据林业长远规划，编制森林经营方案，制定林业计划；④根据用材林的消耗量低于生长量的原则控制森林年采伐量，在森林资源增长的基础上增加木材产量；⑤森林采伐的当年或次年内完成更新造林，更新造林的面积和株数必须大于采伐的面积和株数；⑥防护林、国防林、母树林、风景林只进行抚育、更新伐，不进行主伐；⑦不采伐自然保护区的森林，保护珍贵的动、植物；⑧进行护林防火，禁止毁林开垦和其他毁林行为；⑨建立和完善林业生产的管理体制，充分调动群众经营林业的积极性；⑩加强林业企业的科学管理，提高劳动生产率，降低成本，增加收益；⑪积极开展集体林区森林经营的辅导工作，使群众通过经营林业获得持久的较多的收益。

1.1.2.4 森林经营的考核指标

考核森林经营好坏的主要指标是森林面积、森林蓄积量（森林中林木的材积总量）和森林生长量。采用这些指标有利于森林资源的扩大，为林业的扩大再生产提供坚实的物质基础。

1.2 森林可持续经营理论

1.2.1 森林可持续经营概述

1.2.1.1 可持续发展

20 世纪 80 年代，全球变化引起国际社会的普遍关注。联合国成立了环境与发展委员会专门研究人口、环境与发展相协调的问题，拟寻求一条新的发展道路，以解决全球性的环境危机。1987 年，该委员会发布了《我们共同的未来》的报告，全面地阐述了可持续发展的概念、定义、标准和对策。1992 年 6 月联合国环境与发展大会通过了《里约环境与发展宣言》、《21 世纪议程》、《关于森林问题的原则声明》等重要文件，并开放签署了联合国《气候变化框架公约》、《生物多样性公约》，充分体现了当今人类社会可持续发展的新思想，反映了关于环境与发展领域合作的全球共识和最高级别的政治承诺。目前可持续发展已经成为各国社会经济发展中的共识。

就其概念而言，目前被世界广为接受的是世界环境与发展委员会在《我们共同的未来》报告中对可持续发展的定义："既满足当代人的需要，又不对后代人满足其需要能力构成危害的发展"。其最终目标都是谋求人类在与自然相互协调的基础上实现社会经济的不断发展。也就是说，可持续发展的基础是"发展"，而"可持续"则对"发展"的本质作出限定（赵景柱，1995；1999）。可持续发展概念用简单明确的话说，就是我们要保障当前的发展方式导致留给后人的资源和环境条件至少不能低我们于现在拥有的水平。

1.2.1.2 林业可持续发展

林业可持续发展的概念源于可持续发展的概念，是可持续发展思想在林业中的具体应用和体现（林迎星，2000）。对于可持续林业的概念，国内外学者和一些国际组织先后提出了各自的看法。

Romm（1993）认为可持续林业是在价值冲突中保持和增强森林质量的行动方式，并提出可持续林业是一种适宜的社会过程，目的是建立森林充分满足可能存在的竞争利益的机会。这些利益机会如不加以解决，森林就可能减少。英国学者 Poore（1993）则认为林

业可持续发展是指“用前后一贯的、深思熟虑的、持续而且灵活的方式来维持森林的产品和服务，使之处于平衡状态，并用它来增加森林对社会福利的贡献”。Game（1994）则认为可持续林业应该实现林业部门各种效益的连续性，以保持林业部门满足地方和国家需要的潜力。CIF 确立“可持续发展”应用到森林经营中就是要实现“可持续的林地管理（sustainable forest land management)”，并将可持续的林地管理定义为：“确保任何森林资源的利用都是生物可持续的管理，并且，这种管理将不损害生物多样性，或同样的土地管理技术在未来用于经营其他森林资源的利用”。

林业涉及与森林有关的一切活动，包括森林资源的培育、采伐（采收）、加工利用诸多方面，当然也包括保护森林生态系统、保护森林景观和自然遗产，并且关系到林区及附近居民和在林区工作及参与与森林有关的活动的人们。因此，林业可持续发展必须考虑森林的持续利用和保护生态环境，它应该连续实现林业部门的各种经济效益和保持林业部门满足地方和国家需要的潜力。林业可持续发展就应该把数量、质量、效益和环境结合起来，在不破坏森林与生态环境，不损害子孙后代利益的条件下实现当代人对各种森林效益的供求平衡。

因此，林业可持续发展的内涵是：既满足当代人需求又不对后代需求构成危害，并不断地满足国民经济发展和人民生活水平提高对其物质产品和生态服务功能日益增长的需要，真正实现林业生态效益、经济效益和社会效益相统一（林业部，1995)。林业可持续发展战略的实施，既是贯彻国家可持续发展战略的具体行动，也将为完善国家可持续发展战略理论体系发挥重大作用。

1.2.1.3 森林可持续经营

森林可持续经营是林业可持续发展的基础。自 20 世纪 80 年代起，已经有一些国际组织，如热带林业行动计划（TFAP)、国际热带木材协议（ITTA)、国际野生动植物濒危种贸易会议（CITES)、巴西热带雨林保护行动计划等，开始致力于调整林业政策，从而保持热带林可持续经营，联合国环境与发展计划署也在约束性和非约束性的林业活动方面开展一系列的活动。1992 年环发大会通过的《关于森林问题的原则声明》文件中，把森林可持续经营定义为：“可持续森林经营意味着对森林、生产力、更新能力、活力，实现自我恢复的能力，在地区、国家和全球水平上保持森林的生态、经济和社会功能，同时又不损害其他生态系统”（联合国环发大会，1992)。这一定义实际上已经综合了许多研究者的观点，因此，也被认为是一个具有普遍指导意义的概念（关百钧，1995)。

里约会议上充分突出了森林毁坏和减少后对全球环境带来严重的影响和危害，强调了保护和发展森林的重要性。在世界范围，特别是在世界高层次领导活动中，首次突出地强调了林业可持续发展在全球可持续发展中的重要性和它的战略地位。大会形成了“21 世纪议程”、“生物多样性公约”、“关于森林问题的原则声明”、“全球气候变化框架条约”和“防治荒漠化公约”等一系列重要文件，都包含了加强森林的保护、合理利用和对森林可持续经营的要求。因为会议一致认为森林的保护和可持续发展对于世界的环境和人类的未来具有关键的作用，从而基本上奠定了森林可持续经营的思想基础。

随后一些国际组织也开展一系列行动对森林可持续经营进行了探索，主要的国际行动有：万隆行动、赫尔辛基进程、蒙特利尔进程、新德里会议、政府间森林工作组（IPF）、联合国森林论坛（UNFF）、国际热带木材组织（ITTO）。如赫尔辛基进程中阐述“森林和林地的进行经营和利用应能既保护森林和林地的生物多样性、生产力、更新能力和活力，又能发挥现在和将来它们在地方、国家和全球水平上相应的生态、经济和社会功能潜力，而且不产生对其他生态系统的损害（FAO，2001；Ministerial Conference onthe Protection of Forests in Europe，2000）；国际热带木材组织（ITTO）则认为“经营永久性林地的过程应能够达到一个或多个明确定义的管理目标，连续生产所需要的林产品和服务，不降低其内部价值和森林的未来生产力，并且没有对物理和社会环境产生不良的影响（Anon，1998；David，1997；ITTO，1992)”；联合国粮农组织（FAO）提出“森林可持续经营是一种包括行政、经济、法律、社会、技术以及科技等手段的行为，涉及天然林和人工林。它是有计划的各种人为干预措施，目的是保护和维持森林生态系统及其各种功能”（FAO，2000；John,1996）。从而使得森林可持续经营的思想和理论在20世纪末逐渐产生和发展起来（蒋有绪，2001；张守攻等，2001）。

归结起来，关于森林可持续经营的定义，目前比较一致的观点可归纳为：森林可持续经营是指森林经营过程中，通过现实和潜在森林生态系统的科学管理、合理经营，维持森林生态系统的健康和活力，维护生物多样性及其生态过程，以此来满足社会经济发展过程中对森林产品及其环境服务功能的需求，保障和促进人口、资源、环境与社会、经济的持续协调发展的森林经营体系（Romm，1993；朱春全，1998；张玉珍等，1999）。而就森林可持续经营应该在哪些方面做得可持续，美国学者 Richmrd（1991）给出了8个可能的回答：①主导产品的持续性；②人类利用的可持续性；③社区的可持续性；④地球村的可持续性；⑤生态系统类型的可持续性；⑥生态系统自我维持的可持续性；⑦生态系统安全保障的可持续性；⑧核心生态系统的可持续性。并且特别强调每一种可能答案所要持续的具体内容和重点是不同的，也需要各不相同的森林经营体系。因此，可持续森林是多种多样的，可持续的森林并没有统一的标准，取决于森林所处的外部环境条件和相应的经营目标取向（沙琢，1993；黄选瑞等，2000）。

1.2.2 森林可持续经营原则、标准及主要做法

1.2.2.1 森林可持续经营原则

目前关于森林可持续经营的原则，各个组织或研究者的认识不完全一致，但其定义内涵从本质上都包含了如下三个原则。

第一，分类经营原则。即根据森林在当地国民经济中的地位与作用，确定森林的主导

功能，进而决定森林经营的主导目标。按照不同的经营目标，采取相应的经营体制、技术体系和经营模式。

第二，可持续原则。即永续收获所需森林产品、持续地享受森林提供的各种服务和利用森林生产力。

第三，协调原则。即对森林经营过程中出现的经济效益与生态社会效益、当前利益与长远利益、局部利益与整体利益等各种冲突与矛盾进行调控，保障和促进社会、经济、环境、资源的协调持续发展（张守攻等，2001；蒋有绪，2001）。

1.2.2.2 森林可持续经营标准

在探索森林可持续经营模式的同时，发展森林可持续经营标准和指标也成为一种趋势。按照目前森林可持续经营标准与指标在世界的发展情况，标准与指标可分为 3 个大的层次：大生态区水平（国际进程）、国家水平和亚国家水平（地区水平、经营单位水平以及当地社区水平）。目前研制并形成的较为重要的国际进程与标准框架有 9 个，即国际热带木材组织进程、赫尔辛基进程、蒙特利尔进程、塔拉波托倡议、非洲干旱区进程、近东进程、中美洲进程、非洲木材组织进程和亚洲干旱区进程，他们涉及不同地区和不同类型的森林（Wijewar dana，1997；黄清麟，1999；郭建宏，2003）。

①国际热带木材组织进程。确定了主要针对国家水平上促进热带森林可持续经营所需的法律和政策“投入”的 5 个标准和 27 个“可能的指标”，同时确定了应用于森林经营单位水平上的标准与指标。该进程规范了热带木材组织中的生产和消费国的行动，解决热带湿润森林的可持续经营问题。

②赫尔辛基进程。也称泛欧进程，提出了关于欧洲森林可持续经营的标准与指标，确定了 6 条标准和可定量的 27 个指标，从而解决欧洲森林的可持续经营问题。

③蒙特利尔进程。由欧安会主持，针对北方温带森林可持续经营提出了 7 个标准和 67 个指标。该规程制定除欧洲以外的温带和北方森林保护和可持续经营标准与指标。中国参与了这个进程。

④塔拉波托倡议。亚马逊合作条约缔约国主持制定了亚马逊森林可持续经营标准与指标，确立了国家水平上的 7 个标准和 47 个指标，森林经营单位水平上的 4 个标准和 23 个指标以及国际水平上的 1 个标准和 7 个指标。

⑤非洲干旱区进程。联合国粮农组织和环境署主持，是由 29 个非洲干旱区的国家参与的标准与指标进程，确定了 7 个国家水平上的标准和 47 个指标。

⑥近东进程。由联合国粮农组织和环境署主持，制定了用于近东地区的森林可持续经营的标准与指标，确定 7 个国家水平上的标准和 65 个指标。

⑦中美洲进程。联合国粮农组织主持为中美洲 7 个国家制定了森林可持续经营标准与指标。确定了 8 个国家水平上的标准和 53 个指标。

⑧非洲木材组织进程。参加的国家是非洲西部和中部的国家，并重点考虑了森林经营

单位水平上的指标，包括5个原则2个子原则，28个标准和60个指标。

⑨亚洲干旱地区进程。参加的国家有孟加拉国、不丹、中国、印度、蒙古、缅甸、尼泊尔、斯里兰卡和泰国。

各组织和进程的森林可持续经营的标准和指标虽然侧重点不同，但目标基本一致，即都是把森林作为一个复杂的生态系统来进行讨论，都是寻找了获得森林多种效益的可持续经营的特征（张守攻 & 姜春前，2000）。

我国是世界上较早开展森林可持续经营标准与指标制定工作的国家之一，并一直受到政府的高度重视（姜春前，2003）。1995年，我国开始制定“中国森林保护和可持续经营的标准与指标框架”（李金良等，2003；狄文彬，2006），并在全国选择了5个地区开展了林业可持续发展试验示范研究。2002年10月，结合中国国情、林情以及蒙特利尔进程标准要求的《中国森林可持续经营标准与指标》正式发布实施（雷静品等，2009；雷静品，2013）。它成为了指导我国开展森林经营活动、促进森林可持续经营的重要标准。

1.2.2.3 *森林可持续经营的主要做法*

为了实现森林可持续经营，各国纷纷发展森林可持续经营理论，并开展了大量促进森林可持续经营的实践活动。自20世纪50年代以来，已逐步形成了多个反映可持续经营要求的森林经营模式，较为典型的包括森林生态系统经营理论、“近自然的林业”理论和综合森林经营理论（或森林多功能经营理论）。其中，森林生态系统经营模式由美国提出，目的是在景观水平上长期保持森林生态系统的健康和生产力，它提倡“适应性经营”，实行综合资源管理（郑小贤，1998；邓华锋，1998）；“近自然林业”主要涉及森林的微观经营问题，即针对林分提出的具体经营策略，其目标是使森林接近自然状态，实现生态与经济的稳定（黄清麟，1999；邵青还，2003）；综合森林经营是加拿大提出的一种可持续发展思想，维持森林环境的生态完整性和多种效益的经营模式，该国于1992年在全国建立了10个不同类型的研究实验区，形成了“加拿大模式林网络”，并制定了详细的行动框架（郭建宏，2003；赵艳萍，2006；黄金诚，2006）。

（1）森林生态系统经营

1985年美国著名林学家J. F. 福兰克林（J. F. Franklin）提出了一种“新林业（new forestry）”理论，即以森林生态学和景观生态学的原理为基础，以实现森林的经济价值、生态价值和社会价值相统一为经营目标，建成不但能永续生产木材和其他林产品、而且也能持久发挥保护生物多样性及改善生态环境等多种效益的林业。该理论是福兰克林教授根据他40年来对美国西北部针叶林的森林经营、森林生态系统和景观生态学的研究，以及针对美国现行林业政策的利弊而提出来的，对美国国有林的改革和实践起着重要的作用（赵秀海等，1994）。

新林业理论的基本特点：森林是多功能的统一体，森林经营单元是景观和景观的集合，森林资源管理建立在森林生态系统的持续维持和生物多样性的持续保存上。新林业的最大特点：把森林生产和保护融为一体，保持和改善林分和景观结构的多样性。

新林业理论的主要框架：林分层次的经营目标是保护和重建不仅能够永续生产各种林产品，而且也能够持续发挥森林生态系统多种效益的森林生态系统。景观层次的经营目标是创造森林镶嵌体数量多、分布合理，并能永续提供多种林产品和其他各种价值的森林景观。

新林业思想的核心：维持森林的复杂性、整体性和健康状态。

1992 年，美国农业部林务局基于类似的考虑，提出了对于美国的国有林实行“生态系统经营（forest ecosystem management)”的新提法，成为其含义与“新林业”类似核心思想、科学内涵和技术模式的具体表达。

不同学者或者组织根据各自的立场和观点，提出了不同的森林生态系统经营的定义。美国林务局认为森林生态系统经营是:“在不同等级生态水平上巧妙、综合地应用生态知识，以产生期望的资源价值、产品、服务和状况，并维持生态系统的多样性和生产力”，“这就要求我们必须把国家森林和牧地建设为多样的、健康的、有生产力的和可持续的生态系统，以协调人们的需要和环境价值”。美国林纸协会认为：“在可接受的社会、生物和经济上的风险范围内，维持或加强生态系统的健康和生产力，同时生产基本的商品及其他方面的价值，以满足人类需要和期望的一种资源经营制度”。美国林学会的定义则为：“森林生态系统经营是森林资源经营的一条生态途径，它试图维持森林生态系统复杂的过程、路径及相互依赖关系，并长期地保持其良好的功能，从而为短期压力提供恢复能力，为长期变化提供适应性”，也就是说森林生态系统经营是“在景观水平上维持森林全部价值和功能的战略”。美国生态学会指出:“森林生态系统经营是由明确目标驱动，通过政策、模型及实践，并经过监控和研究使之可适应的经营，它要求经营必须依据对生态系统相互作用及生态过程的了解，进而维持生态系统的结构和功能”（邓华锋，1998）。显然，这些定义有所不同，但突出一个共同点，即人与自然的和谐发展、利用生态学原理、尊重人对生态系统的作用和意义、重视森林的全部价值。

生态系统经营的主要特征：森林经营从生态系统相关因子去考虑，包括种群、物种、基因、生态系统及景观，确保森林生态系统的完整性，保护生物多样性；注重生态系统的可持续性，人类是生态系统的组成部分，但人类生产、生活以及价值观念会对生态系统产生强烈的影响，最终导致影响人类本身；效仿自然干扰机制的经营方式，森林生态系统中的动植物在长期自然干扰过程中已经具有适应和平衡机制，包括竞争、死亡、灭绝现象，森林经营应在其强度、频度等方面类似于自然干扰因子的影响，选择合适的技术；森林经营注意交叉科学与技术体系；放宽森林生态系统经营的空间与时间。传统森林经理期限是 5～10 年，而生态系统经营的期限应在 100 年以上，从而保持生态系统的稳定性和可持续性。

（2）森林近自然经营

“近自然林业（close-to-nature forestry)”是基于欧洲恒续林（Dauerwald，英文译为

continuous cover forest，简称 CCF）的思想发展起来的。CCF 从英文直译为连续覆盖的森林，由德国林学家 Gayer 于 1854 年率先提出，它强调择伐，禁止皆伐作业方式；1922 年，Moeller 进一步发展了 Gayer 的恒续林思想，形成了自己的恒续林理论，提出了恒续林经营；1924 年 Krutzsch 针对用材林的经营方式，提出接近自然的用材林，并于 1950 年与 Weike 合作，通过结合恒续林理论，提出了接近自然的森林经营思想。至此，近自然的森林经营理论雏形与框架已基本形成。在此后的几十年里，为纪念提出这一思想的林学家，并区别于“法正林（normal forest）”理论，恒续林成了近自然林业的代名词，并在生产实践中得到了广泛应用（邵青还，1991）。

“森林近自然经营”可表达为在确保森林结构关系自我保存能力的前提下遵循自然条件的林业活动，是兼容林业生产和森林生态保护的一种经营模式。其经营的目标森林为：混交林—异龄—复层林，手段是应用“接近自然的森林经营法”。所谓“接近自然的森林经营法”就是指尽量利用和促进森林的天然更新，其经营采用单株采伐与目标树相结合的方式进行。也就是从幼林开始就确定培育目的和树种，再确定目标树（培育对象）及其目标直径，整个经营过程只对选定的目标树进行单株抚育。抚育内容包括目的树种周围的除草、割灌、疏伐和对目的树的修枝及整枝等。对目的树个体周围的抚育范围以不压抑目的树个体生长并能形成优良材为准则，其余乔灌草均任其自然竞争，天然淘汰。单株择伐的原则是，对达到目标直径的目标树，依据事先确定的规则实施单株采伐或暂时保留，未达到目标直径的目标树则不能采伐；对于非目的树种则视对目的树种生长影响的程度确定保留或采伐。一般不能将相邻大径木同时采伐，而按树高一倍的原则确定下一个最近的应伐木。

森林近自然经营的核心就是在充分进行自然选择的基础上加上人工选择，保证经营对象始终是遗传品质最好的立木个体。其他个体的存在，有利于提高森林的稳定性，保持水土，维护地力，并有利于改善林分结构及对保留目标树的天然整枝。由于应用“近自然林业”经营方法时，充分利用了适应当地生态环境的乡土植物，因此维持了群落稳定性，并在最大程度上保持了水土、维护了地力、提高了物种多样性（邵青还，1994）。

“森林近自然经营”并不是回归到天然的森林类型，而是尽可能使林分的建立、抚育以及采伐的方式同潜在的天然森林植被的自然关系相接近。要使林分能进行接近自然生态的自发生产，达到森林生物群落的动态平衡，并在人工辅助下使天然物种得到复苏，最大限度地维护地球上最大的生物基因库——森林生物物种的多样性。

（3）森林多功能经营

在 1849 年德国浮士德曼（Faustmann）的土地纯收益理论引导下，时任德国国家林业局局长的冯 • 哈根于 1867 年提出了“森林多效益永续经营理论”，他认为林业经营应兼顾持久满足木材和其他林产品的需求以及森林在其他方面的服务目标，他还强调“不主张国有林在计算利息的情况下获得最高的土地纯收益，国有林不能逃避对公众利益应尽的义务，而且必须兼顾持久地满足对木材和其他产品的需要以及森林在其他方面的服务目标……管理局有义务把国有林作为一项全民族的世袭财产来对待，使其能为当代人提供尽可能多的成果，以满足林产品和森林防护效益的需要，同时又足以保证将来也能提供至少是相同的甚至更多的成果”（陈世清，2010）。

1886 年德国林学家 K. 盖耶尔(Karl Gayer)针对大面积同龄纯林的病虫危害、地力衰退、生产力下降等问题，提出评价异龄林持续性的法正异龄林—纯粹自然主义的恒续林经营思想。1890 年，法国林学家顾尔诺（A.Gurnand）和瑞士林学家毕奥莱（H. Biolley）提出了异龄林经营的检查法（control method）经营技术体系（亢新刚，2011）。

1905 年，恩德雷斯（Endres）在《林业政策》中认为森林生产不仅仅是经济利益，“对森林的福利效应可理解森林对气候、水和土壤，对防止自然灾害以及在卫生、伦理等方面对人类健康所施加的影响”。进一步发展了森林多效益永续经营理论。1933 年，在德国正准备实施的《帝国森林法》中明确规定：永续地、有计划地经营森林，既以生产最大量的用材为目的，又必须保持和提高森林的生产能力；经营森林尽可能地考虑森林的美观、景观特点和保护野生动物；必须划定休憩林和防护林。从而为木材生产、自然保护和游憩三大效益一体化经营奠定基础。后来因二战爆发，此法案未能颁布实施，但对以后的影响是深远的（王红春等，2000）。

20 世纪 60 年代以后，德国开始推行“森林多功能理论”，这一理论逐渐被美国、瑞典、奥地利、日本、印度等许多国家接受推行，在全球掀起一个“森林多功能经营”浪潮。1960 年，美国颁布了《森林多种利用及永续生产条例》，利用森林多功能理论和森林永续利用原则实行森林多功能综合经营，标志着美国的森林经营思想由生产木材为主的传统森林经营走向至经济、生态、社会多功能利用的现代林业。1975 年，德国公布了《联邦保护和发展森林法》，确立了森林多功能永续利用的原则，正式制定了森林经济、生态和社会三大功能一体化的林业发展战略（亢新刚，2011）。

1.3 参与式森林可持续经营的任务和目标

自 2000 年以来，中国实施了“集体林权制度改革”。该项改革对于提高农民积极性、改善森林经营的质量具有重要意义。但要促进森林可持续经营，“集体林权制度改革”也带来了一些不利的影响。集体林权制度改革后，集体林的森林利用权所有者主要是农户，但农户既没有知识，也没有计划（如采伐许可），更没有手段（实施森林可持续经营的设备、工具以及聘请劳动力实施森林可持续经营活动的补贴）来以专业的方式（森林可持续经营）经营森林。

这就意味着集体林权所有者（农户）需要接受专门培训，至少在森林可持续经营方面接受最基本的技术与资金支持，包括营林技术、森林保护和实施森林经营活动。对农民的这种支持与帮助一般叫做林业推广，必须由县和乡镇的林业技术人员来实施。且在过去，林业工作人员习惯于通常是以“森林公安”的身份工作。因此，就目前的林业推广而言，诸如林业工作人员的沟通技巧上的缺陷、林业工作人员缺乏给集体林权所有者提供咨询的能力，以及对林业工人实施培训的能力等方面的缺陷是显而易见的。

“参与式森林可持续经营”即集体林权所有者与林业工作人员在平等的基础上，以平等的合作伙伴身份进行交流。这种方法对项目试点区来说是新事物，因此，双方都需要学习此方法，并努力理解对方的观点和想法。通过这种方式，合作双方能找到可行的、为双方所接受、满足双方需求的森林可持续经营。合作富有成效一个必不可少的条件是，双方都清楚对方的兴趣所在、合作的机会与限制因素。

一般来说，森林使用权所有者是希望获得经济效益和社会效益，从而从森林获得某些直接、理想的收益，而林业工作人员关注和考虑的是森林的法律与生态方面、营林技术需求、可能性/机会与制约条件、组织机构方面、安全生产与可能的扶持项目（天保工程项目、国家森林抚育项目、中德合作森林可持续经营项目）。集体林权所有者（主要是农民）在提供劳动力方面可能有一定缺陷，或者有其他方面的制约因素，极大影响他们实施森林经营。林业工作人员的数量也很有限，交通工具条件有限，因此，他们的推广服务也受到限制。

此外，参与式方法还可以用于解决林主之间的冲突或解决那些组织某些林主参加森林可持续经营的社会问题。在这种情况下，林业工作人员可以作为协调人，把有冲突的各方叫到一起，共商解决办法。

在整个项目实施过程，包括实施森林可持续经营活动，集体林权所有者与林业工作人员之间开诚布公的交流与联系都极为重要，因为此方法有助于促进双方理解和找到合适的折中办法。

第2章 集体林及其森林经营现状

本章分析了我国集体林的相关概念及其历史沿革，并重点介绍了我国集体林经营中存在的问题，从而为今后贵州省中德财政合作项目形成的森林可持续经营技术和经验的推广及在我国集体林区的实施提供参考。

2.1 集体林相关概念及其历史沿革

2.1.1 集体林及相关概念

（1）林权

一般而言，林权就是指森林、林木、林地的权属，是指森林、林木、林地的所有权，以及森林、林木、林地的占有权、使用权、收益权、处分权四种权利构成了完整的林权权束（戴广翠和徐晋涛，2002）。关于林权学界存有不同的观点，归纳一下主要有三种（佟玉焕和黄映晖，2018）。第一种是从法律角度来架构其权益属性，该观点认为林权是森林资源财产权在法律上的具体体现，它包括林业资产的占有权、使用权、处置权和收益权（廖文梅，2013），中国林权属于残缺性产权（林木采伐受限，林地管理受制）；第二种是从经营角度来申明其权益范畴；林权包括森林、林木、林地的所有权和使用权，林地承包经营权等，林权具有分散性、多样性、物权性、流动性、地域性五个特性（江机生等，2009），第二种观点比第一种观点多了林地承包权，权属界定更加清晰且符合当前中国林业经营的实际需求，范围更加广泛；第三种观点从经济角度来体现其权益范围，认为林权作为一个集合的概念，属于经济范畴，是人们对林业资产享有所有、收益、处置和使用监督关系，包括林地权属、林木权属和森林环境产权（沈月琴等，2004）。综上，林权是林业所有者或经营主体依法对于森林资源及其环境、林地、林木的占有、使用、经营或承包、收益和处分的权利，并且这些权利都遵循一定的规范和准则，受到法律、习俗和道德层面的制约。

（2）集体林权

集体林权指集体所有制的经济组织或单位对森林、林木和林地所享有的占有、使用、收益、处分的权利。它包括：《土地改革法》规定的分配给农民个人所有的通过合作化时期转为集体所有的森林、林木、林地；集体所有的土地上由农村集体经济组织，农民种植、培育的林木；集体和国有林场等单位合作在国有土地上种植的林木；"四固定"时期确定给农村集体经济组织的森林、林木、林地；林业"三定"时期部分地区将国有林划给农民集体经济组织所有的且已由当地人民政府发放了林权证的林地等内容。

（3）集体林

集体林就是指山林权属于集体所有的森林，中国林业按权属可划分为集体林与国有林。集体林地的所有权多集中在村、村小组、乡（镇）；国有林地的所有权归国家，国有林多分布在重点国有林区、地方国有林区以及国有林场内。据国家林业局全国森林资源清查结果，集体所有的林业用地面积、森林资源面积分别为25亿亩[①]和15亿亩，占全国林业用地面积和森林资源面积的60.06%和57.55%，占据了大半壁的江山。随着国有林区的木材生产主体地位的下降，集体林区在生态、社会、经济可持续发展方面的作用变得更加重要。

（4）集体林权制度改革

集体林权制度是指法律规定的集体林权制，即法律规定属于集体所有的森林、林木和林地的所有权和使用权。集体林权制度改革分为主体改革和配套改革（也作深化改革）。主体改革的内容是分山到户，确定林农对于林地的使用权、经营权和林木的所有权。配套改革的内容则要复杂得多，包括林权抵押贷款、林业保险、林业合作组织建立和发展等等。这次改革的实质是将集体所有的林地分配到林农个人，让林农获得林地的经营自主权。

2.1.2 我国集体林的历史沿革

回顾和总结我国集体林的历史沿革，有利于理解和分析集体林的现状与问题，从中汲取经验和教训，为集体林改革的深化提供宝贵的借鉴。集体林权制度的演变过程是中央政府政策偏好变化的具体反映，而且始终交织着政府强制与农户回应的博弈过程。从土地改革到人民公社，中央政府推动集体林权制度变革的主导力量来自意识形态，而推行林业"三定"则是为了追求生产效率，再次启动集体林权制度改革则转变为生态效率导向（胡武贤，2011）。林权问题始终是我国集体林发展过程中的核心问题，集体林发展的历史实际上就是林业产权制度变迁的历史，以林业产权的历次变动为基础，学界对集体林的历史做了多种划分。可划分为以下五个阶段（钟艳，2005；刘璨等，2006；周峻，2010）。

（1）土地改革时期

这一时期从1949年到1952年。1950年6月，国家颁布了《中华人民共和国土地法》，规定全国的大森林、荒地、荒山等均归国家所有，由人民政府依法管理和经营国家所有的森林、荒山和荒地。从此以后，我国在东北、西南、西北原始林区建立了一批全民所有制

① 1亩=1/15公顷，下同。

林场、森工企业，在中原和南方大面积荒山荒地和天然次生林区，组建了一大批国营林场进行造林营林。土改过程中，地主、富农和林业经营者占有和出租的所有私有山林均被没收，归为国有或分给无山、少山的农民（陆文明和兰德尔·米尔斯，2002）。山林所有者可对自己所有的山林进行采伐、利用、出卖和赠送。

（2）农业合作化、人民公社、“四固定”时期

这一时期从1953年至1980年。1952年，中国进入计划经济建设时期。为克服土改时形成的分散的个体生产与国家有计划经济建设之间的矛盾，我国开始了农村合作化运动，把农民私人所有的成片山林作价转为集体所有的财产，农民私有的山林变成了私人和集体共有，这就是集体林业的雏形（张晓静，1999）。农民个人仅保留自留山上的林木及房前屋后的零星树木的所有权，山权及成片林木所有权通过折价入社，转为合作社集体所有。社员对入社的林业资产不再享有直接的支配权、使用权和占有处分权。从此，我国农村合作化运动从互助组、初级社、高级社，直到1958年的人民公社，原属于合作社的山林全部归为人民公社所有，这就确定了山林完全归国家和集体所有，而私有林几乎完全被取消。1961年撤销大公社恢复小公社后，除一小部分国有山林外，将大部分山林固定到生产小队或生产大队所有。

这一时期林农对林业资产的直接支配权、使用权和占有处分权丧失，林农对林权权益分配不满，集体山林受到严重破坏。

（3）林业“三定”及分户经营时期

这一时期从1981年至1991年。1981年中共中央、国务院颁发了《关于保护森林发展林业的若干问题的决定》，以“稳定山权林权，划定自留山和落实林业生产责任制”的林业“三定”政策开始在集体林区实施，这可以说是“我国森林权属变化史的分水岭”（陆文明和兰德尔·米尔斯，2002）。到1984年全国有75%的县和80%的乡村完成了林业“三定”，责任山和自留山分给各家各户经营，农民成为山林经营的主体。林业“三定”政策的实施，把农业部门成功的家庭联产承包责任制引入到林业，目的在于为农户提供足够的保障和权利，鼓励农户对林业投资。从此，集体林进入了森林资源管理的主体多元化、经营管理形式和组织方式多样化的发展时期。

这一时期，在集体林区实行开放市场、分林到户的政策，使农民拥有较充分的林地经营权和林木所有权。但由于配套政策没有跟上，改革缺乏法律政策支持，加上集体林区的特殊情况和工作方法的简单粗糙，致使一山多主、一主多山的现象严重，村与村、组与组、户与户的山林界限没有明确标记，这一时期的山林权属最为复杂、最不明晰历次的权属变化也使早期投资集体林的经营者利益受损，那些得到林地的农户因担心林地被重新收回而大肆砍掉林木，南方一些地区曾出现过比较严重的乱砍滥伐现象，因而这一时期林区是最不稳定的。此外，分林到户的方式并没有考虑到不同经营者生产能力的差异，不能激励更有实力的生产者专门从事集体林的经营。

(4) 重新组合时期

这一时期从 1991 年至 2003 年。为了解决分林到户后出现的无法规模经营的问题，林业股份合作制应运而生，出现了林业股份合作制和荒山使用权拍卖。

林业股份合作制是按“分股不分山、分利不分林”的原则，对责任山实行折股联营。《中华人民共和国土地管理法》和《中华人民共和国森林法》为林地使用权的流转提供了法律依据，实践中，林地使用权的流转范围越来越大。2002 年冬《中华人民共和国农村土地承包法》规定林地的承包期可以延长到 70 年，并允许使用权和经营权转让。同一时期，对我国宜林“四荒地”（荒山、荒坡、荒沟、荒滩）的拍卖工作逐渐展开，允许这些土地的使用权、收益权自由转让。

这一时期产权进一步细分，产权形式出现多元化，呈现产权市场化导向，林业产权的交易流转开始活跃，产权保障体系逐步建立，激活了产权经营主体的积极性。但产权不明晰、机制不灵活、分配不合理、配套不健全的问题依然存在，一定程度上限制了集体林的进一步发展。

(5) 林权改革深化时期

这一时期从 2003 年至今。随着社会主义市场经济体制的逐步完善和社会主义新农村建设的全面推进，我国经济和社会发展的形式对林业提出了更高的要求，林业发展深层次问题日益显现，集体林权归属不清、权责不明、利益分配不合理、林农负担过重、经营体制不强、产权流转不规范等问题制约了林业发展和农民增收，林业蕴藏的巨大经济和生态效益没有完全发掘出来。因此解决这些问题的根本措施，就是开展集体林权制度改革，通过明晰产权、放活经营、规范流转，激发广大林农和各种社会力量投身林业建设的积极性，解放和发展林业生产力，实现经济社会的持续健康发展。2003 年 6 月 5 日，党中央、国务院发布了《关于加快林业发展的决定》，提出放手发展非公有制林业，并把深化林权制度改革放在了深化林业体制改革、增强林业活力的突出位置。这一时期，国家致力于进一步完善林业产权制度，加快推进森林、林木和林地使用权的合理流转，放手发展非公有制林业，进一步推进了集体林权制度改革。从而促进了产权经营主体多元化的实现，加快了产权的界定、流转，保障了产权权益的实现，进一步解放林业生产力。

2008 年，中共中央国务院印发《中共中央 国务院关于全面推进集体林权制度改革的意见》，《意见》指出：新中国成立后，特别是改革开放以来，我国集体林业建设取得了较大成效，对经济社会发展和生态建设作出了重要贡献。集体林权制度虽经数次变革，但产权不明晰、经营主体不落实、经营机制不灵活、利益分配不合理等问题仍普遍存在，制约了林业的发展。其出台目的旨在进一步解放和发展林业生产力，发展现代林业，增加农民收入，建设生态文明。

2018 年 5 月 8 日，国家林业和草原局出台《国家林业和草原局关于进一步放活集体林经营权的意见（林改发〔2018〕47 号)》，文件提出要推行集体林地所有权、承包权、经营权的三权分置运行机制，落实所有权，稳定承包权，放活经营权，充分发挥“三权”的功能和整体效用，平等保护所有者、承包者、经营者的合法权益；鼓励各种社会主体依法依规通过转包、租赁、转让、入股、合作等形式参与流转林权，引导社会资本发展适度规模经营；拓展集体林权权能，鼓励以转包、出租、入股等方式流转政策所允许流转的林地，科学合理发展林下经济、森林旅游、森林康养等。

2.2 我国集体林森林经营现状

随着新一轮集体林权制度改革的推进，林地产权明晰、责权利落实等问题基本得以解决，林地所有权和使用权实现分离。各地积极探索多种形式的林地产权制度，试图在坚持林地集体所有权的前提下，稳定农户承包权，放活经营权，进而促进林地、林木的有效流转，这为我国林业向规模化、集约化和现代化发展提供了条件。但与此同时，集体林权制度改革也带来了林地破碎化及林农经营规模小、集体林权所有者经营意识和能力差等问题，对林业规模经营造成了一定程度上的制约（彭鹏等，2018）。同时，由于以往研究和相关森林经营技术多集中在国有林上，因此，在集体林的森林经营方案编制及其森林可持续经营技术上也有所欠缺。这对我国的集体林的可持续经营带来了一系列的挑战。

2.2.1 林地破碎化及林农经营规模小

集体林权制度改革是集体林区林业产权制度的根本性变革，改变了长期以来林业产权主体虚化、利益主体不明的现象，促进资源配置及利益分配从行政主导向市场主导转变。调动各类社会主体投入林业生产的积极性，挖掘林业发展的内在潜力，形成了森林经营长期稳定发展的基础。但是，集体林权制度改革也带来了一些问题，如同一宗地可能不属于单一权利主体，一个经营小班可能分割成多宗地，很多集体林经营规模不大，尤其是家庭承包规模小的还不到 1 hm^2，从而造成利益主体众多、林地破碎（朱松，2008）。由于林地规模小，经营粗放，导致集体林分散经营，给森林生态系统管理带来挑战，主要表现为森林经营破碎化、森林生态系统结构、功能和特征有发生改变的可能性，影响森林生态系统的生产力和功能。同时，小规模经营增加交易成本，加之林农缺少林业技能，经营水平不高，整体林业经济效益不高，因此，以家庭经营模式为主的经营模式不利于森林可持续经营（鲁德，2011）。

为解决家庭经营模式带来的生态负面影响和经营效益不高的问题，在政府部门的政策引导和指导下，广大林农自发地组成林业联合体，逐步实行规模化经营，这种联合经营模式有利于集体林在经济、社会和生态方面的可持续发展，是促进集体权改革后集体林区森林可持续经营的有效途径（鲁德，2011）。但联合经营模式尚处于初级发展阶段，存在一些不足和问题，需要政府和林业部门建立和健全相关政策，予以进一步引导和扶持，加强规范化管理，使联合经营行为合法化。尤其是如何遵照林农意愿，并注重同林业科研和教学机构合作，建立有效机制，引入社会化和专业化的科技服务，提高联合经营模式经营活动的科技含量，提高森林经营水平显得至关重要。这也是破解目前林地破碎化及林农经营规模小，实现联合经营，做大林业产业规模的主要途径之一。

2.2.2 集体林权所有者的经营意识和能力差

集体林权制度改革后林农对林地具有了自主的经营与收益权，林业产权逐渐明晰、林业政策稳定，林农逐渐恢复对林业政策的信任，林农不再急于通过对森林资源的开采获取短期利益，愿意对林地进行持续经营，开始对林地进行自主投入，林业短期经营行为开始逐渐减少，这对于实现林业的可持续经营具有有利的一面（张伟和龙勤，2015）。但是也存在集体林权所有者，尤其是农户在森林经营意识方面滞后，并缺乏具体的森林经营技术等问题（谢利玉等，2000）。因此，加大针对省、地（市、州）、县、乡、农户等不同层次开展不同水平、不同内容的培训，尤其是针对可持续发展、林业可持续发展及森林生态系统经营管理措施、森林经营技术的培训，以及一些典型案例的介绍；开展不同层级的森林可持续经营试点工作，以及总结试点成果，开展成果推广示范对于提高集体林权所有者的森林可持续经营意识和能力具有重要意义。

2.2.3 森林经营方案可操作性不强

森林经营方案是森林质量精准提升的基础，它既是森林经营主体制定计划和开展森林经营活动的依据，也是林业主管部门管理、检查和监督森林经营活动的重要依据。目前集体林的经营方案一般以县为单位编制，属于指导性质的森林经营方案，不能满足指导林农实施具体经营措施的需要（刘朝望等，2017）。常规的森林经营方案编制大多由专业技术人员按技术规程和围绕区域林业发展目标来进行，较少考虑社区之间、村民之间的差异与要求，不能及时收集、分析、处理不断变化的社区发展条件（魏淑芳等，2017）。森林经营方案是森林经营者和林业主管部门经营管理森林的重要依据。集体林区大部分县级森林经营方案以县（区、市）为经营单位编制，由于集体林权制度改革以家庭承包经营为主，经营规模小而分散，编案时要充分收集包括村集体、经营户、各类非公有制林场等利益主体的意见，在符合生态优先的前提下，尊重其自主经营的意愿，同时还要吸纳其他利益相关者的意见，保证公众有效参与，实现森林可持续经营目标（朱松，2008）。因此，以往参照国有林来编制的集体林森林经营方案，可操作性差（孟楚，2016）。近年来，国内学者开始重视公众参与对森林经营方案编制过程中产生的积极影响，并将其作为编案必须遵循的原则之一（张少丽等，1994；张宝库，2009），甚至王春峰（2006）提出将林农在长期生产经营中积累的传统知识和乡规民约在森林经营方案中体现出来，增强森林经营方案的科学性和可操作性。

此外，集体林区传统森林经营方案的编制仍然以木材生产为主，内容主要包括研究区自然和经济条件评价、森林经营方针、森林经营目标、森林资源状况分析和评价、森林经营类型组织、森林采伐、抚育间伐、造化更新、林分改造、森林保护、多种经营、综合利用、投资概算、经济效益评估等内容（于政中，1991；施本俊，1994；叶善文和雷文渊，2006；何俊和何丕坤，2007；周宏，2009）。

可见，在目前我国集体林的森林经营方案普遍存在缺乏实质性的森林经营科学设计和可操作性不强的问题，如何充分考虑集体林的特点，提出符合实际的集体林的参与式森林经营方案编制过程和方法，通过森林经营者共同参与编制的、易于理解和操作的村级森林经营方案，对集体林权制度改革后非国有森林经营主体，特别是林农科学管理森林、精准提升森林质量具有重要的指导意义（魏淑芳等，2017）。

2.2.4 缺乏行之有效的可持续经营技术

由于多方面的原因，我国林业工作存在着重造林轻经营的现象（赵华，2010），因此森林经营欠缺，尤其是缺乏实质性的森林经营科学设计和行之有效的森林可持续经营技术是我国森林质量不高的主要因素之一。目前，虽然我国森林资源保持面积和蓄积双增长，但随着国民经济发展、人口增长以及人们对环境质量要求的提高，加强森林经营就成为提高林分质量和生产力最重要的途径之一（赵德林等，2006）。如何加强森林经营、提高森林质量和林地生产力是当前我国林业发展面临的重大问题。

第3章 贵州省森林资源及森林经营现状

本章分析了贵州省概况，并重点介绍了贵州省森林资源的概况，尤其是分析了贵州省森林经营现状及其存在问题，从而为今后贵州省森林可持续经营项目的推广及实施提供参考。

3.1 贵州省概况

3.1.1 地理位置及行政区划

贵州省简称“黔”或“贵”，位于我国大西南东部，介于东经 103° 36′～109° 35′，北纬 24° 37′～29° 13′之间，东靠湖南，南邻广西，西毗云南，北连四川和重庆，东西长约 595 km，南北相距约 509 km。全省国土总面积 176167 km²，占全国总面积的 1.84%。

贵州省行政区划面积 17.62 万 km²，下辖贵阳、六盘水、遵义、安顺、毕节、铜仁 6 个地级市，黔西南布依族苗族、黔东南苗族侗族、黔南布依族苗族 3 个自治州及贵安新区；共设 7 个县级市、54 个县、11 个民族县、15 个市辖区和 1 个特区，共 88 个县级单位；共有 1262 个乡（镇）、134 个街道办事处、208 个民族乡；辖 2016 个社区居委会、16747 个村。

3.1.2 地形地貌

贵州省位于云贵高原东部，隆起于四川盆地、广西丘陵盆地和湘西丘陵之间，地势西部最高，中部次之，向北、东、南三面倾斜。西部海拔 1600～2800 m，中部海拔 1000～1800 m，东部海拔 100～800 m。全省最高海拔 2901 m，位于毕节市赫章县珠市乡韭菜坪；最低海拔 148 m，位于黔东南州黎平县地坪乡水口河出省界处。

全省以高原山地居多，省内山脉众多，重峦叠峰，绵延纵横，山高谷深。大娄山脉由东北向西南贯穿黔北，是贵州省北部屏障；苗岭山脉横亘中部，为长江和珠江两大流域的分水岭；武陵山位于东部，由湘蜿蜒入黔；乌蒙山高耸于西部，由云南延伸入黔。

全省喀斯特（出露）地貌广布，是我国南方喀斯特发育完善的典型区域之一，且形态类型齐全，地域分异明显，构成一种特殊的岩溶生态系统。

3.1.3 气候

贵州省气候舒适宜人，属亚热带湿润季风气候区，冬无严寒、夏无酷暑，降水丰富、雨热同季。大部分地方年平均气温15℃左右，最冷月（1月）平均气温约7.3℃，最热月（7月）平均气温约24.5℃，为典型夏凉地区。年降水量1100～1300 mm，受季风影响降水多集中于夏季。全年日照时数约1300 h，无霜期为270天左右，阴天日数一般超过150天，常年相对湿度在70%以上。受大气环流及地形等因素影响，贵州气候呈多样性，“一山分四季，十里不同天”，气候不稳定，灾害性天气种类较多，干旱、秋风、凝冻、冰雹等频度大，对农业生产危害尤为严重。

3.1.4 水文

贵州省河流处在长江和珠江两大水系上游交错地带，水系顺地势由西部、中部向北、东、南三面分流。苗岭是长江和珠江两流域的分水岭，以北属长江流域，流域面积115747 km²，占全省国土面积的65.7%，主要河流有：乌江、赤水河、清水江、洪州河、锦江、松桃河、松坎河、牛栏江、横江等；苗岭以南属珠江流域，流域面积60420 km²，占全省国土面积的34.3%，主要河流有：南盘江、北盘江、红水河、都柳江、打狗河等。大体上，省内河流为山区雨源型河流，数量较多，长度在10 km以上的河流有984条。全省水资源十分丰富，水资源总量1046亿m³，人均水资源量2962 m³。

3.1.5 土壤

贵州省林地土壤有6个土类、13个亚类。其中，属于地带性分布的土类有高原黄棕壤、山地黄棕壤、黄壤和红壤，属于隐域土的岩成土有石灰（岩）土和紫色土等。此外，还有少量山地灌丛草甸土。林地土壤大致分布情况是：黔中山原丘陵为黄壤、石灰土的分布地域，其中岩溶峰丛洼地、槽谷地段为黑色石灰土、黄色石灰土；黔北以中山峡谷的黄壤、石灰土和紫色土为主，黔北的西部以紫色土分布较为集中；黔东低山丘陵是以黄壤、黄红壤为主的分布地域，其山地上部（700 m以上）多为山地粗骨黄壤、黄红壤，较低海拔的低山丘陵为黄红壤、红壤；黔南主要为红壤，随海拔的升高，依次为红壤、山地黄壤，与黔中和黔西相接处，多为石灰土；黔西北的高原、高中山以黄棕壤、棕色石灰土为主，并有不少紫色土，草海四周分布有高原草甸沼泽土。

3.1.6 生物

贵州省自然环境复杂，生态系统类型多样，蕴藏着丰富的野生动植物资源。全省现已查明的维管束植物（不含苔藓植物）有269科、1655属、6255种（变种），其中药用植物资源3700余种，占全国中草药品种的80%。野生经济植物资源中，工业用植物约600余种，以纤维、鞣料、芳香油、油脂植物资源为主；食用植物约500余种。列入国家重点保护野生植物名录78种，包括银杉、珙桐、银杏、梵净山冷杉、掌叶木、辐花苣苔等国家一级重点保护野生植物18种，桫椤、连香树、马尾树、水青树等国家二级重点保护野生植物60种。

目前，全省已查明有野生动物11442种，其中脊椎动物1053种，占全国脊椎动物总数的16.7%。列入国家重点保护野生动物的有84种，包括黑叶猴、黔金丝猴、云豹等国家一级重点保护野生动物15种，猕猴、穿山甲、小灵猫等国家二级重点保护野生动物69种。白冠长尾雉、红腹锦鸡、黑叶猴、黔金丝猴等野生动物仅分布于贵州。

3.1.7 植被

贵州省属亚热带高原山区，气候温暖湿润，地势起伏剧烈，地貌类型多样，地表组成物质及土壤类型复杂，因而植物种类丰富，植被类型较多。自然植被可分为针叶林、阔叶林、竹林、灌丛及灌草丛、沼泽植被及水生植被5类。针叶林是贵州现存植被中分布最广、经济价值最高的植被类型，以杉木林、马尾松林、云南松林、柏木林等为主；阔叶林以壳斗科、樟科、木兰科、山茶科植物等为主构成，常绿阔叶林是贵州省的地带性植被。多种森林植被破坏后发育形成的灌丛及灌草丛分布最为普遍。

3.2 贵州省森林资源现状分析

3.2.1 贵州省森林资源概况

3.2.1.1 贵州省森林资源总体情况

贵州省国土总面积17616770 hm²，经第四次森林资源调查统计，全省林地面积10371667.54 hm²，占全省国土总面积的58.87%；非林地面积7245102.46 hm²，占41.13%。全省森林（含非林地上的乔木林、竹林、特殊灌木林）面积9742110.39 hm²，活立木总蓄积535158897.4 m³。森林覆盖率55.3%，林木绿化率56.83%。

（1）乔木林地6870283.92 hm²，占全省国土面积的39%。

（2）竹林地152820.51 hm²，占0.87%。

（3）疏林地40863.19 hm²，占0.23%。

（4）灌木林地2988463.81 hm²，占16.96%。其中：特殊灌木林地2719005.96 hm²，占15.43%；一般灌木林地269457.85 hm²，占1.53%。

（5）未成林造林地704013.34 hm²，占4%。

（6）苗圃地1730.07 hm²，占0.01%。

（7）迹地 29955.27 hm²，占 0.17%。其中：采伐迹地 18412.59 hm²，占 0.1%；火烧迹地 8159.09 hm²，占 0.05%；其他迹地 3383.59 hm²，占 0.02%。

（8）宜林地 169795.83 hm²，占 0.96%。其中：造林失败地 27919.23 hm²，占 0.16%；规划造林地 117794.52 hm²，占 0.67%；其他宜林地 24082.08 hm²，占 0.14%。

（9）其他非林地 6658844.06 hm²，占 37.8%。

3.2.1.2 有林地资源

全省共有森林面积 9742110.39 hm²。其中：乔木林地 6870283.92 hm²（其中林地乔木林地 6679885.19 hm²、非林地乔木林地 190398.73 hm²），占森林面积的 70.52%；竹林地 152820.51 hm²（均为林地竹林地），占 1.63%；特殊灌木林地 2719005.96 hm²（均为林地特殊灌木林地），占 29.05%。全省活立木蓄积 535158897.4 m³，其中林木蓄积 532853531.5 m³，占活立木蓄积的 99.57%；而乔木林蓄积 531270487.5 m³，占 99.27%；疏林蓄积仅为 1583044 m³，占 0.3%；散生木蓄积 2305365.8 m³，占 0.43%。

（1）乔木林

乔木林按龄组划分：幼龄林 2732514.14 hm²、占乔木林地面积的 39.77%，蓄积 120574687.3 m³、占乔木林地蓄积的 22.65%；中龄林 2152978.26 hm²、占 31.34%，蓄积 171667660.9 m³、占 32.24%；近熟林 1186846.55 hm²、占 17.28%，蓄积 130287015.1 m³、占 24.47%；成熟林 670484.8 hm²、占 9.76%，蓄积 91293911.1 m³、占 17.15%；过熟林 127460.17 hm²、占 1.85%，蓄积 18588090 m³、占 3.49%。

按优势树种或树种组分：马尾松 1611679.82 hm²、占乔木林地面积的 23.46%，蓄积 154066597.4 m³、占乔木林地蓄积的 28.94%；杉木 1541639.8 hm²、占 22.44%，蓄积 156445905.7 m³、占 29.38%；柏木 294570.36 hm²、占 4.29%，蓄积 14273085.3 m³、占 2.68%；云南松 171786.73 hm²、占 2.5%，蓄积 13604581.6 m³、占 2.56%；青冈 164324.84 hm²、占 2.39%，蓄积 9994661.3 m³、占 1.88%；柳杉 152648.28 hm²、占 2.22%，蓄积 13381674.1 m³、占 2.51%；桦类 149657.03 hm²、占 2.18%，蓄积 6836594.1 m³、1.28%；华山松 146322.99 hm²、占 2.13%，蓄积 11493237.5 m³、占 2.16%；枫香 119912.21 hm²、占 1.75%，蓄积 8066067.7 m³、占 1.52%；白栎 83609.25 hm²、占 1.22%，蓄积 3198802.8 m³、占 0.6%；麻栎 80228.43 hm²、占 1.17%，蓄积 3367035.4 m³、占 0.63%；其他树种 2353904.18 hm²、占 34.25%，蓄积 137683121.5 m³、占 25.86%。

（2）竹林资源

贵州全省竹林地 152820.51 hm²（均为林地竹林地），占 1.63%。

（3）经济林资源

贵州全省经济林面积 565130.48 hm²，其中：林地经济林 252182.82 hm²，非林地经济林 312947.66 hm²。

按照地类分，乔木林地经济林 18930.83 hm²（其中林地 11446.63 hm²、非林地

7484.2 hm²），占经济林面积的 3.35%；特殊灌木林地经济林 163868.27 hm²（均为林地），占 29%；未成林造林地经济林 382331.38 hm²（其中林地 76867.92 hm²、非林地 305463.46 hm²），占 67.65%。

3.2.1.3 森林类别划分

贵州全省林地中：生态公益林 6740036.26 hm²，占林地面积的 64.99%。其中：重点公益林 3562151.03 hm²（事权等级分别为国家级公益林 3525049.2 hm²、地方公益林 37101.83 hm²），占 34.35%；一般公益林 3177885.23 hm²（事权等级均为地方公益林），占 30.64%。商品林 3631631.28 hm²，占 35.01%；其中重点商品林 301387.54 hm²，占 2.90%；一般商品林 3330243.74 hm²，占 32.11%。

3.2.1.4 林种划分

贵州森林资源二类调查林种区划对象包括林地上的乔木林地、竹林地、特殊灌木林地、疏林地、一般灌木林地、未成林造林地，共计 10170186.37 hm²，蓄积 523445450.8 m³。

其中防护林 6114087.96 hm²、占统计面积的 60.12%，蓄积 229120043.7 m³，占统计蓄积的 43.77%。特种用途林 546209.28 hm²、占 5.37%，蓄积 36627097.7 m³、占 7%。用材林 3004588.12 hm²、占 29.54%，蓄积 247836738.7 m³、占 47.35%。薪炭林 291551.67 hm²、占 2.87%，蓄积 9317932 m³、占 1.78%。经济林 213749.34 hm²、占 2.1%，蓄积 543638.8 m³、占 0.1%。

3.2.1.5 立木蓄积

全省林地乔木林单位面积蓄积量为 78.12 m³/hm²。

（1）按林种统计：防护林 69.69 m³/hm²；特种用途林 87.52 m³/hm²；用材林 88.60 m³/hm²；薪炭林 49.84 m³/hm²；经济林 47.49 m³/hm²。

（2）按起源统计：天然林 62.32 m³/hm²；人工林 89.56 m³/hm²。

（3）按龄组统计：幼龄林（有蓄积幼林）50.01 m³/hm²；中龄林 80.08 m³/hm²；近熟林 110.22 m³/hm²；成熟林 136.93 m³/hm²；过熟林 146.34 m³/hm²。

（4）按优势树种统计：柏木（组）47.6 m³/hm²；马尾松（组）95.96 m³/hm²；其他松木组（华山松、云南松等）79.01 m³/hm²；杉木（组）101.25 m³/hm²；阔叶类 57.82 m³/hm²；经济树种（组）47.68 m³/hm²。

根据森林调查结果，立木蓄积量平均为 55m³/hm²。平均年蓄积生长量 1～20 m³/hm²，具体取决于立地条件（生长条件）和树种组成。林木总蓄积量约为 4.84 亿 m³。乔木林（310 万 hm²）蓄积生长量每年达到 7 m³/hm²，年蓄积生长量总计超过 2200 万 m³。

3.2.2 贵州省森林资源特点

（1）森林分类平衡，符合区域实际

贵州省地处我国西南地区，生态区位重要，整体森林分类上较为平衡，符合贵州区位实际。尤其从森林分类类别上看，重点公益林、一般公益林和商品林占林地的比例为34.35%、30.64% 和 35.01%，整体呈现以公益林，尤其是重点公益林为主的森林类别格局，同时兼有约 1/3 强的商品林。

(2) 森林资源总体不足、分布不均、林分质量不高

贵州人均森林面积和活立木蓄积分别为 0.274 hm^2、15.05 m^3，虽高于全国平均水平（全国人均森林面积和活立木蓄积量分别为 0.128 hm^2、8.6 m^3），但远远低于全世界平均水平（世界人均森林面积和活立木蓄积量分别为 0.625 hm^2、68.8 m^3）。因此，贵州省森林资源与世界平均水平仍然有一定的差距。

贵州省森林覆盖率为 55.3%，比全国平均森林覆盖率 21.63% 高出 33.67%，比全球平均森林覆盖率 30.54% 高出 24.76%，但贵州省各区域之间森林覆盖率分布不均的现状依然存在，黔东南森林覆盖率最高，为 66.67%；黔南州、铜仁市、遵义市的森林覆盖率在 58%～62% 之间；黔西南州、六盘水市、安顺市、贵阳市、毕节市的森林覆盖率在 49%～55% 之间，贵安新区的森林覆盖率最低，仅为 26.09%。

此外，贵州森林体现出单位面积蓄积量不高的问题，乔木林单位面积蓄积量虽比第三轮二调数据高出 20.58 m^3/hm^2，但仅为全国平均水平 89.79 m^3/hm^2 的 87%；这与国内云南、西藏等省区有较大差距，仅为世界平均水平的 50%，为德国、日本等林业发达国家的 25% 左右。而且全省各区域之间的乔木林单位面积蓄积量变化幅度较大，贵安新区乔木林单位面积蓄积量为 120.06 m^3/hm^2，黔东南州的为 90.97 m^3/hm^2，贵阳市的为 80.99 m^3/hm^2，六盘水市、遵义市、铜仁市、黔西南州的在 73～80 m^3/hm^2 之间，安顺市、黔南州、毕节市的在 60～70 m^3/hm^2 之间。

(3) 乔木林资源以中幼龄林为主

贵州森林资源中乔木林资源呈现以中幼龄林为主的特点，其中：幼龄林所占面积和蓄积量比例分别为乔木林的 39.77% 和 22.65%；中龄林所占面积和蓄积量比例分别为乔木林的 31.34% 和 32.24%。两者面积之和占全省乔木林面积的 71% 还多，但其蓄积量仅为全省一半多。

(4) 以防护林和用材林为主的林种结构

从林种结构上看，贵州全省呈现以防护林和用材林两大林种为主，二者分别占总林地的 60.12% 和 29.54%；薪炭林和经济林比重较低，分别占总林地的 2.87% 和 2.1%；特用林占总林地的 5.37%。

(5) 林分结构简单，以人工单层林为主

贵州林地面积比例大，但是森林总体呈现林分结构简单、森林群落结构单一的特点，尤其是人工单层林林分较多，原始林林分极少，仅分布于部分保存较好的保护区内。全省自然度为 IV 级和 V 级的森林面积合计达到总森林面积的 90.94%，其中 V 级的森林面积比例更是达到 60.28%。而自然度为一级的森林仅占总森林面积的 0.85%。

（6）乔木林树种结构不尽合理，须进一步调整树种结构

贵州针叶树种与阔叶树种面积比例为 58.14：41.86，针叶树种所占比例大于阔叶树种，针叶林发生森林火灾、森林病虫害等方面的隐患和风险高于阔叶林，在抵御雪灾、旱灾、凝冻等自然灾害方面的能力低于阔叶林，而且阔叶林在水土保持、涵养水源、净化空气、维护生物多样性、丰富森林景观等方面的功能远高于针叶林。

（7）水土流失和土地石漠化问题严重

贵州地处我国西南地区，石漠化发育程度较高，石漠化给森林发育带来了极大的威胁，这也是造成贵州森林资源林分质量不高的原因之一。此外，贵州省水土流失问题也较为严重，全省森林中存在重度和极重度水土流失隐患的林地面积累计超过全省林地总面积的 84.22%。南盘江、北盘江及乌江流域严重的石漠化地段的水土流失更是很难得到有效控制。

（8）森林健康状况较好，但森林景观质量差、森林生态功能较差

贵州省森林健康状况整体较好，处于健康的森林面积占总森林面积的 97.28%，说明贵州全省森林病虫害、火灾、自然灾害危害较低。此外，在森林整体健康状况较好的前提下，森林景观质量较差，森林景观等级为四级的面积占总森林面积比例较大，这主要是由于贵州森林林分结构相对简单，层次单一，林内古树大树较少，并且森林树种多样性较低、丰富度不高，森林的季相变化不大，森林景观质量较差。此外，这也使得贵州全省森林生态功能不高，森林生态功能二级（中等）和三级（差）的林分分别占总森林面积的 95.75% 和 2.3%。

3.3 贵州省森林经营现状分析

3.3.1 贵州省森林经营现状及其特点

3.3.1.1 分类经营为主导的森林经营体系

森林分类经营是国家或森林经营者根据生态环境、社会和经济发展的需要，以森林的经营目的为分类标准，将森林按不同的经营目的进行分类和空间定位，并采用相应的科学、经济、行政和法律手段实施经营管理，最大限度地取得经营效益的森林经营管理方法。我国实施森林分类管理和经营体系，形成了以商品林和公益林两类森林类别，以及防护林、特用林、用材林、经济林和薪炭林五大林种的分类经营体系，虽然也有引入德国的近自然经营、森林多功能经营、美国生态系统经营等森林经营理论及示范，但是实施面积不大，虽然在理论研究和技术引进示范方面取得了一定的成果，但是森林分类经营为主导的森林经营体系仍是我国森林经营的主要手段，贵州当然也不例外。

3.3.1.2 以中央补贴的森林抚育经营活动为主

按照森林经营的概念，森林经营是对现有森林进行科学培育以提高森林产量和质量的生产活动总称。森林经营涵盖从森林培育、森林抚育、森林采伐、林地更新，甚至是林产

品利用的一系列森林经营活动。但是从森林经理的角度看，森林经营活动主要是指森林从幼龄林郁闭到进入近熟林前这一阶段的森林经营活动，从这个角度讲，目前贵州的森林经营活动主要呈现以中央补贴的森林抚育经营活动为主的特点，而这些抚育活动又多集中在国有的幼龄林和中龄林地块。因此，总体而言，贵州森林经营活动类型单一，且缺乏集体林的森林抚育。

3.3.1.3 石漠化发育程度高，森林经营难度大

贵州是我国最为典型，也是石漠化覆盖面积最大的省份之一。部分轻度和潜在石漠化地区开展相关经营活动不当极易造成石漠化程度的加剧；而中度及重度石漠化区域由于其林地本身立地条件较差，在造林树种选择上选择余地不大，且中龄林抚育间伐等抚育措施很难实施；加之，石漠化严重地区多为经济条件不太发达地区，老百姓及地方政府森林经营积极性不高，从而造成森林经营难度较大。

3.3.2 贵州省森林经营存在的问题

3.3.2.1 林地使用不充分

贵州省林地地类中，现有宜林地、无立木林地、一般灌木林地和疏林地等林地面积51.00 万 hm^2，占林业用地面积的比重较大，这为林地使用，尤其是给造林活动提供了较大的用地空间。

3.3.2.2 集体林经营粗放

贵州省国有林地面积为 41.26 万 hm^2，仅占林地面积的 3.98%；而集体林地面积为995.90 万 hm^2，占 96.02%。目前，贵州省开展的森林经营大多在国有林地上进行，集体林相对较为分散，而且个别集体林地的界线不清、纠纷不断，又加之大部分林农文化知识偏低，缺乏森林经营意识和必要的森林经营技术，开展森林经营的积极性不高，甚至有抵触情绪，给森林经营管理带来相当大的困难，整体呈现经营粗放，有待进一步推进林权制度改革的深度，加大配套措施的落实力度，促进森林经营的全面开展和持续推进。

3.3.2.3 对阔叶林经营重视不够

贵州全省阔叶林面积占乔木林总面积的 41.86%，但阔叶林单位面积蓄积量不高，仅为 57.82 m^3/hm^2，低于全省平均水平（78.12 m^3/hm^2），这说明阔叶林林分质量不高，经营相对粗放，相对不重视阔叶林经营。这与以马尾松、杉木等针叶人工纯林经营技术较为成熟有密切关系，而阔叶林，尤其是以栎类萌生林等林分的可持续经营技术体系不成熟及经营周期较长等有一定关系。

3.3.2.4 森林经营管理集约程度不高，林分质量普遍不高

受自然条件、人为活动、历史原因以及地区经济社会发展不平衡等因素的影响，贵州森林呈现林种结构和树种结构不合理、林分质量不高的特点，立木蓄积量平均约 78.12 m^3/hm^2，这与国内云南、西藏等省区有较大差距，不足世界平均水平的 80%，仅为德国、挪威等林业

发达国家的 25% 左右。重点经营的马尾松、杉木、华山松 / 云南松的单位面积蓄积分别为 95.96 m^3/hm^2、101.25 m^3/hm^2、79.01 m^3/hm^2，这些多低于全国其他省区的同类林分；而阔叶树种类仅为 57.82 m^3/hm^2。这与区内森林经营粗放和集约程度不高有一定关系。

3.3.2.5 石漠化地区森林经营难度较大

贵州石漠化区域面积占全省国土面积的 70% 以上。石漠化的高度发育造成的土地贫瘠、土壤保水及持水能力较差使得该区域森林发育不好，且森林质量不高，从而使得森林经营活动的开展较为困难。

第4章

贵州省森林可持续经营项目背景

“中德财政合作贵州省森林可持续经营项目”于2008年底启动，并于2016年底结束。项目的主要目标是引入“森林可持续经营”的森林经营方法，该方法在德国和欧洲其他国家广为应用。本项目是森林可持续经营的示范项目，属参与式森林可持续经营项目，该项目是国内同类项目中的首例。其森林经营的目标是，在林业主管部门与村级林权所有者之间建立起互信的合作关系，以近自然原则的森林可持续方式去经营社区森林。对林业局工作人员以及私营林权所有者来说，参与式林业是一个全新的合作方法。在某种程度上，此森林可持续经营方法是与中国传统的森林经营体系以及某些森林经营和保护规定相冲突的。因此，项目在经过申请并得到上级部门的特别许可后，方可按照项目理念实施活动。

4.1 项目区概况

4.1.1 项目区地理位置

项目是在贵州省贵阳市和毕节市的6个项目区实施（图4-1），分别为贵阳市的开阳县和息烽县两县，以及毕节市的大方县、金沙县和黔西县三县及百里杜鹃管理区。地处东经106°07′～107°17′，北纬26°11′～27°27′之间，项目区总面积为11646.9 km²。

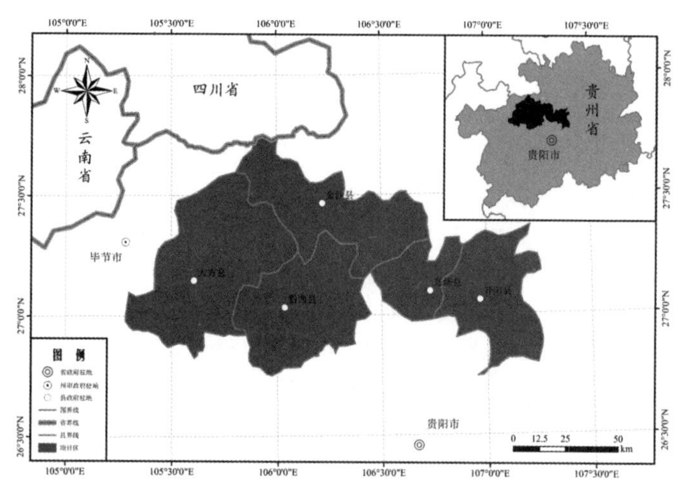

图4-1　项目区位置示意图

4.1.2 自然地理概况

4.1.2.1 地形地貌

项目区内地貌以中山地貌为主，山地面积 5905.2 km²，占土地总面积的 50.7%；丘陵面积 4510.6 km²，占土地总面积的 38.7%；平坝面积 1231.1 km²，占土地总面积的 10.6%。山地丘陵坡度大多在 20°～25°之间。项目区平均海拔在 1300～1400 m 之间，最高海拔为大方县龙昌坪大山 2316 m，最低海拔为开阳县乌江出境处 529 m。大部分地区相对高差在 300 m 左右。

4.1.2.2 河流及水系

项目区全部位于长江流域，境内河流除赤水河外，其余河流均注入乌江。境内流域面积大于 300 km² 的河流有乌江、赤水河、六冲河、南明河、息烽河、暗流河、渔梁河等。南明河是贵阳市的母亲河，南明河流域内的阿哈水库、花溪水库、松柏山水库等均为中型水库，是贵阳市主要的饮用水源。乌江干流上的东风水库、乌江水库、索风营水库、洪家度水库是贵州省水力发电的重要能源基地。

项目区水资源蕴藏量丰富，区内每平方千米的产水量为 58.5 万 m³，为全国平均值 27.6 万 m³ 的 2.1 倍。由于降雨充沛和森林生态效能低下，土壤侵蚀模数在 1500～3800 t/（km²·年）之间，故水土流失极为严重。

4.1.2.3 气候

境内气候类型属中亚热带季风气候。境内多数地区年均气温为 14 ～ 17℃，≥ 10℃的年积温在 4500 ～ 6000℃之间，无霜期 240 ～ 300 天，年日照时数 1200 ～ 1400 h，年降水量 900 ～ 1400 mm。气候总的特点是冬暖夏凉、热量丰富、雨量充沛、雨热同季。热量丰富、降雨充沛的自然气候条件，既有利于森林植被的发育和演替，也为项目区开展森林结构调整提供了良好的气候条件。

4.1.2.4 土壤

境内土壤类型多样。属地带性分布的有黄壤、黄棕壤；属隐域性的岩成土有石灰土、紫色土，此外还有少量山地灌丛草甸土。

4.1.2.5 植被

区内植被具有明显的亚热带性质，组成种类繁多，区系成分复杂。植物区系以热带及亚热带性质的地理成分占明显优势，如泛热带分布、热带亚洲分布、旧世界热带分布等地理成分占较大比重，温带性质的地理成分也有不同程度的存在。此外，还有较多的中国特有成分。由于特殊的地理位置，区内植被类型多样，地带性植被类型属常绿落叶针阔混交林，其代表性植被林分有马尾松—香樟林、马尾松—栎林等，由于纬度较低而海拔较高，植被在空间分布上又表现出明显的过渡性，从而使各种植被类型在地理分布上呈现交错分布，各种植被类型组合变得复杂多样。除少数地区如息烽西山、大方和黔西交界的百里杜鹃等地外，大部分原生植被几乎破坏殆尽，现存植被大多为人工林及天然次生林。人工林主要有马尾松纯林、杉木纯林、柳杉纯林、柏木纯林，次生林大多分布在喀斯特地貌明显的山地，且大多表现为灌木林。主要有白栎林、麻栎林、毛栗林、杜鹃林等。

4.1.3 森林资源特点及森林经营概况

项目区内的天然森林生态系统主要以阔叶树种占优势。然而，阔叶木材产品的市场极为有限，木材加工企业和消费者明显更倾向于松、杉、柏和柳杉等针叶材（表 4-1）。因此，自 20 世纪 90 年代以来，绝大多数造林者优先考虑并且最终使用的树种是针叶树种。除了栽植极少数特别珍贵的阔叶树种(如樟、香樟)外,造林苗木 100% 是由针叶树种组成。因此，造林地内如果发现有阔叶树种，很大可能是由天然更新发育起来的。项目主要针对现有林分的经营，因此已成林的人工林是项目的主要经营对象。

表 4-1　项目区林分结构分析表

县		大方	金沙	黔西	开阳	息烽	合计
总面积（km²）		3502.10	2528.00	2554.10	2026.20	1036.5	11646.90
林业用地（hm²）		119451.80	100443.00	62982.00	86292.90	43232.3	412402.00
有林地（hm²）		38340.30	57860.00	37927.00	64226.10	25802.00	224155.40
林　分	面积（hm²）	36453.10	55814.50	36549.00	62993.00	23806.2	215615.80
	蓄积（万m³）	54.03	160.18	57.61	266.42	80.94	619.18
柏　木	面积（hm²）	231.60	4722.90	567.00	1039.00	1853.70	8414.20
	蓄积（万m³）	0.72	12.52	1.01	1.72	3.09	19.06
华山松	面积（hm²）	4387.00	966.90	662.00	2193.00	760.20	8969.10
	蓄积（万m³）	13.72	2.47	1.46	8.36	1.57	27.58
马尾松	面积（hm²）	404.60	18470.00	8125.00	49102.00	13169.00	89270.60
	蓄积（万m³）	1.83	76.88	34.26	228.25	49.36	390.58
云南松	面积（hm²）	5138.60		941.00			6079.60
	蓄积（万m³）	6.14		1.38			7.52
杉　木	面积（hm²）	5548.30	7386.60	1284.00	1561.00	970.80	16750.70
	蓄积（万m³）	14.10	25.23	3.84	8.68	5.13	56.98
柳　杉	面积（hm²）	13.20					13.20
	蓄积（万m³）	0.01					0.01
硬阔类	面积（hm²）	4246.20	22642.70	11725.00	3247.00	7052.50	48913.40
	蓄积（万m³）	6.50	35.80	6.83	3.99	21.79	74.91
软阔类	面积（hm²）	16483.60	1625.40	13245.00	5851.00		37205.00
	蓄积（万m³）	11.01	7.28	8.83	15.42		42.54
森林覆盖率（%）		23.43	34.44	18.14	38.56	38.65	28.65

人工林林龄从几年到30年，项目重点针对幼龄林和中龄林，即林龄在5～20年之间的林分。这些林分结构和树种混交情况各异。目前项目区内森林经营水平低，林分质量较差。主要表现在以下方面。

（1）在林分面积中，针叶纯林比重大，并以马尾松纯林为主。项目区内有林地面积为224155.4 hm²，林分面积为215615.8 hm²，林分蓄积为619.18万m³，针叶纯林占林分面积的60.1%，占林分蓄积的81.0%，其中马尾松纯林占林分面积的41.4%，占林分蓄积的63.1%。

（2）林分平均单位面积蓄积量为28.7 m³/hm²，林分质量差，森林的生态效益和经济效益均难以充分发挥。

（3）阔叶林林分质量较差，蓄水保土等生态功能难以充分发挥。阔叶林林分单位面积蓄积量只有13.6 m³/hm²，森林郁闭度、疏密度较低，生态功能和经济价值均较低。

项目区内森林覆盖率为28.65%。

4.1.4 社会经济状况

项目区内大方县属于国家级贫困县，黔西县是省级扶贫重点县，息烽县是处于贫困边缘的基本脱贫县。各县社会经济情况详见表4-2。

表4-2 项目县社会经济情况表

单位	国土面积（km²）	国内生产总值（万元）	总人口（万人）	少数民族人口（万人）	农业人口（万人）	贫困人口（万人）	农民人均收入（元）	人均粮食产量（kg）
开阳县	2026.2	186326	43.26	4.6	38.07	5.7	2235	263
息烽县	1036.5	118560	25.72	3.5	22.91	6	1747	274
金沙县	2528	181670	58.69	7.3	53.53	4.89	1854	500
大方县	3502.1	158304	96.87	29.9	92.67	9.81	1261	320
黔西县	2554.1	163290	82.61	20.4	76.79	5.94	1339	363
合计	11646.9	808150	307.15	65.7	283.97	32.34	1564	354

4.2 实施计划

4.2.1 总体描述

实施计划于2009年制定，并于2009年召开研讨会对实施计划做了讨论，并相应做了修订。2009年12月的版本是第一个正式版本，此版实施计划于2010年3月报德国复兴银行审批。德国复兴银行于2010年4月在对项目实施进展检查时，审批同意了该实施计划。2010年4月16日会谈纪要给出审批意见，即“基于以上协议，德国复兴银行在此批准同意实施计划和费用与投资计划，用于实施到项目所剩的试点阶段中。在试点阶段结束后，在试点阶段评估报告以及对各项活动和内容进行实际的成本—效益分析的基础上，必须对这两个计划重做审查考虑。”试点阶段结束后，由于项目实施中某些方面做了重大调整（如提高补贴单价、以行政村为基础组建森林经营单位），实施计划于2013年1月再次做了修订。

根据逻辑框架结构，对整个项目理念和所建议的实施方法做了详细阐述。修订后实施计划的主要内容包含以下几个方面：

（1）项目总体设计；

（2）参与式林业方法；

（3）对森林经营单位的支持；

（4）项目办能力建设；

（5）项目监测；

（6）项目管理；

（7）财务管理。

4.2.2 对编制实施计划的意见

由于项目是一个“开放式项目”，这给编制实施计划带来了一定困难，尤其是目标群体（主要是农村地区的林权所有者）自己决定是否参加项目，所以对现实情况很难估测。林权所有情况未知、将要经营的林分结构未知，即哪些林分将最终纳入项目、何时纳入、由谁以何种方式经营都是未知的。在编制实施计划时需要这些所有信息，因为实施计划要陈述在整个项目期的时间轴上各种不同活动的内容。因此，实施计划必须基于很多前提假设条件，这些前提假设条件同时对费用与投资计划也有影响。

由于本项目是一个森林可持续经营的示范项目，它也是国内同类项目中的首例。对项目的原始规划是基于理论思考，没有先前的参考依据。所以持续进行修订很有必要，并且以此在履行费用与投资计划所积累的实践经验基础上进行修订。其中一个主要变化是在2010年底，项目决定在组建森林经营单位和编制森林经营方案上，改从以村民组为基础到以行政村为基础。此决定使得项目最早计划组建的森林经营单位数量急剧下降，从之前的580个减少为约110个。森林经营单位数量减少（工作压力减轻），给县项目办工作人员的现场工作提供了很大便利。

在经过项目前2～3年的初期实施阶段后，县项目办和其他项目工作人员才得到了足够的实践经验，才可以预测项目在未来几年里可能如何发展。

在内部持续进行讨论的基础上，尤其是根据县项目办的意见，于2013年1月对实施计划做了修订。修订涉及对定义进一步明确、监测中心检查森林经营方案的编制质量、检查作业面积、林道类型的进一步明确及其单价问题、林产品销售、国际学习考察、研究内容推广、会计、年度工作计划以及把百里杜鹃的展厅建设内容从项目计划中剔除等内容。整个项目的设计与实施方法保持不变。

4.2.3 逻辑框架

4.2.3.1 总体目标

森林可持续经营框架项目目标：森林可持续经营和近自然森林经营的原则被纳入国家的林业政策和中国南方框架项目。

项目总体目标：根据森林可持续经营的原则来经营贵州项目区的森林，同时维持该森林重要的生态功能。并促进项目区从不断增加的林分价值中受益。其具体指标为：①实现项目协调小组为中国南方森林可持续经营实施指南提出了建议；②由项目为森林经营单位制定的森林可持续经营理念和方法在项目区外的更大范围利用。

项目目标：由森林经营单位按照森林可持续经营的原则来实施对项目试点区森林的经营活动。森林经营单位按村级、村民小组和个人来组织。其具体指标为：①审批大约580个村的森林经营方案，该方案符合国际森林认证的要求（在2010年6月试验阶段后可以对其进行修订）；②具有操作性的森林可持续经营理念与方法的书面材料；③对森林可持续经营的、近自然林业和其他森林经营方法的经验进行了文献整理，并且可以提供给所有感兴趣的集体和个人。

4.2.3.2 结果/成果

通过项目实施得到如下的4个方面的结果/成果。

（1）组建了森林经营单位并与项目签署了合作合同：项目实施覆盖了35000 hm² 林地的580个村或村民组的森林所有者，在村或村民组一级上已经建立起了森林利用群体（森林经营单位），并于2013年底之前与项目签订了合作合同（在试验阶段结束后，对村、村民组的数量和森林面积都做了修订）。

（2）在编制森林经营方案及其实施过程中，对森林经营单位给予技术和财政方面的支持。具体指标为：①在项目工作人员和森林经营单位代表的紧密合作下，为覆盖大约35000 hm² 林地的580个森林经营单位制定了森林经营方案，所有这些方案都在2013年之前得到相关主管部门的审批；②至2015年底前，580个森林经营方案中，已经开始在约30000 hm² 面积上实施活动。

（3）主导项目实施工作人员的森林行政管理能力得到了加强。具体指标为：从其他项目和森林经营实体获得的森林行政管理知识不断地整合到项目的管理体系中。

（4）对项目的成绩和影响做了评估，并把经验共享给了中国南方森林可持续经营框架项目协调小组。具体指标为：①持续实施的项目监测检查的结果作为森林经营单位支付补贴的基础；②以对农户的社会影响监测研究结果（2013年和2015年）为基础，对项目理念进行修订；③在2015年前，完成有关森林可持续经营和近自然方法对林分发展的影响的材料整理；④在2012年底前，取得有关森林认证适用性方面的信息。

（5）项目技术的实施得到了项目管理系统的支持。即根据及时制定和修订并审批通过的计划（主要是实施计划、成本和资金计划以及年度工作计划）来实施项目。

4.2.4 实施计划的内容

实施计划遵循逻辑框架，针对每个“结果 / 成果”确定需要实施的所有活动。并对计划要实施的活动和工作做具体描述，因此能够作为实施项目的稳定基础。实施计划不仅仅是包括需要编制的各方面指南（参与式林业、森林可持续经营、森林经营规划、监测等），还描述了指南须纳入的重要指标。

4.3 费用与投资计划

在制定实施计划的同时，及时编制了费用与投资计划。两个计划相互依存，紧密联系。规划的每个活动都对财务方面有一定影响，因此，规划的所有活动都必须对照检查他们的支出，以保证不会超出总预算。费用与投资机会每年都需要修订。主要原因是，林权所有者是在之后的项目实施期才加入项目，所以在项目最初阶段，并不清楚需要经营的林分情况。其他原因还包括欧元与人民币汇率波动太大以及补贴单价提高。县项目办认为，费用与投资机会是实施项目财务管理最重要的文件，它保证了正确实施项目的财务管理，也是在做绝大多数财务决策的参考依据。

4.3.1 对费用与投资计划的描述

经过前几年计划实施下来显示，项目最主要的森林可持续经营措施不是原先预想的间伐，而是自然恢复和抚育，基于此，再次对费用与投资计划做了修订，根据新的假设条件，从而使计划尽可能接近实际情况。对费用与投资计划所做的其他方面修订涉及对工作人员津贴的估算、修订咨询合同、增加森林研究预算以及其他细微调整。每次调整的费用与投资计划版本都得到了德国复兴银行的审批。

4.3.2 费用与投资计划的构架

费用与投资计划是使用 Excel 电子表格制定的。整个费用与投资计划是一个电子表格文档，文档由许多张表单组成，每张表是针对某个分项活动的支出。所有工作表彼此紧密联系。每张表格所陈述的分项活动支出依据是假定的数量（如 XX hm^2 的抚育）与相应的单价（如 1200 元 /hm^2）。因此，就可以很容易计算出总支出，并把所有工作表的支出汇总。采取这种结构能够给费用与投资计划的修订工作带来很大便利。

2006 年制定出来的分立协议是“费用与投资总表”。费用与投资计划应明确项目各费用类别和分项支出更多细节的基础。实践证明，此费用类别结构的完整应该包含下列内容：

（1）森林可持续经营，主要包含森林可持续经营规划、实施森林可持续经营和基建三个方面；

（2）森林作业工具；

(3) 农户发展 (忽略不计);
(4) 培训与推广;
(5) 对中国南方森林可持续经营框架项目的贡献;
(6) 项目管理;
(7) 监测与研究;
(8) 咨询;
(9) 不可预见。

这些费用类别再进一步细分成子项，子项甚至再进一步细分。

对各个子项支出的估测是根据对整个情况的全盘考虑以及基于许多假设条件，对汇率的预测，参加项目的乡镇、行政村、村民组和森林经营单位数量，各森林可持续经营措施的实施面积、合理的目标面积，确定劳动力支出、基建支出、劳动定额、所需设备等。因此，从一开始就要明白：费用与投资计划只能作为导向，一旦积累了实践经验，就需要进行修订。

因此，费用与投资计划的部分内容经常做修订，如劳动定额的补贴，这主要是关于森林可持续经营活动，如人工促进天然更新、抚育、间伐和林分改造。此外，参与式方法从以村民组为基础改为以行政村为基础，这对资金计划带来很大的影响，因为成立的森林经营单位数量从 580 个降到了 110 个，而规划的森林经营面积基本上维持不变。

4.4 森林可持续经营活动

依据《森林可持续经营指南》开展森林可持续经营活动，该指南是实施所有营林活动（包括编制和实施森林经营方案）"最基础性的文件"。对接受过专业教育的县级林业专业技术人员来说，理解此指南不难，但是作为林权所有者以及要应用此指南的农民来说，存在一定问题。因此，某些县项目办把森林可持续经营方法的精髓提取出来，并以浅显易懂的方式呈现给农民。

4.4.1 森林经营规划

森林经营方案编制指南是项目"最基础性的技术指南之一"。根据项目的森林经营规划方法所编制的森林经营方案是合理实施森林可持续经营的前提基础。比森林经营方案编制指南更重要的是，在野外现场实施编制森林经营方案的培训，以及这些培训课实施的好坏程度对于项目实施至关重要。

4.4.2 审批森林经营方案

森林经营方案最初是由市项目办审批，自 2011 年起，改由县林业局审批。其具体操作是通过县林业局组织召开会议，并由负责编制森林经营方案的县项目办技术人员对方案

内容进行解说，最终分管领导或森林资源管理站的负责人在方案上盖章表示审批同意。

4.4.3 森林可持续经营方案实施

项目的森林可持续经营实施指南编制合理、能够为人所理解并且能够精确地应用等条件是项目取得好效果所必需的。对林业工人实施深入培训是成功的前提条件，实施内容主要包含如下 6 个方面。

4.4.3.1 集材

集材即把木材从林内运出到路边，再用卡车或拖拉机装载拖运。主要集材手段是肩扛，这种原始的方法仅限于小径材。为方便扛运，木材已按每段 2.2 m 截断。然而，林木达到一定径粗后，林木就太重，不适合肩扛。项目区的立地条件对木材运输来说很困难，但项目没能采用（至少在试验范围区）专业的集材装置设备，如带绞车的拖拉机或者陡坡地点索道集材。

4.4.3.2 木材销售

找到木材销售的机会对实施森林可持续经营来说十分重要，因为林产品不应当浪费，而林权所有者只有在能够得到一些经济收益的情况下，才会愿意采伐。在木材销售上，县林业局应当给森林经营单位提供帮助，因为所有林业企业都需要在县林业局登记备案。但应当注意的是，各项目县的木材价格及市场需求情况差异很大，这对木材销售会带来较大影响。

4.4.3.3 自然恢复

自然恢复这种“消极的”、“无为而治的”森林可持续经营措施是应用于那些退化的然而仍然有足够生活力和基本生长潜力的森林，从而在排除一切对森林植被的人为干预与破坏活动的条件下，林分能够发育成为立木度充分、质量良好的森林。自然恢复是森林可持续经营极为重要的内容，尽管是“无为而治”，但它完全符合近自然原则。经过自然恢复，很多林分生长情况改善了很多，恢复速度比预想的快。

4.4.3.4 森林保护

所有接受过访谈的县项目办均认同，对森林威胁最大的是火灾。非法采伐是存在，但是很少发生，对森林存续不构成真正的威胁。而森林火灾能将大面积森林彻底毁灭，造成的破坏程度大。因此，森林保护主要是针对森林火灾防控。还有另一个问题是关于森林的保护方法。项目认为，如果林权所有者能从森林经营中得到一定的经济收益，那么，他们会花费一定资源保护其森林。比起投入大量资金用于购买防火设备与工具，信息宣传效率更高。森林经营的伟大艺术就是在于在森林保护成本与可能损失的价值之间找到合理的平衡点。

4.4.3.5 林道

林道建设对森林可持续经营来说必不可少，并且十分方便农村群众。需要由县项目办及森林经营单位代表组成的工作组带着地形图，到现场共同规划林道位置。县项目办技术人员提供给森林经营单位负责人有关林道建设的条件与原则（包括生态保护方面）。组织实施林道建设，是由森林经营单位自己负责（即聘请承包商和租赁机械），因为森林经营单位有可能雇佣自己的森林经营单位成员。林道维护也是由森林经营单位组织实施。

4.4.3.6 项目标志牌

根据合同义务，县项目办修建了项目标志牌，但是因为有太多其他广告牌和宣传牌，而且标志牌很快就风化了，因此，项目标志牌产生的效果微乎其微。

4.4.4 森林可持续经营成果监测

项目所建议的监测体系是基于两个阶段。第一阶段是由省监测中心实施的内部监测，第二阶段是由咨询专家实施的外部随机抽查。监测指南能够为人所理解并且是以实践为导向。一个营林措施事实是否得当，不能简单地仅仅以书面指标（数量、参数等）来判断，监测中心还需要有良好的林业知识与实践经验。一个监测工作组的工作进度平均为4～6个小班/天。项目的监测体系要求对实施了森林可持续经营积极措施的所有小班实施监测，但工作量很大。

4.4.5 基于固定研究样地的森林可持续经营影响监测

此活动是针对实施了森林可持续经营活动的林地（实施样地）与未实施的林地（对照样地）两块彼此位置接近的林地进行比较。在5个项目县建立了10对固定研究样地。每年对样地评估一次，数据存储到数据库中。样地很小，因此不适合起到示范作用。样地只能给科研提供生长数据（胸径、树高）。总体来说，项目的研究内容是有用的，因为许多森林可持续经营方法在中国是新生事物，所以需要以此来证实森林可持续经营确实能带来良好的效果。然而，在私人的林地上建立固定研究样地很成问题，而且从长远来说，要把固定研究样地周围的林分都保护起来杜绝干扰，也是不可能实现的，即便林权所有者会得到一定的补偿金。

4.4.6 社会经济影响监测

很显然，实施此项目对参与项目的农户甚至以及某些未参加项目的农户会产生显著的社会与经济影响。社会经济影响监测的目标在于获得有关项目活动对参加项目的农户所造成的影响方面尽可能客观的信息。项目选择的方法是，每两年对参加项目的农户实施一次访谈。访谈问题涉及可能受到项目影响的经济、生态及社会方面。受访人的回答可以是系统的，也可以是自由发挥的。使用一个数据库来存储和处理所有数据。存在一个问题是，在项目期内，针对某一农户林地的森林经营活动很少（某一林分森林经营活动存在一定的间隔期）。因此，森林经营的影响不是始终如一的，而是在发生变化（如在项目期内某农户林地实施间伐的时间是2014年。在2013年、2015年或2017年分别访谈此人，此人对项目影响的评价都会不一样）。尽管社会经济影响监测能提供合理并合乎逻辑的结果，还是建议对此方法做进一步改进。为此，需要临时聘请一位社会科学方面的专家给出建议。

4.5 项目运行管理

2012年2月，贵州省财政厅与林业厅联合发文《中德合作贵州林业项目管理办法》。在省级和县级成立了项目领导小组。遵照国内以及德国复兴银行的采购规定，及时采购了所需的设备。

4.5.1 参与式森林经营合同签订

参与式森林经营合同是促进林业局与森林经营单位之间清晰明确地合作的必要条件。合同须对合作双方的权利与责任做清晰陈述，且合同签署时必须有乡、镇政府代表在场见证。

4.5.2 森林经营单位内部管理

项目于2014年编制了《森林经营单位内部管理办法》建议书供森林经营单位参考。注册了的森林经营单位有国家统一的合作社管理章程，而未注册的森林经营单位可以使用项目建议的《森林经营单位内部管理办法》。这可以发给森林经营单位做参考。很显然，“森林经营单位内部管理办法”绝对有必要，因为森林经营单位对项目补贴资金的使用并不透明。总体来说，森林经营单位的管理是好的，但是在某些森林经营单位仍然存在明显的管理问题。如森林经营单位内部管理及决策信息传递不通畅，内部资金管理不透明等。

4.5.3 对森林经营单位成员及林业工人实施培训

对森林经营单位成员及林业工人实施培训极为重要，是实施森林可持续经营所必不可少的环节。因为只有经过深入具体地指导和培训，他们才有可能理解森林可持续经营的原则，进而按照符合森林可持续经营要求的工作步骤去实施。县项目办工作人员作为培训师，在实践中对所有森林可持续经营活动类型作了演示。在演示过程中，对活动目的和正确的实施步骤作了口头阐述说明。项目针对森林经营单位和林业工人所实施的培训主要是“以实际情况为基础”，即有一定的工作需要做（如林分调查、选树、栽植），县项目办工作人员因此在林业工人具体实施之前，做必要的解说和现场示范。培训主题涉及实施项目所涉及的技术、管理或财务等所有方面。当然，对林权所有者和林业工人来说很陌生的森林可持续经营的方方面面都深入具体地讲授给了他们，并在实际操作过程中作了演示，且需要重复多次培训。

4.5.4 森林经营单位管理补贴

森林经营单位管理补贴是对森林经营单位负责人在组织和管理事务上的投入所做的补偿。早先是以面积为基础的包干支付。后来改为一定金额的包干支付和另外加上以实施面积为基础支付。对比两者，后面这种支付方式更合理。森林经营委员可以自由使用管理补贴，用于开销森林经营单位管理所涉及的各种类型的合理性支出。但是，资金的使用必须对森林经营单位所有成员保持透明，并且能接受财务检查（如审计等）。

由于某些森林经营单位成员能从林产品（如间伐材）销售中获得相当大的收益，应当分析并讨论外部是否应当对森林经营单位管理继续给予支持，或者这应当由森林经营单位成员进行资金承担。

4.5.5 编制森林经营方案的补贴

针对协助实施森林经营规划，森林经营单位应得到以面积为基础的补贴。森林经营单位成员参与森林经营规划是必需的，而且县项目办还能从他们身上获取大量有关当地情况的信息。此程序本身也符合项目协议“以参与式方法编制森林经营方案”的要求。

持续、系统实施参与式林业方法的森林经营单位，森林可持续经营活动的实施质量就会提升。因此，对于认真实施森林经营的单位及负责人给予补偿对于提升森林经营方案质量及项目实施十分重要。

4.5.6 项目财务管理

项目的《财务管理办法》对项目财务管理作了规定。然而，这些规定太宽泛，无法指导财务管理的具体实践。因此，项目进一步制定了指南和其他规定，如会计核算管理办法和财务监测指南（见后面章节的详细阐述）。在其他项目文件中还可以找到对应的项目管理规范，包括《项目管理办法》和《转赠协议》。

项目的会计核算体系是合理的。必须对森林经营单位的会计核算提供支持；针对补贴、收益和支出，森林经营单位须采用一个基本的、透明的会计核算体系。森林经营单位的会计核算体系是由一个国内专家制定的，能够服务项目要求。按照国内规定，编制了项目的财务报告。遵照德国复兴银行的支付规定，首席技术顾问编制了项目的报账申请。如果首席技术顾问不是全部承担者，而是协助县、省项目办编制报账申请会更好。

4.5.7 项目信息传播

信息传播是向私营林权所有者成功推广实施森林可持续经营的前提和基础。信息传播必须简洁、清晰、易懂，尽管有十分清楚的指南，也应加以注意。信息传播方式也各式各样，具体取决于多个外部条件（对林分情况的了解程度、对村加入项目兴趣情况的了解程度及乡政府的支持程度等）。

第5章 贵州省森林可持续经营方案编制

本章总结了中德合作贵州省森林可持续经营项目森林可持续经营方案编制方法、指南与培训情况，并介绍了项目森林经营方案编制情况，尤其重点介绍了结合德国经验在项目区开展的不同森林可持续经营活动的规划设计情况。

5.1 编制方法、指南与培训

伍力•阿佩尔博士于2009年草拟了森林经营规划方法。特纳和福斯特于2009和2011年编制、修订了《森林经营方案编制指南》。该指南基于森林可持续经营指南，对编制一个森林经营方案所需的每个工作步骤作了详细阐述。

一般来说，森林经营规划是基于把整个森林经营单位的森林划分为若干林分（小班）而实施的。一片林分具有基本上同质的结构，因此需要同样的森林可持续经营措施。此外，在勾绘林分边界时，还须考虑地形等其他因素。因此，划分为一个小班的森林必须可以实施一致的森林可持续经营措施。通过野外高强度的观察判断来划分小班边界。同时，各个林分的情况以统一标准的方式做了描述，并实施了林分调查。然后，给林分规划了合理的、有根据的森林可持续经营措施。所有数据在野外均先记录在表格里，随后再输入到数据库中。最终，在室内完成森林经营方案的文本撰写及打印工作。方案交给森林经营单位负责人后，由技术人员向他们解释说明方案内容。再由森林经营单位负责人向森林经营单位成员（林权所有者）进行解释。如果森林经营单位有特殊要求，那么，将对森林经营方案做调整。如果县项目办和森林经营单位意见达成一致，森林经营方案即可报送给县林业局审批。

项目所建议的森林经营方案编制程序比国内标准要简单省时得多。森林经营方案的内容主要集中在森林可持续经营的事实方面。项目最省时省力的是，减少了评估小班采伐蓄积量的工作量，包括以下方面。其一，国内官方所描述的方法需要评估很多样地，而项目采用的是抽样与目测相结合的方法；其二，把极为耗时、困难的“采伐作业设计”以一个简单的打钩清单（按径级记录采伐木数据）取而代之；其三，编制森林经营方案采用了一个多功能的数据库，该数据库可以生成打印所需的所有图表。

编制森林经营方案的培训体系是，由咨询专家对县项目办技术人员实施培训，再由县项目办技术人员向乡镇林业站技术人员及森林经营单位成员解释编制森林经营方案所需元素。咨询专家对县项目办技术人员的培训由室内培训与室外实践操作（编制森林经营方案）相结合。乡镇林业站和森林经营单位只接受野外实地实践培训。

5.2 森林经营方案编制

5.2.1 经营单位组织编制森林经营方案的数量与面积

项目共为152个森林经营单位编制了森林经营方案，覆盖森林面积62428.2 hm²（实际上，森林经营规划面积原本更大，为62546.2 hm²，但是由于修路、架设电线、修建工程及其他建设活动，开阳的118 hm²重新划分为非林地）。即平均每个森林经营单位森林面积大约411 hm²。但实际上各森林经营单位森林面积相差很大，小到黔西县国有林场大箐坡森林经营单位的18.2 hm²，大到开阳县龙岗镇杠寨林场森林经营单位的2386.1 hm²。表5-1列出了6个县项目办的森林经营方案及森林面积的分布情况。

开阳县项目办编制的森林经营方案森林面积最大（18841.7 hm²），占森林经营规划总面积的30.2%。面积排第二位的是息烽县项目办（11423.3 hm²），占森林经营规划总面积的18.3%。金沙县项目办编制的森林经营方案面积为9451.9 hm²，占项目规划总面积的15.1%。其他县项目办的森林经营规划面积为10.7%～12.9%（表5-1和图5-1）。

总体来说，森林经营规划面积细分为“森林可持续经营面积”和“没有活动”面积。生产力极为低下、没有收益（定义是“年蓄积生长量低于1 m³/hm²”）的林分被确定为“没有活动”的林分。从生态价值以及生物多样性价值来说，“没有活动”的森林十分重要，

表5-1 各县项目办编制的森林经营面积统计表

县	经营单位数（个）	森林经营规划			没有活动/无生产力林地面积（hm²）	森林可持续经营		
		总面积（hm²）	百分比（%）	森林经营单位平均面积（hm²/个）		总面积（hm²）	百分比（%）	森林经营单位平均面积（hm²/个）
百里杜鹃*	17	7923.0	12.7	466.0	1839.0	6084.0	11.4	358.0
大方	22	8081.3	12.9	367.0	1192.6	6888.7	12.9	313.0
金沙**	21	9451.9	15.1	450.0	1210.2	8214.7	15.4	392.0
开阳	25	18841.7	30.2	754.0	1657.5	17184.2	32.1	687.0
黔西*	27	6707.0	10.7	248.0	1919.4	4787.6	8.9	177.0
息烽	40	11423.3	18.3	286.0	1088.4	10334.9	19.3	258.0
合计	152	62428.2	100.0	411.0	8907.1	53494.1	100.0	352.0

注：*表示森林经营方案编制后1个森林经营单位退出项目；**表示森林经营方案编制后2个森林经营单位退出项目。

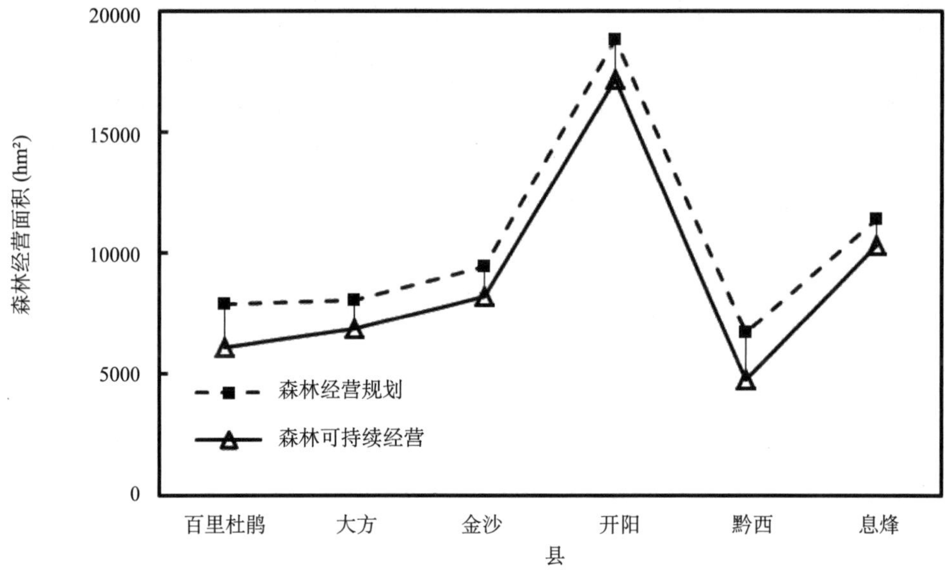

图 5-1　各县项目办编制的森林经营规划及可持续经营面积

应当得到保护。

森林可持续经营面积所占比例，即有经济意义的森林面积，占森林经营规划总面积的 85.7%。其中，息烽县项目办编制森林经营方案个数最多，但实施面积却很小，说明编制的森林经营方案并不是每个都能在项目期内付诸实施。这明显不合理，因为如果不根据方案所确定的营林时间及时实施的话，方案可能会过期。类似的问题同样发生在开阳。每个森林经营单位的森林可持续经营面积平均为 354 hm^2，实际为 177（黔西）～687 hm^2（开阳）不等。

5.2.2 项目期内编制的森林经营方案数量与面积

项目在 2010 年编制了 18 个森林经营方案。由于当时是以村民组为基础成立的森林经营单位，因此这些方案涉及的森林面积很小（1289.5 hm^2，占森林经营规划总面积的 2.1%）。从 2011 年开始，绝大多数森林经营方案是针对以行政村为基础成立的森林经营单位，因此，每个森林经营方案涉及的森林面积大得多。

编制森林经营方案的活跃期是 2011—2015 年，方案涉及的森林面积占所有方案总规划面积的 88%。编制森林经营方案的顶峰期是 2013 和 2014 年。如果项目早期能编制更多方案，那么森林经营方案在项目期内的实施期就更长（备注：森林经营方案实施在 2016 年停止，即在 2015 年编制的森林经营方案只能实施 1 年左右）。在各时间段编制森林经营方案的进展情况见表 5-2、图 5-2。

表 5-2 各项目实施年度所编制的森林经营方案情况

年度	森林经营方案个数（个）	森林经营规划面积（hm²）	占规划总面积的百分比（%）	没有活动的地块面积（hm²）	森林可持续经营面积（hm²）	自然恢复面积（hm²）	规划的积极经营面积（hm²）
2010	18	1289.5	2.1	127.9	1161.6	0.0	1161.6
2011	29	8494.3	13.6	1726.7	6767.6	1896.4	4871.2
2012	18	9887.3	15.8	1707.8	8179.5	2310.7	5868.8
2013	35	13661.4	21.9	1630.1	12031.3	2756.7	9274.6
2014	26	13819.8	22.1	1586.7	12233.1	4564.5	7668.6
2015	19	9002.0	14.4	1073.7	7928.3	3047.1	4881.2
2016	7	6273.9	10.0	1054.2	5219.7	1535.3	3684.4
合计	152	62428.2	100.0	8907.1	53521.1	16110.7	37410.4

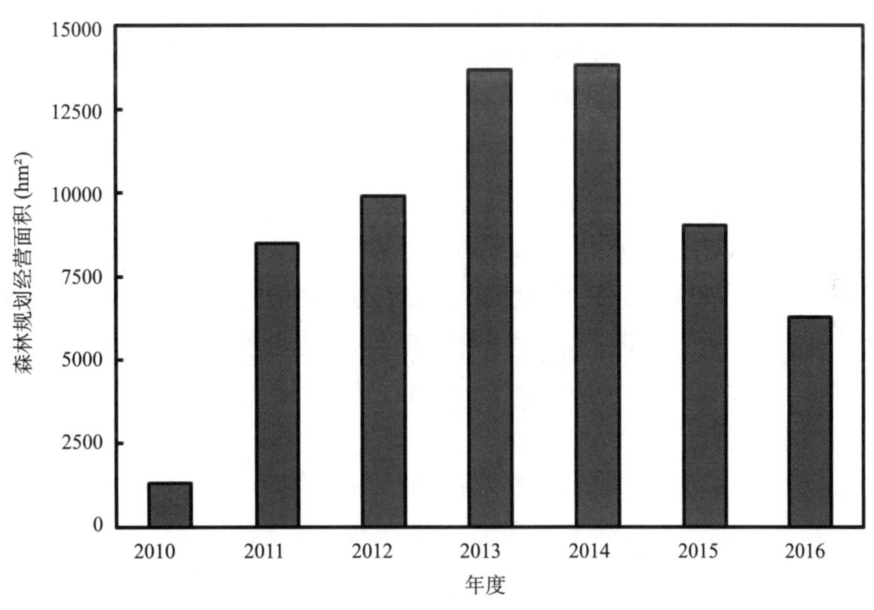

图5-2 各年度森林经营规划面积

5.2.3 森林经营方案编制质量

在整个项目期内，森林经营方案的编制质量明显提高，绝大多数森林经营方案都编制合理，能够作为实施森林可持续经营活动的基础。然而，各县项目办之间编制的森林经营方案质量有明显差异。方案的质量很大程度上取决于工作经验的深度，因此要编制质量好的森林经营方案，项目工作人员应保持稳定。

森林经营方案的核心部分是“林分表”和“森林经营规划图”。这两个材料是实施森林可持续经营最重要的基础。方案文本的部分结构应做适当修订，使其进一步简化。

5.2.3.1 林分表

林分表提供了实施森林可持续经营所需的最重要基础信息。包括 7 个部分。

（1）林分位置

包括县、乡镇、村、森林经营单位、小班号，正式的林分分类与经营目标。

（2）立地描述

对于确定最合适的森林可持续经营措施，某些立地描述因子并不重要。由于许多小班都不止一个坡向，所以经常很难确定整齐划一的坡向。坡度也存在同样的问题，因为整个小班并不是统一的坡度。土壤分析（母岩、土壤类型和土层厚度）对栽植措施有用，但对抚育、间伐和其他森林可持续经营措施作用不大。由于对所有信息的评估增加了工作人员在野外的工作量，妨碍了工作人员集中精力对林分植被进行合理、深入的分析。因此，项目的森林可持续经营方法在其他县区推广时，建议减少不必要的评估。

（3）林分实际情况描述

对林分现有植被进行深入分析是用来确定未来 5～10 年最合适的经营措施最重要的基础性工作。因此，应当投入足够充裕的时间和精力做正确的评估。

对于规划未来的措施，林龄范围、发育阶段和调查结果很重要。然而，更重要的是，分析林分结构、林木质量和林分活力，即规划人员必须考虑林木密度与分布情况及郁闭度、目标树和干扰木的情况、树形差的林木及病木的情况、树种混交以及可能存在的天然更新。规划人员应当预见林分发育趋势，并相应确定要实施的森林可持续经营措施。

很明显，采伐强度取决于林分的初始密度，“林木初始密度”、“采伐木株数”和“保留林分的林木株数”三个数据必须有逻辑相关性。“发育阶段”必须与“林龄范围值”和“胸径分布情况”相对应。另外，调查结果（株 /hm^2）和林分郁闭度之间也存在相关性。“林分混交”与“调查结果”也有对应关系。

在做林分描述时，很多逻辑关系都必须正确。检查森林经营方案的编制质量时，发现在林分表中存在一些问题。虽然在林分表中所做的描述与规划有所欠缺，但绝大多数林业技术人员、林权所有者和林业工人仍然能把森林经营措施实施得很好。

（4）林分调查结果

在绝大多数情况下，林分结构都不具备同质性。在同一林分内，林木密度和树种组成可以差别很大。那么有必要设立和评估多个样地，从而得到可靠的调查数据。然而，调查抽样很难实施，并且费时费钱。因此，建议森林经营规划技术人员应当经验丰富，可以通过穿越整个林分，来很好地把握对林分结构的评估。如此，比起以不充分的调查样地数量为基础所做的调查，一个经验丰富的规划人员可以更加切合实际地判断林木密度、树种组成和胸径范围等信息。

(5) 所规划的森林可持续经营活动

森林可持续经营规划质量有很大改善，大多数森林可持续经营规划实施得很好、很合适。为改进规划质量，建议使用“指导说明”对所规划的活动做清晰描述。

(6) 采伐木调查结果

采伐木调查数据按照 5 cm 一个径级，记录在“打钩清单”中。实践证明此方法快速、高效，而且调查结果能够作为采伐申请的基础。

(7) 报告实施完成的森林可持续经营活动

经验证明，实施的森林可持续经营活动经常与最初规划相偏离。主要原因是，“规划”是对未来几年所做的一种“预测”，而“实施”是实际发生的事件。建议森林经营单位应在表的“观察”一栏，对实际实施的具体情况及问题进行描述和解释。

5.2.3.2 森林经营规划图

一般来说，即使规划图做得好且正确，但是地形图没有更新，那么也无法显示很多明显的、可用来确定方位的地形特征（如道路、建筑、村庄等）。某些县项目办把图纸放大或者缩小，使整张图能够在 A4 纸或 A3 纸上显示，改变了图纸固有的比例尺，而且无法确定比例尺的变化值；因此，这些规划图无法用于现场定位和确定小班面积。规划图比例尺大小应当始终保持为 1：10000，并且在规划图中标注。

5.2.3.3 森林经营方案与监测数据库

如果没有一个强大的森林经营规划与监测数据库（项目为超过 150 个森林经营单位编制了森林经营方案）支撑，无法实现对如此多的小班所实施的森林可持续经营活动进行检查；简单地用 Excel 电子表格无法处理如此多的各类数据和汇总表；编制森林经营方案，需要评估的所有相关数据都记录在数据库中，可以很容易把有关现有林分和规划等各种信息组合起来。监测数据的分析与评估也记录在数据库中，可用于编写成果表，此表是作为支付森林经营单位补贴和编制项目的提款报账申请的基础。如有疑问，应当以数据库中记录的数据为准。森林经营方案与监测数据库可用于以下方面。

(1) 记录森林经营方案与监测数据

林分与立地描述记录可从数据库中的下拉菜单中实现。调查数据记录在胸径表(5 cm 径级）中。

(2) 森林经营方案表格计算与打印

①林分调查结果

②小班描述、规划与实施表

③森林经营单位分各种参数的林分统计表，如：

a. 有立木—无立木信息

b. 森林功能（防护林、用材林、薪炭林）

c. 森林经营类型

d. 林分发育阶段

e. 林分混交类型

f. 林分受破坏程度

④小班总体情况

⑤林分构成与描述

⑥分小班的实施规划表

⑦分年度与措施的实施面积

⑧分年度的采伐蓄积量

⑨分年度和措施类型预期所需的劳动量投入

⑩分小班、年度和措施类型预期所需劳动补贴

⑪分年度和措施类型预期的劳动补贴分布情况

⑫基建规划成本

⑬所需资金投入总数

⑭“采伐申请”（采伐规划）

（3）记录实施的所有森林可持续经营活动及结果计算

①分森林经营单位和森林可持续经营措施类型的作业面积

②实施的基建

（4）记录监测观察到的情况以及结果统计计算表格

①分小班检查实施合格或不合格的情况

②分森林经营单位所有森林可持续经营措施合格的作业面积

③分森林可持续经营措施类型，支付给森林经营单位的补贴（支付清单）

（5）应要求计算和提交其他各类统计结果

总的来说，在森林经营活动实施时，县项目办工作人员须得到合理的培训，首先是接受咨询专家实施的培训，然后是监测中心工作人员实施的培训。县项目办工作人员每天都操作使用数据库，极大减少了工作量，因此工作人员有更多时间去野外工作，给森林经营单位提供帮助，对林业工人实施培训和监督。使用数据库显著避免了手工处理数据时通常会发生的许多错误。

5.3 项目规划的森林可持续经营活动

5.3.1 栽植 / 造林

5.3.1.1 栽植的基本条件

（1）要求

目的树种苗木必须适地适树；

栽植穴应当是 40 cm × 40 cm × 30 cm；

苗木选择要扶持形成混交林；

栽植后一年内应至少除草一次。

（2）合格标准

在经过一个生长季后（以及需要补植的，在补植后经过一个生长季后），成活率至少达到 85%（2125 株 /hm²）；成活的株数中，可以包含至多 30% 的天然更新植株；

苗木至少是二级苗；

在栽植前，容器苗的塑料袋须整个去除或去除底部；

杂草（草、蕨类等）生长不能盖过栽植的苗木植株。

“成活的株数中，可以包含至多 30% 的天然更新植株”这个条件是说，只有达到 1375 株 /hm² 的栽植苗木（2500 株 /hm² × 55%）成活了，造林才算合格，前提条件是存在足够的天然更新林木代替损失（未成活）的林木。从本森林可持续经营项目的近自然理念角度来说，项目允许由天然更新苗木取代计入成活株数的苗木是合理的。

5.3.1.2 造林

（1）苗木选择

最佳的苗木类型是一年生容器苗。“百日苗”绝对不适合用于造林，这种苗木太小，而且木质化程度不够，很容易受伤；不够健壮，耐受不了田间野草的竞争。

苗圃预选的标准是，距离造林地近，能够提供造林地所需的数量足够、质量较好（至少二级苗）的苗木，以及苗圃维护质量好，且最好苗圃经过认证。由县项目办工作人员把预选出来的苗圃建议给森林经营单位负责人，然后森林经营单位联系苗圃并协商苗木价格问题。一般来说，森林经营单位负责人都会接受县项目办的预选建议，并从中选择某个苗圃。

因为所有造林地的阔叶树天然更新都很旺盛。因此，只需采购和栽植针叶树苗，借助天然更新来实现针阔混交。此外由于价格昂贵，苗圃地极少供应“珍贵树种”苗木。

苗木从苗圃运到造林地后，将苗木从大塑料袋里拿出（避免针叶变色、苗木变虚弱，以致于降低栽植后的成活率），拿到离栽植穴比较近的阴凉地存放。苗木运输应当选择在马上就要实施造林前，或者说，苗木从苗圃运到造林地后，应当马上实施造林。

（2）造林 / 栽植

实施造林最好的安排是由 3 个工人组成一个工作组。2 个工人负责挖栽植穴，1 个工人负责把苗木分配到各个栽植穴，去除容器（塑料袋）并栽植。栽植穴大小不严格要求是 40 cm × 40 cm，但是至少要有 30 cm 深。穴深度远远比宽度和长度重要。栽植穴的理想大小取决于要栽植的苗木根系大小。如果造林地的土壤质量低、生产力低，那么，把栽植穴挖得比根系宽有利于回填更多肥沃的表土（腐殖层）。

挖栽植穴时将栽植穴周围杂草灌木一并清除。挖栽植穴和苗木栽植整个工作必须在一周内完成，即栽植穴不能提前挖出来太久（栽植穴处于开放裸露状态太久）。一旦栽植穴挖出来，应即刻把苗木栽植下去（栽植穴处于开放裸露状态只有几分钟）。这样，有利于栽植穴里土壤水分的保存。

在把苗木根系放入栽植穴之前，必须清除容器苗的容器（塑料袋），或者至少将容器底部清除，这样确保根系可以自由而不受干扰地向下伸展生长，否则会导致造林失败！

根系必须与潮湿肥沃的土壤充分接触，才能吸收土壤养分。因此，必须格外注意：应当回填细土，从而避免苗木根系周围产生空隙及空气，且最好是表土。通常是采用踩踏的方式来压实所回填的细土。但这个方法可能会伤害苗木根系，所以最好是用手指压实根系周围的土壤。表层土壤不需要压实，这样有利于雨水下渗。

最佳的造林时间是 1 月到 2 月初（春节前）。补植步骤与造林的步骤一样，只是栽植株数少一些。最佳补植时间是 12 月至春节。

5.3.1.3 对造林工人的培训

首先，就规范造林活动而言，县项目办与森林经营单位必须签署造林合同。

其次，造林须由“造林专业队”来实施，而不是一般意义上的劳动力。“造林专业队”是由经过县项目办在森林可持续经营活动上作过专门培训的村民组成。造林专业队成员可以是造林本村村民，也可以是邻村村民。

接受培训的工人不必是森林经营单位成员，可以是对林业工作有兴趣的村民。 他们作为“造林承包人”为森林经营单位工作。须由县项目办工作人员在乡镇林业站技术人员的协助下，对造林工人进行为期半天的现场实践操作培训，并示范所有工作步骤。在对工人进行集约培训后，县项目办就不再需要对现场施工进行监督了。施工监督工作由承包施工队队长负责实施。

5.3.2 造林地与天然更新地除草

5.3.2.1 目标与活动描述

除草目的在于通过清除竞争性的杂草、灌木、蕨类、攀缘植物及其他杂草等，来促进和扶持栽植的或天然更新起来的幼树不受干扰地生长。

任务是实施块状除草，即把每一株目标树苗周围的杂草（杂草、灌木、蕨类、攀缘植物、绞杀植物及其他杂草）清除。块状除草即清除植株 1 m 范围内（以植株为圆心，半径 50 cm）的杂草。

在项目初始阶段，只计划实施一次除草，除草费用（500 元 /hm²）包含在造林补贴中。省项目办在 2013 年秋向德国复兴银行申请，按 500 元 /hm² 资助实施第二次除草，从而提高造林成活率。德国复兴银行于 2014 年审批通过该申请，并表示如果实际需要，可以资助实施除草超过两次，并且把除草补贴提高到 720 元 /hm²。

从项目一开始，人工促进天然更新的补贴单价就是 720 元 /hm²。

5.3.2.2 评价与建议

把幼树从杂草竞争中解放出来，对植株成活以及生长不受干扰、生长旺盛至关重要，所以在项目初期只补贴一次除草是错误的。结果表明，甚至实施两次除草（一次是在造林当年，第二次在造林次年）都不足以持续有效抑制生长强势的杂草的竞争，特别是蕨类生长尤其旺盛。因此，在造林后第三年实施第三次除草是有必要的。

在生长期内，树苗能充分接受光照，并且把生长竞争降到最低，即应在苗木生长期进行除草，这有利于树苗生长达到最佳状态。因此，除草的最佳时节应该是 4～5 月。因为在 3 月除草太早了，除草后同一年，杂草生长可能还会盖过幼树，因而同一年可能有必要再实施第二次除草。在 6 月除草又太晚了，因为幼树在生长季（3 月起之后的至少 3 个月）的生长会受到抑制，高生长会明显降低。一年除草一次是成本效益之间比较好的妥协。当然，除草两次会更好，但不是绝对必要。除草最好的工具是镰刀。正常的工作进度为每个工日约 2～3 亩，具体取决于特定的立地和植被条件。

另外，对林分改造后实施的造林，除草有特殊要求。在清除萌生林并实施造林后，抑制幼树生长的不光是杂草，还有萌生林清除后再次迅速萌发起来的萌条。在此情况下，造林地的维护需要更长时间，直到栽植下去的苗木能够抑制萌条的竞争。

综上所述，任何森林可持续经营活动，在与承包人 / 专业队签署承包合同时，禁止发生合同分包的情况，承包人不能把合同分包给别人，以免影响到要实施的劳动质量。

5.3.3 幼林抚育

5.3.3.1 定义、目标与活动描述

（1）“幼林抚育”的定义

“森林抚育”有两层含义，即“对森林总体上的抚育经营”和“幼林抚育”，本项目使用的“抚育”专指后者，即“幼林抚育”。“幼林”是针对林分的林木平均高不超过 2 m，胸径平均小于 5 cm 的林分发育阶段。

（2）抚育目标

主要包含如下几个方面的内容：首先，密度调节；第二，促进树种混交；第三，扶持有价值林木的生长（有价值的树种、生长充满活力的林木、树形好的林木）；第四，清除树形差的林木、病木、无用的树种以及老狼木；第五，在萌生林内，清除萌生树，扶持实生树。

“幼林抚育”就是根据上述抚育标准来实施活动。相邻树之间的距离大约为 1～3 m（平均 2 m），在抚育后，林分密度达到约 2500 株 /hm²。不需要标记采伐木或保留木。

（3）项目补贴

补贴标准是 1200 元 /hm²。

5.3.3.2 建议

（1）本项目的要求是遵循森林可持续经营和近自然原则，最大的问题是要说服劳动力，不要按照国内的抚育规定砍灌木和修枝。

（2）当相邻树的枝条大面积相交时实施抚育。抚育林龄通常是 4～7 年，具体取决于树种和生长情况。当林分实际密度小于 2500 株 /hm²，应针对林分比较密的部分实施抚育，或者跳过抚育，并稍微提早实施间伐 1。

（3）砍树的最佳工具是砍刀。伐倒木不需要拖出林子。由林主自行决定是否利用伐倒木，劳动力无权过问。

（4）杉木的抚育比较特殊。由于杉木萌生能力旺盛，因此，在实施第一次抚育 2 年后，需要实施第二次抚育。实施第一次抚育后，杉木林的密度可以大于 2500 株 /hm²。一般来说，第一次抚育主要是针对一个树桩上有 1～2 个主干的情况，即“减少主干数量”，具体减少数量取决于林分最初的情况。在实施第二次抚育后，林分密度应当是 2500 株 /hm²。

（5）各县项目办实施阔叶林抚育的方式各不一样。某些县项目办是把密度降到 2500 株 /hm²，而某县项目办把密度保持为高达 4000 株 /hm²。由于阔叶树种种类很多，很难给出普遍适用的建议，因此，具体抚育强度和株数由林业工作人员的实践经验和直觉理解来定。

（6）休眠期是实施抚育的最佳时期，即 11 月至次年 3 月。平均劳动进度为一个工作日 1～2 亩，也可以达到一个工作日 5 亩，具体取决于立地条件和林分条件以及劳动力的工作熟练程度。

（7）在实施抚育前对工人进行现场实践示范培训。

（8）虽然抚育补贴是足够的，但是在立地条件特别困难，尤其是在天然发育起来的林分里实施抚育时，实际劳动时间比计划的要长。

5.3.4 间伐

本节是针对中龄林的间伐 1 以及近熟林的间伐 2，因为两个间伐活动的目标和原则基本一样。唯一区别在于采伐木的大小不一样。间伐 2 针对的是近熟林，林分胸径大于 15 cm，采伐所需时间较长，但可通过销售采伐木来支付采伐工人的劳动报酬。

间伐 1 针对的是中龄林，林分胸径为 5～15 cm。由于市场对小径材需求较少，但此间伐对维护和改善林分质量极为重要，所以要求项目办按 3 元 / 株给采伐工人支付补贴。

5.3.4.1 基本原则

（1）间伐目标

第一，扶持目标树；

第二，促进针阔混交；

第三，提高林分活力；

第四，优化林分结构（复层林），从而提高林分稳定性，增强林分抗灾害能力（雪灾、风灾、虫害等）；

第五，改善林分的基因库（清除劣质林木）；

第六，提高林分价值（即林分蓄积生长集中在使优良林木蓄积生长最大化）。

（2）间伐类型

主要是扶持目标树，也结合了卫生伐以及密度改善活动。

（3）所需实施步骤

第一步，选择和标记目标树；

第二步，选择和标记采伐木（目标树的干扰木）；

第三步，采伐木调查（打钩清单）；

第四步，申请采伐许可证；

第五步，对采伐工人实施培训；

第六步，采伐；

第七步，集材；

第八步，木材销售。

5.3.4.2 选树与标树

（1）间伐标准

“选择与标记采伐木”在实施采伐活动中极为重要。在一个轮伐期内，大多数森林可持续经营活动只实施1～2次，或者活动被限制在很短的一个时期内，而从中龄林到近熟林（即从林龄达到7年开始，一直到实施主伐前）阶段都应实施间伐活动。因此，在此阶段内森林可持续经营的质量取决于正确选树与标树。

整个采伐体系简单而高效。首先，确定“目标树”并用环形标记标注。然后，选择标记围绕目标树的1～3株干扰木并伐除。这就是项目以扶持目标树为导向的间伐方法的最基本原则。

林业工作人员和工人可根据实践经验来丰富更多间伐标准。特别是，可通过砍除病木、树形差的林木和降低林分密度，来改善林木的生长空间，从而使间伐扶持林分朝着更有活力、更健康的林分结构方向发展。

此外，为了避免砍伐过多，采伐木株数至多不能超过原有林木密度的30%。如金沙县规定：“4株干扰木中只砍除2株，3株干扰木中只砍除1～2株”。

（2）工人培训

选树和标树工作主要是由劳动力实施的，即村民。由于间伐是森林可持续经营最重要最核心的活动，而这种活动对劳动力来说完全是新事物，因此，需要对他们进行合理培训，且有必要每年重复实施。初期培训围绕实践进行至少1天。县项目办工作人员在林分现场示范如何选树，并对目标树和采伐木的选择做详尽解说。如果时间允许，县项目办工作人员会随机抽查工人的选树和标树质量，具体检查强度取决于对实施工作工人的信任程度。县项目办可通过检查选择采伐木的清单来进行把关。即在完成了现场的选树标树工作后，森林经营单位须向县项目办报告，选择和标记的采伐木以及目标树株数。县项目办检查“打钩清单”（100% 全查），如果发现明显错误，县项目办将打钩清单返还给森林经营单位，要求森林经营单位重新实施选树标树。

5.3.4.3 采伐木调查（打钩清单）

对标记的采伐木分径级(5 cm一个径级)进行评估并记录。记录的材料叫做“打钩清单”。由负责选树标树的森林经营单位负责同时完成打钩清单记录。一般来说，一个劳动力（农民）负责选树或检查选树工作，另外 2 个劳动力负责标树。

某县项目办汇报，标树通常是使用液体油漆加刷子。由 3 个劳动力组成的一个工作组一天能够完成约 500 株选树和标树工作，即大约 166 株树 / 工日。

根据“分径级的采伐木株数”，可精确估算采伐木立方数，从而编制采伐申请。

5.3.4.4 采伐申请 / 采伐许可

根据上述“采伐木调查”(打钩清单)结果，森林经营方案数据库就可以生成“采伐申请”。获取采伐许可证的整个过程极为复杂，并且每个县的程序都不一样。完整的采伐申请材料除了“采伐申请表”，还需要很多其他材料：

第一，一份文本材料，用于说明待实施小班的林分情况及涉及的林主情况；

第二，森林资源图，用以显示待实施小班所处位置；

第三，林主林权证复印件；

第四，证明采伐申请在村里公示了一周的证明材料；

第五，乡（镇）政府和乡镇林业站的审批意见；

第六，县林业局森林资源管理站的审批意见；

此外，某些县项目办还需要更多材料，如林主的身份证复印件等。某些单位还要求采伐涉及的全部林主签名。甚至还需要林主联名签署的委托书，证明森林经营单位负责人有权代表森林经营单位。某些程序有“一站式服务政务中心”，有县林业局代表在那工作；在此政务中心，还需要填写某些表格并签字。

最终填发采伐许可证，其有效期取决于要实施小班的大小，有效期为 1～2 个月不等。

5.3.4.5 运输许可证

发放运输许可证的程序也各不相同。如百里杜鹃县项目办报告需要 3 个材料：采伐许可证；经销商的经营许可证；运输许可证的申请由经销商手填，并经村委会核实。村委会须陈述木材的数量以及每根木材的小头直径。村委会须签字盖章核实。此外，只有木材要运出县界时，才需要运输许可证。

5.3.4.6 采伐 / 伐木

以专业方式正确地实施采伐极为重要，首先是为了避免人身安全事故，其次是避免采伐对林分造成破坏。一个负责任的伐木工人在对标记的采伐木实施采伐前，应当先检查采伐木选择是否合理，如果有疑问，可以不采伐这棵树。然后，确定采伐木的最佳倒向，即对周围林木以及地表植被的破坏降到最低。采取所需的防范措施，警告其他林业工人可能存在的危险。伐木工具（油锯、斧头、砍刀和手锯）很危险，尤其是油锯。

基于上述事实，对采伐工人实施培训显得极为重要。此外，由于劳动实施方式不对，某些小班实施采伐所造成的破坏远大于采伐收益。例如：伐桩太高，浪费了有用的木材；采伐倒向很随机，对林木和周围植被破坏很大。

鉴于上述经验，项目启动实施了两次采伐培训，虽然培训时间有限，无法培养出专业的采伐培训师，但是至少掌握了采伐安全以及如何遵循森林可持续经营原则等基本原理。

在德国复兴银行要求下，在此项目内活动的所有采伐工人都必须在具体实施采伐前先接受培训，之后采伐质量才变得越来越好。虽然到了项目期末，采伐质量仍与国际标准相差较远，但总体上避免了大的错误。

要遵循森林可持续经营原则与标准，必须由训练有素的劳动力专业地实施“降低影响的采伐”。因为专业的林业工人可以考虑到森林可持续经营的各个方面（包括社会、生态和生物多样性等）对林业工人的培训必须由专业培训师来实施，且应当理解项目的“培训建设”是为应付紧急情况而实施的。

在德国，培训专业的林业工人需要2～3年时间。培训不仅仅包括采伐，还包括实施森林可持续经营所涉及的所有其他活动。或许中国没有必要在一开始就达到与德国林业工人培训同等高的专业水平，但劳动力只能在接受最基本的培训后，才能允许他们去经营极为珍贵、敏感甚至脆弱的森林生态系统。强烈推荐成立林业工人培训学校，使有兴趣专门从事林业活动的劳动力可以在这里接受最重要的林业工作领域的基本培训。

5.3.4.7 集材

集材是指将伐倒木运出林外，装上卡车或拖拉机。

木材运输的主要方法是肩扛，但仅限于小径材。在极少数情况下，林主使用了牲畜（水牛）集材，拖拉机几乎没有用到。由于林主和林业工人没有专业的集材手段，他们销售木材经常是“卖躺在林内的伐倒木”。木材商相应地把价格降低了150元/m³，由木材商组织集材。但木材商在集材过程中可能会对林分以及森林土壤、地表植被等造成破坏。

为了便于运输，木材通常截成2.2 m一段，根据径粗合理安排人手。当原木小头直径超过25 cm时，木材无法人力运输。但森林可持续经营的其中一个主要原则就是生产老树的大径材。此外，长原木（> 2 m）、大径材的销售单价（元/m³）要高得多。

由于整体的林业政策旨在尽可能降低采伐，项目对测试先进的集材体系没有多少兴趣和投入。如在陡坡地段安装专业的集材设备（带有绞车或缆车的拖拉机）。

林区主要集中在偏远的山顶，而且山坡陡峭，项目区的立地条件使集材变得很困难。但是针对这种立地条件，也有合适的集材体系。总之，对那些不具备专业的集材体系来运输大径材的地方，要实施森林可持续经营是不合理的，或者说是不可能。

5.3.4.8 木材销售

项目区各项目县的木材市场差异较大。大方和黔西的木材销售问题要少些，而金沙和百里杜鹃县项目办则抱怨小径材很难销售。此外，原木销售价格差异也很大，所提到的数字只能作为指示，而不是合理确凿的信息。价格取决于很多因素，包括供求情况、木材质量、树种、运输距离、个别的协商情况等。通常价格是严格保密的，因为县项目办工作人员和森林经营单位负责人担心，如果木材价格很高，项目补贴可能会降低或者取消。

根据市场调查，在百里杜鹃县，很多小头直径 7 cm、长 4 m 的原木售价可达 20～25 元一根（原木在林内）或者 35 元一根（原木在路边），这相当于在林内的原木售价为 800～1000 元 /m³。大方县原木售价大约 800 元 /m³，菌菇生产厂家会购买硬阔（主要是栎类）木材和枝丫，价格为大约 400 元 /m³。黔西县木材售价在 350～600 元 /m³ 不等，而杉木价格可以达到 1000 元 /m³，这具体取决于木材粗细。金沙县能够销售的木材直径必须达到 13 cm，价格为针叶材 400～800 元 /m³，阔叶材 400～600 元 /m³。

一般来说，县项目办和县林业局会帮助森林经营单位寻找木材买家。由于木材企业须在县林业局登记，县林业局工作人员很容易就可以提供有关的木材买家信息给森林经营单位。也有很多木材是由木材经销商购买。然而在息烽县，县林业局违反森林经营单位成员的意愿，通过公开招标的方式把木材销售出去。另外，没有限定最低价格底线，完全是靠木材买家的信誉来决定合同如何安排。一旦买家得到合同，他就能根据自己的利益需求来决定价格。

德国复兴银行建议，县项目办保留一个潜在木材购买商清单，并在县项目办之间定期交换。因为运输距离很远，木材购买商不想到外县购买木材。加上其他管理方面的障碍，如需要运输许可证等。

5.3.5 择伐

择伐是指对异龄林中达到培育目标直径林木进行的采伐。但这个森林可持续经营活动类型实施的面积很小，只有大约 20 hm²，因此，这方面的实践经验不具有代表性。不可能以这么小的面积为基础，提出任何合理建议。

由于没有哪个森林经营单位尝试实施择伐以及随后的促进天然更新，这个森林可持续经营活动没有实践，因此没有经验可交流。

5.3.6 林分改造

5.3.6.1 林分改造目标及所需工作步骤

林分改造的目标是把“低价值的林分”改造为“高价值的林分”。绝大多数林分改造是把“矮林”改造为“混乔矮林”或“乔林”。

本项目框架下实施的矮林改造是把矮林改造为乔林。

所需工作步骤包括：整地；栽植；造林地除草。

5.3.6.2 整地

目标是把低价值的矮林/萌生林抽条用实生树（即通过栽种树苗）取而代之。树苗通常都需要光照以及足够的生长空间，减少水分与养分竞争，才能正常生长。因此，有必要砍除矮林，尤其是干形差的矮林植株。对于某些一个蔸上萌生的多个抽条，可以保留其中一个长势好的抽条，以维持一定的植被覆盖度。但所有实生树（由种子萌发长成的树）都必须保留。整地工作应当在马上要造林前不久实施，即林地清理和造林中间不应当间隔一个生长季，因为矮林萌生旺盛，很快又会萌生出新抽条。建议在12月实施植被清理，在来年1月造林。砍下来的植被不需要烧掉，只需要堆放在小班一侧即可。

实施工具为砍刀。对于“如何区分萌生树与实生树”以及从多个萌条中选择最好的保留下来，需要对劳动力进行培训。

此劳动的进度比抚育劳动进度慢，是因为堆放砍下来的植被（把枝条扛运到小班边缘或沿着一条堆放）需要花很多时间。

5.3.6.3 栽植

见第5.3.1.2一节。

5.3.6.4 林分改造后的造林地除草

在裸地上的常规造林除草通常实施2～3次，实施时间是造林当年及次年和第三年。但在林分改造基础上实施的除草强度必须更高，因为矮林/萌生树比一般杂草生长得更旺盛；经验表明，有必要实施除草4次。林分改造基础上实施的除草难度更大，因为不光要除掉杂草，还要清除仍在旺盛萌发生长的萌生树。

判断除草需求的标准是生长的竞争状况，只要萌生树长势超过栽植的苗木，就需要继续除草。

5.3.6.5 林分改造的经验

最早的林分改造是在2012年12月实施的，实施很成功。因为萌生树的伐桩老化，而且萌生的枝干太多，单个枝干无法得到充足的养分。因此，该小班的萌生树生长旺盛程度没有预计的高，有时候矮林经营同时伴随清除枯落物的活动。若实施活动后，土壤变得枯竭，萌生树或栽植的苗木都无法长得好，那么，这些地块不适合实施林分改造。总体来说，因为长期有规律地砍树（巨大的生物量流失），矮林的土壤条件都不是太好。

如果立地陡峭，保留下来的树太大而且土壤瘠薄，林分改造很难成功。在这种情况下，最好不要尝试林分改造。

5.3.7 自然恢复

5.3.7.1 实际情况

自然恢复是一种“无为而治”的森林可持续经营措施，针对的是退化的森林，然而在

排除对森林植被的所有干扰和破坏条件下，此森林还有足够活力和基本条件恢复到有足够数量立木的良好状态。划为“自然恢复的林分”不需要实施任何积极的措施（如抚育、间伐），而是靠森林自身的修复 / 恢复能力，发展成为正常的乔林。而对于很密的森林，须实施抚育或间伐，去除过密的地块；对于退化森林密度小于平均水平的地块，在一定时间内（至少 5 年），让它们保持不受任何干扰。

具有代表性的“自然恢复林分”是林分有部分受到风、雪等自然灾害的破坏。对这种情况，不是皆伐并在整个小班重新造林，而是在把死树和病木清理出去后，使这片林分保持不受任何干扰。这种“无积极的干预措施”的活动能够促进林分修复的自然过程。在林中因自然灾害形成的林窗处，可能会有天然更新发育；那些之前被大树压制的小树，在充足的生长空间和光照条件下得以生长发育。实际上，森林植被能以更加自然的方式发育。

从这个意义上来说，项目提供 30 元 /hm² 的自然恢复补贴的初衷是，给林主“不利用森林而损失的经济收入”而给予补偿。对于所有积极的森林可持续经营措施（如栽植、抚育和间伐），林主得到相应的补贴加上森林保护补贴。出于实施自然恢复的小班与实施积极的森林可持续经营措施的小班能同等对待的考量，实施自然恢复小班的林主可以得到 30 元 /hm² 的自然恢复补贴加上 20 元 /（hm² · 年）的森林保护补贴。实施 5 年的自然恢复补贴即为 150 元 /hm²，这个支出与实施积极的森林可持续经营措施成本比起来便宜得多，这正完完全全符合近自然原则！然而，县项目办工作人员无法完全接受，在支付了森林保护补贴之外，还支付自然恢复补贴。按他们的理解，自然恢复是一种特殊的“森林保护”，如果已经支付了自然恢复补贴，那就没有必要再支付森林保护补贴了。

因此，项目最初定下的上述补贴机制于 2014 年底至 2015 年初取消。实际上某些县项目办已经在 2014 年就取消了同时支付森林保护和自然恢复补贴，其他县项目办是在 2015 年开始执行。从此，森林经营单位只能得到其中一项补贴，要么是自然恢复补贴，要么是森林保护补贴。

5.3.7.2 经验与建议

许多划为自然恢复的林分最终发育情况比预想的好得多。因此，等足足 5 年才实施积极的经营措施（抚育或间伐）就没有必要，而且在很多情况下也不尽合理。这意味着编制森林经营方案的林业专家低估了森林自然恢复的能力。

“自然恢复”是森林可持续经营极为重要的一个组成内容，尽管它是“消极的”，但是它恰恰符合近自然原则！没有“自然恢复”这个活动类别的森林经营体系是不完整的。要区分开“在先后两次积极的经营措施之间的间隔期（如抚育与间伐 1，或间伐 1 与间伐 2）不实施任何活动”与“林分在一定时期内的自然恢复”二者的不同含义。

是倾向于把“自然恢复”作为一个单独的森林可持续经营活动类型，对林主严格遵循对此活动的实施规定而给予（补贴）支持，还是倾向于把“自然恢复”作为“森林保护”的一部分，而不专门针对自然恢复给林主提供（补贴）支持，这由林业部门领导自行决定。

必须考虑到的是，如果没有机会实施积极的森林经营措施，而从中获得一定经济收入，林主可能会丧失森林经营与保护的兴趣与热情。支付“自然恢复补贴”可以维持林主保护森林的兴趣。由于目前的林业政策是尽可能降低采伐，“自然恢复”这个活动类别显得尤为重要。

当然，决定自然恢复是否有必要作为一个单独的森林可持续经营措施类别，或者应当与“森林保护”合并，这个决定还与规划的“森林保护”机制与措施情况相关联。如果“森林保护”被视为一个“针对整片森林的一个完整体系”，并且也是按这个思想执行的话，那么，针对特定小班划为“自然恢复”就有必要存在。然而，如果森林保护只是作为“基于特定小班的结果”（x 号小班林分是否得到有效保护，或者林分遭到了破坏？），在这种情况下，自然恢复就可以废弃。

5.3.8 森林保护

5.3.8.1 总体思路

如果以全面的方式来规划和实施森林保护是很费钱的事，如修建和维护瞭望塔和防火带。这样的话，森林保护本身的成本可能比要避免的森林破坏造成的损失还要高。此外，保护机制再好，总会有无法避免的自然灾害。在设计项目的森林保护机制之前，必须对可能存在的风险及其成因进行分析。根据分析结果，来规划和实施以目标为导向的森林保护措施。

访谈过的所有县项目办都一致认为，森林最大的威胁是火灾。非法采伐也存在，但是对森林的存续不构成真正威胁。森林火灾会彻底毁坏大面积森林，破坏极大，而非法采伐只是在林中少数地块，不会危及整个森林的存续。非法采伐只是使森林某地块的价值降低，而没有从根本上动摇整个森林的功能系统。因此，森林保护体系的主要对象是防火。

然而，即使是最好的森林防火措施，也无法 100% 杜绝火灾发生。森林火灾一旦发生，就很难控制和熄灭——即使用现代高科技设备，美国、澳大利亚或欧洲就有现成的例子。因此，防火是森林保护最重要的内容。

5.3.8.2 项目的森林保护体系与支付

目前国内已有全国性的森林防护体系。县林业局防火办已针对每个行政村（包括德援项目村）安排了一个村民负责森林防火。由天然林保护项目给这个护林员支付报酬。这个由国家层面资助实施的项目将持续实施。护林员只需要在防火期（11 月至次年 4～5 月）全天候工作，但实际按 300 元 / 月支付 12 个月的工资。除了每村聘请一个护林员，乡政府还每年在每个村组织公共宣传活动，告知群众森林火灾的风险以及防范火灾的正确行为。故意放火毁林或粗心大意导致森林火灾的，都将受到严厉惩罚，包括坐牢。

在中国最常见的做法是在防火期之前以及防火期间，对公路两旁的林分做特殊处理。将所有地表植被全部清除。对林木尤其是针叶树进行修枝，从而去除增加火灾隐患的枯枝。对于针叶林，所有地表枯落物从地表清除。清除一切易燃物，进而减少发生火灾的风险。

但全面清除地表植被和枯落物不符合森林可持续经营原则，而且绿草和灌木植被还可以使土壤和地表保持一定湿度，从而降低森林火灾风险。由于项目的森林可持续经营与近自然理念，项目没有支持沿道路开辟防火带的规划。

当然，项目在森林保护上也提出了一些意见和建议。最初建议的规划活动包括：确立林缘界限、边界划分、标记边界树、树立边界石碑、树立标志牌、制定森林保护规章并发放给所有农户、建立防火带以及组织森林保护巡逻等。然而，这些措施绝大多数成本都太高，无法长期提供资金支持实施；而其中某些措施对降低森林破坏的风险（火灾）并没有帮助。县项目办和森林经营单位也对这些措施的必要性和有效性表示怀疑。因此，项目让森林经营单位成员和负责人自行决定如何安排他们的森林保护措施。成功的森林保护得到项目补贴（不管是哪种保护方法以及达到何种实施强度）20 元 / (hm^2 · 年)。如果监测人员找不到任何森林遭受火灾、计划外森林利用或破坏性森林放牧 [在处于更新阶段的林分（树高小于 2 m）禁止放牧]，那么就可以支付此补贴。

但有些县项目办认为，每年 20 元 /hm^2 的森林保护补贴偏低。一个森林巡护人员通常负责 100 hm^2，项目只能支付 2000 元 / 年，这少于国家的天然林保护工程项目补贴标准。因此，森林经营单位利用项目的森林保护补贴，付给天然林保护工程聘请的护林员一点额外的报酬。但另一个县项目办认为，项目的森林保护补贴超过了天然林保护工程项目补贴，因为很多森林经营单位森林面积超过 180 hm^2，那么，这些森林经营单位的森林保护补贴就超过了 3600 元 / 年，这超过天然林保护工程项目的标准。

由于项目没有要求森林经营单位记录其森林保护活动。因此，项目缺少对他们可能实施的各种森林保护方法的强度和有效性等方面的信息。

5.3.8.3 项目区森林火灾发生情况

在 6 个项目县 7 年的项目实施期内，报告显示只在大方项目区发生过一次大火灾。此森林火灾发生在 2012 年大方的高店乡迎星森林经营单位，有大约 20 hm^2 森林被毁。火灾起因是森林附近农地焚烧农作物废渣。金沙县“过去几年火灾引起的森林破坏比例不到 0.1%”。

5.3.9 没有活动的林分

没有生产力的立地是年木材蓄积生长量估计小于并且将永远小于每年 1 m^3/hm^2，这类立地划为“没有活动（NA）”。没有活动的林分经常位于石质山地或者其他生产力低的立地条件，或土层浅薄或极度缺乏养分。由于蓄积生长量低下，经营这些林分无法获得经济收益，因此，应当排除实施任何积极的经营措施（没有森林可持续经营活动）。然而，这些森林和立地可能有很高的生态价值，因为在贫瘠立地条件下生长的植被与肥沃立地植被有很大不同，有时候能在这些贫瘠立地发现极为珍贵稀有的植物种。有时候这些稀疏的森林甚至是稀有植物种的栖息地。因此，这种生产力低下的林分应当保留，但是排除实施任何常规的积极经营活动。

第6章 项目区森林可持续经营活动

本章总结了中德合作贵州省森林可持续经营项目开展森林可持续经营活动的具体实施情况，尤其重点分析了各个项目区的森林可持续经营活动实施面积，各项目区七类森林可持续经营活动的具体实施情况，以及在森林可持续经营中的基建情况。

6.1 森林可持续经营活动实施面积

6.1.1 积极经营活动实施面积

"积极经营面积"即林分至少实施了一次以下的经营活动之一的特定面积：栽植、除草、人促、抚育、间伐、择伐或林分改造（表 6-1）。从项目积极实施森林经营方案开始（2011 年）至项目实施森林经营方案终止（2016 年 8 月），实施的积极经营面积总计 14091.3 hm²。总体来看，金沙县项目办在实施积极经营面积上的贡献率最高，为 34.6%，大方的贡献率为 20.7%，黔西为 13.9%，息烽为 12.3%，开阳为 10.7% 以及百里杜鹃为 7.8%。

表6-1　积极经营措施在各项目县的分布情况

指标	百里杜鹃	大方	金沙	开阳	黔西	息烽	合计
积极经营面积（hm²）	1092.0	2921.2	4876.8	1512.3	1959.7	1729.3	14091.3
百分比（%）	7.8	20.7	34.6	10.7	13.9	12.3	100.0

表 6-2 和图 6-1 清晰表明，在项目之初的 2010、2011 年，项目进度很慢，而在 2013—2015 年，实施的积极经营措施比较正常，超过 2650 hm²/ 年。实施面积最高是在 2014 年，实施合格面积约为 3948.8 hm²，占积极经营总面积的 28.0%。次高为 2015 年，实施合格面积约为 2948.5 hm²，占积极经营总面积的 20.9%。由于森林经营方案的实施在 2011 年才开始比较活跃，截至 2016 年 8 月，项目的积极实施期只有不到 6 年。因此，年平均实施面积约为 2350 hm²。然而，在整个项目期内，各年度的实施面积不是均匀分布的。

表 6-2 各年度不同经营措施类型实施面积统计情况表

年度	积极经营面积(hm²)	百分比(%)	经营活动(hm²)						
			栽植	人促/除草	幼龄林抚育	中龄林间伐(间伐1)	近熟林间伐(间伐2)	择伐	林分改造
2010	62.2	0.4				29.2	33.0		
2011	768.6	5.5		35.8	19.5	321.4	391.9		
2012	2013.8	14.3	22.1	24.8	904.5	600.2	334.8		127.4
2013	2542.1	18.0	154.3	97.2	1575.1	465.4	250.1		
2014	3948.8	28.0	15.1	115.2	2215.4	1298.3	239.5	20.6	44.8
2015	2948.5	20.9	44.7	218.4	975.0	1303.4	390.7		16.3
2016	1807.2	12.8	48.4	264.1	495.8	851.8	138.5		8.6
合计(hm²)	14091.3	100.0	284.6	755.5	6185.3	4869.7	1778.5	20.6	197.1
累计百分比(%)	100.0	——	2.0	5.4	43.9	34.6	12.6	0.1	1.4

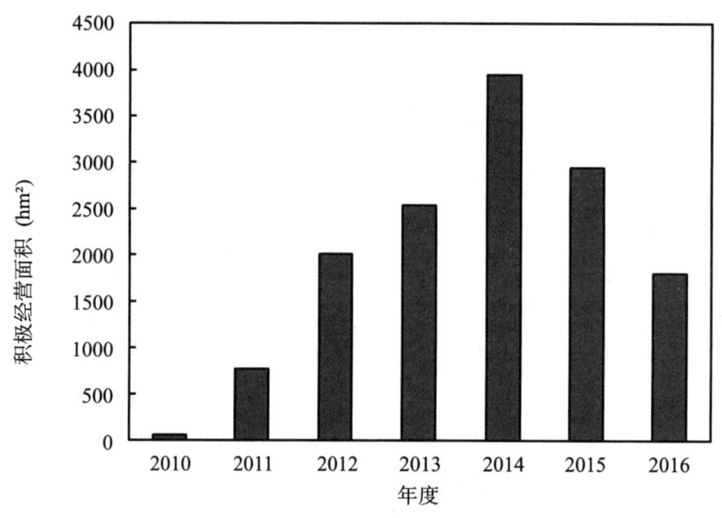

图6-1 各年度实施的积极经营面积

此外，从表 6-2 中还可以看出，实施最频繁的森林可持续经营措施类型为抚育，占积极经营总面积的 43.9%。其次是中龄林间伐（间伐 1），占积极经营总面积的 34.6%。如果把中龄林间伐和近熟林间伐（间伐 2）统一归并为“间伐”，那么，间伐占积极经营总面积的比例就最高，为 6648 hm²，占总面积的 47.2%。这与 2008 年和 2009 年第一次现场检查了项目林分后，调研发现项目最需要的森林可持续经营干预措施应该是间伐一致。总体来说，森林可持续经营措施类型的分布情况与项目区林分特征及其分布情况相一致。但是，仍然还有更多矮林可以也应当改造为乔林，也有一些成熟林本应该实施择伐试点的。

6.1.2 森林可持续经营活动实施面积

项目编制的森林经营方案涉及的森林总面积为 62428 hm²。其中，8907 hm² 林地生产力极低，这部分面积应从森林可持续经营面积中扣除出去。编制的森林经营方案总面积中，积极经营的面积总计 53521 hm²。之所以在项目期内积极经营面积仅 14091.3 hm²，是由于另外 39430 hm² 的森林可持续经营面积主要是有 4 个森林经营单位退出了项目，其森林经营方案面积是 378.8 hm²，因此，仍然属于项目的尚未经营的森林可持续经营面积为 39053 hm²。尚未经营的森林中，绝大多数是自然恢复，面积为 16110.7 hm²，占未经营面积的 41%。归为这个措施类别（自然恢复）的所有森林都可以通过自然演替来改善林分结构和生长质量。这些林分包括密度过低但是天然更新与恢复潜力高的林分。设计为自然恢复的森林应实施严格保护，在至少 5 年期内，禁止任何木材利用活动。目前，自然恢复在各县项目办中间的分布情况见表 6-3。

表6-3 各县森林可持续经营中自然恢复面积及百分比统计

市	项目办	自然恢复面积（hm²）	百分比（%）
毕节市	百里杜鹃	3020.4	18.7
	大方	1748.1	10.8
	金沙	385.2	2.4
贵阳市	开阳	7278.1	45.2
	黔西	1040.3	6.5
	息烽	2638.6	16.4
合计		16110.7	100.0

注：自然恢复面积每年都在变动，因为自然恢复限定为5年实施期，因此，5年后，该小班自然恢复结束，再根据森林经营规划实施积极经营措施。

从表 6-3 来看，开阳的自然恢复面积最大，达 7278.1 hm²，占总自然恢复面积的 45.2%；其次为百里杜鹃的 3020.4 hm²（18.7%）；息烽为 2638.6 hm²（16.4%）；大方为 1748.1 hm²（10.9%）；自然恢复面积较少的是黔西 1040.3 hm²（6.5%）和金沙 385.2 hm²（2.4%）。

必须提到的是，自然恢复很重要，因为它是一个改善森林合适而且省钱的好办法。疏林恢复是以“自然”的方式进行，因此符合“近自然”原则。然而，只有森林的生产潜力好、森林保护能得到切实保证，自然恢复才会有效、成功。

无论如何，仍然有较大面积（即 22937 hm²），既未采取自然恢复，也没有实施积极经营活动。这些森林没有任何干预有多方面的原因，如：

①所规划的活动后来发现不合适；

②林权所有者最终没能同意实施所规划的活动；

③由于木材价格低，实施间伐不合理；

④劳动力短缺；

⑤缺乏运营管理能力；

⑥进入小班通行不便，木材运输条件困难；

⑦其他原因。

可以说，属于贵阳市的两个县（开阳和息烽）有较大比例的森林面积没有经营，而金沙县可以实施的积极经营面积最终实施了近 63%，大方县也实施了近 57%，开阳为 53%，黔西仅实施约 15%，息烽为 22.5%（表 6-4）。

表6-4　各县森林经营规划面积与积极经营面积比较统计

市	项目办	森林可持续经营面积（hm²）	自然恢复面积（hm²）	规划的积极经营面积（hm²）	实际实施的积极经营面积（hm²）	积极经营面积实施百分比（%）
毕节市	百里杜鹃	5851.0	3020.4	2830.6	1092.0	38.6
	大方	6888.7	1748.1	5137.6	2921.2	56.9
	金沙	8142.5	385.2	7755.8	4876.8	62.9
	开阳	4741.0	7278.1	3699.7	1959.7	53.0
	小计	25623.2	6199.5	19423.7	10849.7	55.9
贵阳市	黔西	17185.6	1040.3	9907.5	1512.3	15.3
	息烽	10334.9	2638.6	7696.3	1729.3	22.5
	小计	27520.5	9916.7	17603.8	3241.6	18.4
合计		53143.7	16116.2	37027.5	14091.3	38.1

注：实际实施的积极经营面积百分比（%）＝实际实施积极经营面积（hm²）/规划的积极经营面积（hm²）

编制了森林经营方案而不付诸实施，这很不合理，而森林经营方案是有时效性的，很快就会作废。在 5 年后，必须对方案进行修订，而且在森林经营方案编制出来后不久，项目的补贴体系就将终止。

6.2 森林可持续经营活动实施情况

贵州省森林可持续经营情况见表 6-5 和表 6-6。从表 6-5 中可以看出，自然恢复是所有经营活动中面积最大的，占总面积的 53.34%；幼龄林抚育次之，面积为 6185.3 hm²；中龄林间伐面积也达到了 4869.7 hm²，占总面积的 16.12%；近熟林间伐也占到总经营面积的 5.89%；其余类型的经营活动所实施的面积均不足 1000 hm²，尤其是择伐仅为 20.6 hm²。而各县的情况则各有不同，其中择伐和林分改造仅在金沙县实施，幼龄林抚育、中龄林间伐和近熟林间伐则在所有县均有实施；栽植和人促 / 除草则在除百里杜鹃和黔西外的其他四个县实施。

表 6-5　项目区各县森林可持续经营中实施面积汇总

经营活动	指标	百里杜鹃	大方	金沙	开阳	黔西	息烽	合计
栽植	面积（hm²）	0.00	36.10	206.30	18.40	0.00	23.80	284.60
	占所有经营活动百分比（%）	0.00	0.77	3.92	0.21	0.00	0.54	0.94
人促/除草	面积（hm²）	0.00	158.50	547.50	17.20	0.00	32.30	755.50
	占所有经营活动百分比（%）	0.00	3.39	10.40	0.20	0.00	0.74	2.50
幼龄林抚育	面积（hm²）	132.7	1156.70	2956.10	825.30	958.30	156.20	6185.30
	占所有经营活动百分比（%）	3.23	24.77	56.18	9.39	31.94	3.58	20.48
中龄林间伐	面积（hm²）	881.5	1514.50	782.60	286.30	849.00	555.80	4869.70
	占所有经营活动百分比（%）	21.44	32.44	14.87	3.26	28.30	12.72	16.12
近熟林间伐	面积（hm²）	77.80	55.40	166.60	365.10	152.40	961.20	1778.50
	占所有经营活动百分比（%）	1.89	1.19	3.17	4.15	5.08	22.01	5.89
择伐	面积（hm²）	0.0	0.0	20.6	0.0	0.0	0.0	20.6
	占所有经营活动百分比（%）	0.00	0.00	0.39	0.00	0.00	0.00	0.07
林分改造	面积（hm²）	0.0	0.0	197.1	0.0	0.0	0.0	197.1
	占所有经营活动百分比（%）	0.00	0.00	3.75	0.00	0.00	0.00	0.65
自然恢复*	面积（hm²）	3020.4	1748.1	385.2	7278.1	1040.3	2638.6	16110.7
	占所有经营活动百分比（%）	73.45	37.44	7.32	82.80	34.68	60.41	53.34
面积合计（hm²）		4112.4	4669.3	5262.0	8790.4	3000.0	4367.9	30202.0
各县经营面积占总面积的百分比（%）		13.62	15.46	17.42	29.11	9.93	14.46	100.00

注：* 表示每年自然恢复的面积都在变动

表 6-6　项目区各县森林可持续经营中采伐株数汇总

采伐林木大小	指标	百里杜鹃	大方	金沙	开阳	黔西	息烽	合计
＜15cm	株数（株）	541235	908708	217230	112172	622201	238134	2639680
	占各县采伐株数百分比（%）	97.82	95.23	84.14	69.04	96.67	61.18	89.15
≥15cm	株数（株）	12058	45503	40939	50294	21436	151097	321327
	占各县采伐株数百分比（%）	2.18	4.77	15.86	30.96	3.33	38.82	10.85
株数合计（株）		553293	954211	258169	162466	643637	389231	2961007
各县采伐株数占总采伐株数的百分比（%）		18.69	32.23	8.72	5.49	21.74	13.15	100.00

此外，从采伐的株数上看（表 6-6），各县均以采伐胸径＜ 15 cm 的林木为主，其采伐株数比例整体上达到 89.15%，但各县根据自身可持续经营活动的不同其采伐比例有所不同，其中息烽和开阳胸径＜ 15 cm 采伐林木株数比例较低，分别为 61.18% 和 69.04%，其对应的胸径≥ 15 cm 的采伐林木株数比例则较高；而百里杜鹃、大方和黔西三个县胸径＜ 15 cm 的采伐林木所占比例均高于 95%。具体各类森林可持续经营活动的实施成果在后续 7.2 节详细阐述。

6.2.1 栽植

项目栽植面积统计情况见表 6-5 和图 6-2，项目区栽植合格总面积为 284.6 hm²。占比例最高的是金沙县，为 206.3 hm²，占栽植总面积的 72.5%。排第二的是大方县，为 36.1 hm²（12.7%），第三是息烽，为 23.8 hm²（8.4%）。 在项目框架下，百里杜鹃和黔西县项目办没有实施新造林。

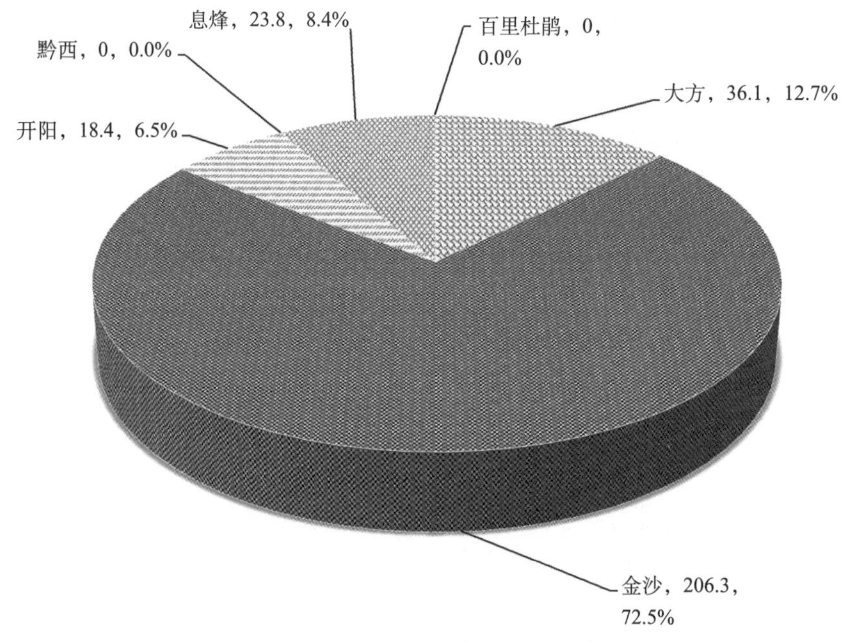

图 6-2 项目区森林可持续经营中实施栽植的面积统计（单位：hm²）

实际栽植面积比这些数据大得多，因为有些小班栽植失败，监测不合格（表 6-7）。从表中可以看出，金沙县的栽植成绩表现突出，栽植合格面积为 206.3 hm²，栽植合格率达到 95.2%。其他县项目办的栽植合格率不尽如人意，尤其是考虑到栽植需要投入的高成本。栽植失败原因有很多，根据外部监测复查工作组的评估，最主要的原因有：

①苗木质量差。

②苗木太小。

③苗龄太小，苗干尚未木质化。

表 6-7 项目区各县森林可持续经营中实施栽植的面积及其合格面积

项目办	栽植面积（hm²）	合格面积（hm²）	栽植合格面积百分比（%）
百里杜鹃	0.0	0.0	—
大方	78.2	36.1	46.2
金沙	216.6	206.3	95.2
开阳	28.5	18.4	64.6
黔西	3.7	0.0	0.0
息烽	136.8	23.8	17.4
合计	463.8	284.6	61.4

④容器苗容器太小，因此，苗木主根变形（呈“L”形生长），细根沿水平方向盘旋生长，而不是朝土壤深处生长。

⑤在栽植前，没有把容器苗的容器（塑料袋）拆除。

⑥栽植技术不专业，包括：栽植穴太宽，但是不够深；回填的土不是细土，而是成块的土（土疙瘩）；苗木栽植下去后，土壤压得不够实；造林地欠缺除草。

6.2.2 人促与除草

人工促进天然更新（人促）即“在天然更新地块实施除草和抚育”以及在造林地除草。项目人促与除草面积统计情况见表 6-5 和图 6-3，项目区人促与除草实施总面积为 755.5 hm²。金沙实施的除草面积为 547.5 hm²（占人促 / 除草总面积的 72.5%），大方为 158.5 hm²（占 21%），息烽 32.3 hm²（占 4.3%）以及开阳 17.2 hm²（占 2.3%）。

金沙县的除草面积大是因为其栽植面积大，而且造林地如果不连续几年实施除草的话，造林最终会失败。实践经验表明，除草应最晚不超过 5 月，在绝大多数情况下，在 4 月就已经可以实施除草了。造林地除草实际需要比当初规划时想象的更高。建议连续实施 3 次除草，每年除草 1 次。

在实施矮林改造为乔林的林分改造时，在苗木栽植下去后，实施除草绝对有必要，因为砍掉的萌生树萌发能力十分顽强，会继续萌发，如果不及时清除的话，将妨碍新栽苗木的生长。同时，在裸地上实施的栽植也有必要实施除草，因为在这些地块没有荫蔽，蕨类植物和其他草本生长十分旺盛。

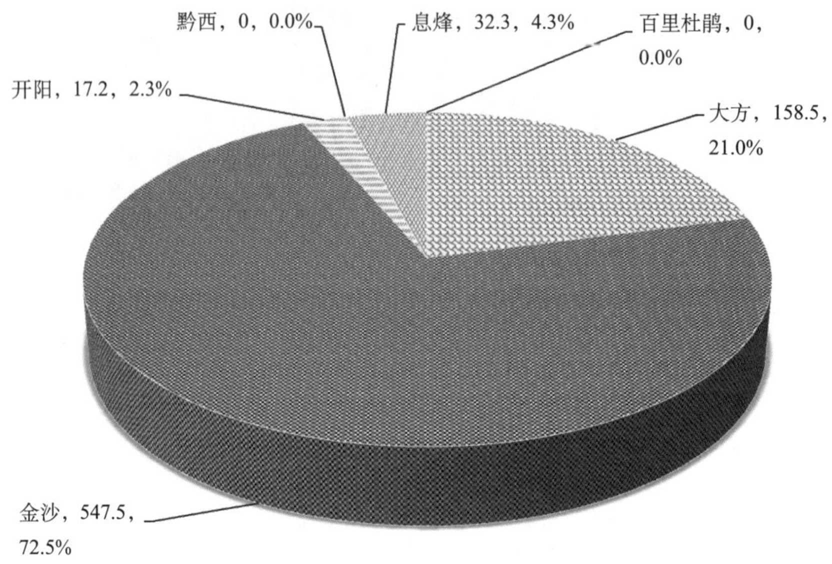

图6-3　项目区各县森林可持续经营中实施人促与除草的面积分布图（单位：hm²）

6.2.3 幼林抚育

对提高森林生活力、质量和产量以及促进混交林的形成，在森林发育的早期阶段实施幼林（胸径 < 5 cm）抚育极为重要。抚育标准为：

①扶持有价值的植株与树种；

②清除树形差的林木、病木以及树干分叉的林木；

③降低密度，为保留下来的林木调节生长空间；

④促进健康的针阔树种混交。

项目区幼林抚育面积统计情况见表6-5和图6-4。自项目开始以来，项目实施了

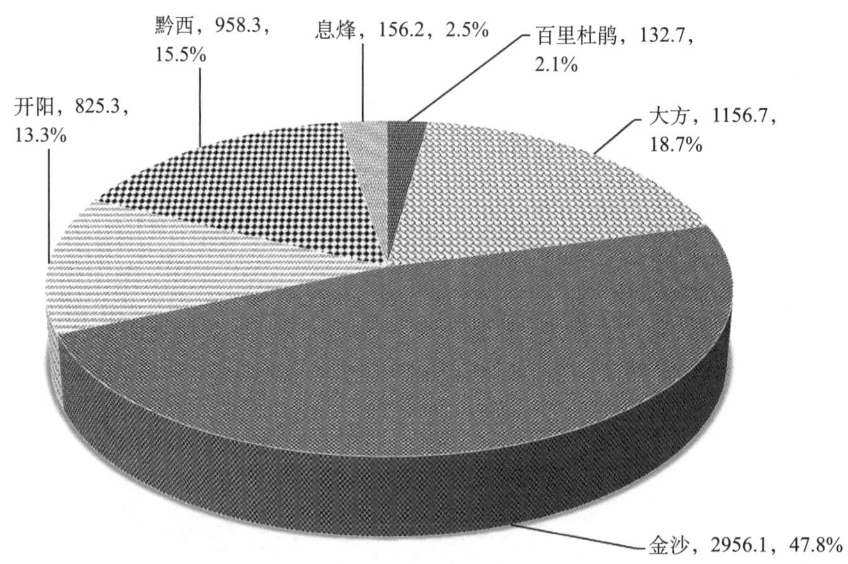

图6-4　项目区各县森林可持续经营中实施幼龄林抚育的面积统计（单位：hm²）

6185.3 hm² 幼林抚育，很显然幼林抚育是最需要的经营措施类型（占积极经营活动总面积的 43.9%）。抚育面积最大的是金沙，面积为 2956.1 hm²，占抚育总面积的 47.8%；其次是大方，实施抚育 1156.7 hm²（占 18.7%）；然后是黔西 958.3 hm²（占 15.5%）、开阳 825.3 hm²（占 13.3%）、息烽 156.2 hm²（占 2.5%）和百里杜鹃 132.7 hm²（占 2.1%）。

金沙、大方和黔西实施的幼林抚育面积较大，而其他县项目办实施的某些抚育小班存在一定缺陷。在开阳实施的抚育面积相对较大，很明显的是，林业工人把一些本不该采伐的树砍伐了。

6.2.4 中龄林间伐（间伐 1）

除了幼林抚育，在中龄林（5 cm < 胸径 < 15 cm）实施的间伐也是为了提高林分活力、质量与稳定性以及促进混交林的发育，所实施的一个森林可持续经营核心措施。在早期阶段以胸径小于 15 cm 的采伐木株数为一个指标。此外，为改善林分质量，采伐木的选择应当遵循明确的标准：

①扶持有价值植株与树种（目标树）；

②扶持有生活力与树形好的植株；

③清除树形差的林木、病木（改善基因库）以及树干分叉的林木（主要是杉木和阔叶树）；

④降低密度，为保留下来的林木调节生长空间；

⑤促进健康的针阔树种混交。

项目中龄林间伐面积统计情况见表 6-5 和图 6-5，自项目开始以来实施了 4869.7 hm² 间伐 1，是实施频度仅次于幼林抚育的第二大措施类型，占积极经营总面积的 34.6%。实施间伐 1 面积最大的是大方县，为 1514.5 hm²，占间伐 1 总面积的 31.1%；其次是百里杜

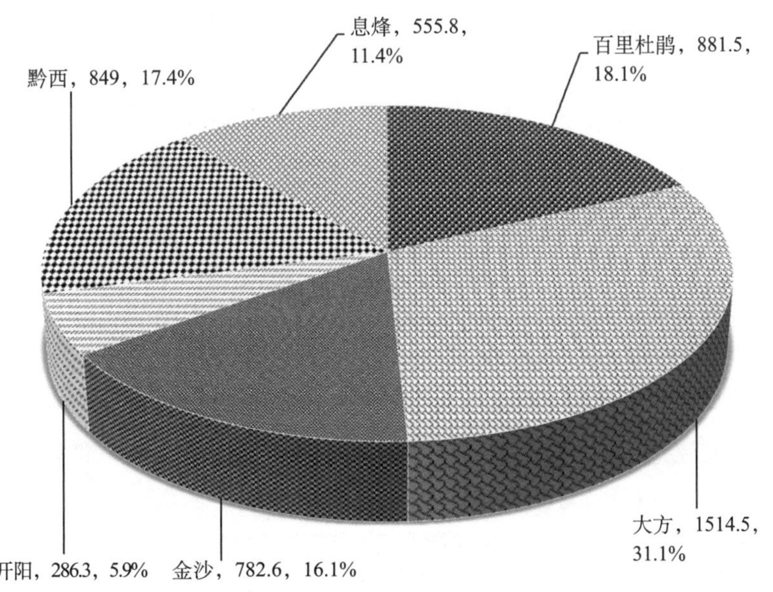

图6-5 项目区各县森林可持续经营中实施的中龄林间伐面积统计图（单位：hm²）

鹃的 881.5 hm²（占 18.1%）、黔西 849.0 hm²（占 17.4%）、金沙 782.6 hm²（占 16.1%）、息烽 555.8 hm²（占 11.4%）以及开阳 286.3 hm²（占 5.9%）。

金沙、大方、黔西以及百里杜鹃县项目办的中龄林间伐实施得非常好，而在其他县项目办还存在一些缺陷。“间伐 1 采伐强度不够”这个问题也与目标树有关，因为间伐 1 方法最适合在近熟林里实施。在中龄林里实施的间伐应以目标树标准为依据，对“非目标树”采取总体密度调节与生长空间调节以及卫生伐。

表 6-8 中的统计数据可能存在问题，因为在实施间伐 2 的林分里，有时候也实施了间伐 1（采伐木胸径小于 15 cm）。不过总体趋势很明显：由于造林密度至少是 2500 株 /hm²，而在实施本项目之前，没有实施过任何经营措施，因此，间伐强度应当至少为 500 株 /hm²①。

表 6-8　项目区各县森林可持续经营中实施的中龄林间伐株数统计

采伐林木大小	指标	百里杜鹃	大方	金沙	开阳	黔西	息烽	合计
＜15cm	株数（株）	541235	908708	217230	112172	622201	238134	2639680
	占各县采伐株数百分比（%）	97.82	95.23	84.14	69.04	96.67	61.18	89.15
	面积（hm²）	881.5	1514.5	782.6	286.3	849.0	555.8	4869.7
	单位面积采伐株数（株/hm²）	614	600	278	392	733	428	542

项目间伐（间伐 1 和间伐 2）总共采伐了超过 260 万株树（5 cm< 胸径 <15 cm）。间伐是改善林分质量，促进林分发育，提高林分生活力、生产力的重要措施，从而最大程度上实现森林的多种生态效益与防护功能。到目前为止，采伐小径材最多的是大方县项目办（908708 株，占所有采伐木的 34.4%），其次是黔西（622201 株，占 23.6%）和百里杜鹃（541235 株，占 20.5%）。开阳和息烽县项目办实施的间伐少，可能是因为此二县的林分结构较老，小径材很少。金沙县的采伐数量少（217230 株，占 8.2%），可能是因为金沙县森林可持续经营实施的重点在“幼林抚育”，可能某些恰好介于抚育与间伐 1 之间的林分（即胸径约 5 cm）按照抚育实施了，因为抚育的补贴支付比较简单些（按抚育面积固定的补贴额）。假设间伐 1 采伐的木材有一半，即约 130 万株，可以每根 10 元的价格出售，那么，项目因此产生的收益为 1300 万元人民币，即大约 170 万欧元。

6.2.5 近熟林间伐（间伐 2）

近熟林发育阶段包括那些胸径介于 15 cm 和 35 cm 之间的林分。简言之：这些林分的林木平均年龄介于 15～50 年，具体取决于立地质量和胸径。胸径低于 25 cm、比较年轻的近熟林对间伐措施还会有反应，因此可能会从间伐效果中受益，发育为更具活力、更稳定的林分。胸径大于 25 cm、较老的近熟林通常已经太老，不再会对间伐有明显反应。因

① 见“中德合作贵州林业项目森林可持续经营技术指南”中表1：密度调节表。

为老化效应，老龄树生长很难再加速，要及时把它的干扰木清除掉。结论是，基本上应当在胸径 25 cm 以下时完成间伐。

林业专业人士及林业工人应当把近熟林细分为以下两个类别。

(1) 对于胸径介于 15 cm 和 25 cm、间伐 2 还能对改善林分产生效果的年轻近熟林，间伐活动应当重点考虑以下标准 ：

①通过砍除干扰木，来扶持目标树 ；

②砍除基因条件差的林木（病木、树形差的林木、生长缓慢的林木、不适应立地条件的林木等）；

③谨慎实施密度调节。

(2) 对于胸径介于 25 cm 和 35 cm、间伐效果微乎其微、比较老的近熟林，如果规划了间伐，那么主要目标应当是为即将到来的更新阶段做准备，扶持可能存在的天然更新。

实践证明，在近熟林实施的采伐风险很大，因为林木所有者和木材贸易商都倾向于尽早获得经济收益，因此总是采伐质量最佳的林木，而且经常是标注为目标树的林木。这种间伐造成的可怕后果是 ：

①采伐后保留下来的林分只剩经济价值和蓄积生长量低的林木，许多林木质量低劣 ；

②质量最好、具有最佳天然更新条件的母树被砍掉，因此，今后林分可能发生的天然更新基因条件很差。因此，下一代林分生长差，并且产出的林产品质量差。

这些行为主要存在于开阳和息烽县。如果间伐 2 不能完全在项目把控范围内，按照项目的森林可持续经营理念和技术方法来实施，那么，最好不要实施间伐 2。

项目近熟林间伐面积统计情况见表 6-5 和图 6-6，自项目开始以来，项目实施了

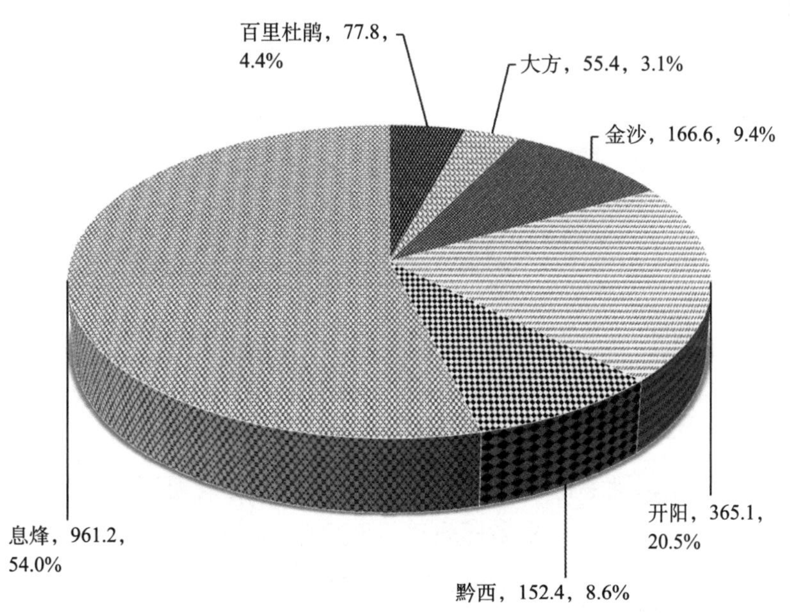

图 6-6 项目区各县森林可持续经营中实施近熟林间伐面积

1776.5 hm² 间伐 2，是实施频度排第三的措施类型，占积极经营总面积的 12.6%。实施间伐 2 面积最大的是息烽县，为 961.2 hm²，占间伐 2 总面积的 54.0%，其次是开阳的 365.1 hm²（占 20.5%）。实际实施的间伐 2 面积比上述数据更大，因为监测中心以及外部监测复查把那些错误地砍伐质量优良林木的许多小班判定为不合格了。

间伐胸径大于 15 cm 的林木（间伐 2）株数总共超过 320000 株（表 6-9）。当然，在间伐 1 林分里也会有大树，如果这些大树是病木、树形差或者有其他营林方面的原因，就应当采伐掉。单位面积的采伐株数（株数 /hm²）各县差异很大，包括从开阳的 139 株 /hm² 到大方的 821 株 /hm²。营林指南的表 1“密度调节表”建议，间伐 2 的采伐强度为 175（胸径约 27 cm）~350（胸径约 17 cm）株 /hm²。大方县除外的所有其他项目县实施的采伐强度都在此范围内。大方的间伐 2 强度为什么这么高？要么是数据录入错误，要么是实施的措施应该是间伐 1，而不是间伐 2，或者此林分格外密并且胸径接近于 15 cm。由于大方的间伐 2 面积比较小（只有 55 hm²），此问题就没有深究。假设近熟林采伐的木材有 70% 可以出售，木材平均胸径为 20 cm，售价为 600 元 /m³。那么木材销售的总收入(225000 株原木，按平均每株 0.15 m³ 计算，总共约 34000 m³) 为 2030 万元或 270 万欧元。

表 6-9　项目区各县森林可持续经营中实施中近熟林间伐采伐木株数

采伐林木大小	指标	百里杜鹃	大方	金沙	开阳	黔西	息烽	合计
≥15cm	株数（株）	12058	45503	40939	50294	21436	151097	321327
	占各县采伐株数百分比（%）	2.18	4.77	15.86	30.96	3.33	38.82	10.85
	单位面积采伐株数（株/hm²）	155	821	246	139	141	157	181

6.2.6 择伐

在整个项目实施期内，择伐实施面积只有 20.6 hm²。这表明项目办重点关注的是改善林分质量的那些活动，这是森林可持续经营一个很好的迹象。唯一实施了择伐的县项目办是金沙。

6.2.7 林分改造

林分改造即把生产力低下的矮林（又叫“萌生林”）改造为生产力高、价值高的乔林。到目前为止，唯一敢于尝试实施的是金沙县。金沙县总共改造了 197.1 hm² 矮林，实施得很成功。其中，对此类活动习得的一个重要教训是：在林地清理后，应立即实施造林，否则矮林将很快再次萌发新条，立地条件变得不再适合新栽苗木生长。因此，建议在 11 月（或 12 月）实施矮林的林地清理，随后立即在生长季尚未开始的 12 月（或 1 月）实施造林。经验表明，十分有必要在之后的连续 4 年实施高强度的除草，有时候甚至需要除草 5 次，直到新造林完全郁闭，覆盖了原来的萌生林树桩。

6.3 森林可持续经营中基建活动

6.3.1 基建规划与实施技术

基建规划一般都做得很好，新修的林道极大改善了到林区的交通条件，而这是实施森林经营的一个前提条件。

项目基建并不受限于某个固定的单价，而是可以按照实际支出给予补贴。比支出更重要的是，修建合适耐用的林道，并且此林道还考虑了保护生态环境，尤其是防止水土流失等方面的因素。项目在林道建设上有预算控制，而省项目办和德国复兴银行是可以就这个预算金额进行协商的，最终预算调整为 700 万元人民币。

项目主要是在林道建设的初期投资上给予支持，而之后对林道的维护是由森林经营单位进行。按照项目规划，在林道建设施工前，由县项目办与森林经营单位签署一个专门的协议，协议规定，森林经营单位有义务组织实施对新修林道的维护工作。林道建设规划是森林经营方案的一个组成部分。

县项目办与森林经营单位代表双方合作并在新修林道上达成协议，在图纸上确定林道的大致位置，估算路长，描述修建林道合格的最低质量标准（如路宽、路面情况等）。林道建设本身有多种方式。总体来说，项目向森林经营单位承诺，将在林道建设上提供一定预算，而由森林经营单位组织机械与劳动力。某些情况是，森林经营单位把林道建设承包给一个公司，而有些情况是，森林经营单位只租借机械包括操作机械的司机，森林经营单位自己提供劳动力。绝大多数情况是，由一个液压驱动挖掘机来实施林道建设。

项目主要支持的是补给线，这种林道在晴天（路面干燥）可通行四轮驱动车、大卡车和拖拉机。此外，项目还支持的一个主要林道类型是集材道。修建这些林道只有是主要服务于森林经营需要时，才会得到项目补贴。

6.3.2 森林基础设施建设

在本森林可持续经营项目框架下，修建的林道总长几乎达到 330 km（表 6-10）。所有基建中，最主要的林道类型是补给线，修建时通常是按 16 元 /m 给予补贴。修建的补给线为 271 km，占总长的 82.4%。排第二重要的林道类型是运输便道，按 6 元 /m 给予补贴。运输便道路长 51 km，占林道总长约 15.5%。其他基建类型无足轻重。项目也设置了贮木场（表 6-11），但是实施后的经验表明，原木很少堆在路边，而通常是由木材贸易商即刻运到木材加工厂。所有项目最初规划的“贮木场”没有必要存在。在陡坡上修了集材道，木材因此可以滑下来。

在森林基础设施上投资最大的是金沙县，修建了 128.5 km 的林道，占项目基建总量

表6-10　修建林区道路统计表

基建类型		县						合计	
		百里杜鹃	大方	金沙	开阳	黔西	息烽	长度（m）	百分比（%）
主干道（m）						780		780	0.2
补给线（m）			8710	127706	33819	39223	61775	271233	82.4
运输便道（m）		4280	36069		6000	4632	60	51041	15.5
集材道（m）		398		780	402	4344		5924	1.8
小计	长度（m）	4678	44779	128486	40221	48979	61835	328978	100.0
	百分比（%）	1.4	13.6	39.1	12.2	14.9	18.8	100.0	

表 6-11　修建的贮木场个数统计

基建类型	县						合计
	百里杜鹃	大方	金沙	开阳	黔西	息烽	
贮木场（个）	0	1	0	6	2	1	10

的 39.1%。排第二的是息烽（61.8 km，占 18.8%），林道建设投资最少的是百里杜鹃。

测量新修林道程度与效率的一个方法是路长（m）与积极经营面积（hm^2）之间的关系，这又叫做“可达性程度”或“林道密度”（表 6-12）。 一般来说，可达性程度在 20～40 m/hm^2 之间，就视为比较充足了。因此，绝大多数项目县的林道密度已经增加到比较好的水平。然而，上述数据并没有这么重要，因为它只考虑了新修的林道。在绝大多数情况下，在实施项目前已经有了一些路，因此实际林道密度更高。遗憾的是，关于之前已有的道路，没有其路长与使用有效性方面的信息。

表6-12　修建林道与积极经营面积关系表

基建类型	县						合计
	百里杜鹃	大方	金沙	开阳	黔西	息烽	
林道长度（m）	4678	44779	128486	40221	48979	61835	328978
积极经营面积（hm^2）	1092.0	2921.2	4876.8	1512.3	1959.7	1729.3	14091.3
林道密度（m/hm^2）	4.3	15.3	26.3	26.6	25.0	35.8	23.3

第7章 项目区森林可持续经营活动影响监测

本章总结了中德合作贵州省森林可持续经营项目开展森林可持续经营活动的影响监测，并分别介绍了森林可持续经营影响监测的目标及方法，尤其重点分析了各类森林可持续经营活动实施后的森林生长监测结果、森林可持续经营的社会影响和监测结论，并从这三个方面综合评价了中德合作贵州省森林可持续经营项目的影响监测。

7.1 森林可持续经营影响监测目标与方法

7.1.1 森林可持续经营影响监测目标

监测方法要回答的问题包括“对林分的干预是否遵循了森林可持续经营原则，是否比不实施森林可持续经营措施的林分能产生更高的生态与经济效益”。要回答这些问题就要求评估项目的实施是否为实现项目的总体目标作出了贡献，即“根据森林可持续经营原则经营贵州省集体林区的森林，提高森林价值的同时维护森林的所有生态功能”。

7.1.2 森林可持续经营影响监测方法

特纳先生、梁伟忠先生等于 2010 年 1 月共同编制了《固定研究样地设立与调查指南》。该指南根据研究样地的具体工作任务，制定具体实施措施，为项目和监测中心提供了指导说明。

经验表明，林业科学研究是最复杂的研究工作之一。在野外开展工作，会受到很多不可预测和不可避免的外界条件的干扰（如气候、人为干扰与动物干扰以及病虫害等），这些干扰因子都不属于调查因子范围（各种森林可持续经营措施的实施效果），但是都会对研究结果（林分生长发育）产生影响。

考虑到林业局的林业技术人员对研究样地的设计与评估（包括数据处理）上并没有多少经验，对在一个常规的林业项目框架下实施林业研究内容是否合理，首席技术顾问总体上持保留意见。通常，林业研究工作需要极为谨慎、精准地记录并评估数据。但是，林业

局工作人员在此方面既没有得到过培训，也没有实施经验，并且工作人员还有繁重的本职工作，必将导致他们没有足够能力和时间来处理项目所要求的研究工作。以不足的能力和精力开展研究工作，必定会改变研究结果，导致研究结果缺乏可信度。

对于重大的研究结果而言，研究期必定是漫长的。因为过短的研究期并不能充分反映森林的生长情况；研究样地必须足够大（根据科研目的确定）；样地设置的位置应有典型性和代表性；在计算研究结果时，还应当考虑到对外部因子进行评估。所有这些要求和标准都超过了一个普通项目工作人员（包括咨询专家）的能力范围。因此，首席技术顾问建议，此类研究工作应托付给研究机构。

2010—2011 年间，项目分别在大方、金沙、开阳、黔西和息烽 5 县每县设立 2 对固定样地，共设立了 10 对固定研究样地。除了固定研究样地，项目还在除百里杜鹃外的其他 5 个项目县的 5 个国有林场建立了 5 个示范基地。为了增加有关森林可持续经营影响的调查数据（尤其是抚育、间伐和林分改造），监测中心于 2013 年在同样的 5 个项目县新增了 20 对固定研究样地，每年对研究样地实施调查评估。最初的 10 对固定研究样地是建立在私人的林地里，而第二批固定研究样地则是建在上述国有林场的示范基地里。

国际咨询专家特纳先生还开发了一个数据库应用程序，用于记录和存储调查数据以及计算生成最重要的结果表格与图表。

固定研究样地的评估由监测中心每年实施一次，由 3 个监测中心工作人员、1 个县项目办工作人员和 1 个工人组成。评估结束后，监测中心每年都撰写固定研究样地评估报告，陈述固定研究样地的评估结果，并报送省项目办。

7.1.2.1 基于固定研究样地的森林可持续经营活动林木生长监测方法

中德财政合作贵州省森林可持续经营项目（以下简称“项目”）监测中心根据《项目固定样地监测指南》于 2010 年 11 月起共设置固定研究样地 30 对（表 7-1），其中 2011 年 10 月设置中龄林间伐样地 10 对，2012 年 11 月和 2013 年 1 月对之前遭到破坏的样地进行改设，2013 年 7～8 月根据项目监测需求，增设矮林改造、幼林抚育和近熟林间伐等经营措施样地 20 对。

根据《项目固定样地监测指南》最初要求固定研究样地监测间隔期为 2 年，即每 2 年进行一次复测。但是经胸径生长复测试验后得出的结论认为：将样地复测间隔期缩减至 1 年也能够有效监测林木生长变化情况，加之需要在项目实施期内能够实现足够的复测次数，最后将监测间隔期确定为 1 年。截至 2018 年，2011 年底设置的 8 对样地已完成 4 次完整复测和 1 次胸径复测；2012 年底和 2013 年初补设 2 对样地已完成 4 次完整复测；2013 年 7～8 月增设 20 对样地已完成 3 次完整复测。

（1）固定研究样地设置标准

固定研究样地设置布局情况见图 7-1，具体样地规格分别如下：

①实施样圆：样圆、半径 8.92 m、采取相应的经营措施；

表 7-1 固定研究样设置情况一览表

样地号	森林经营单位	优势（目的）树种	林龄	龄组	起源	森林类别	营林措施
DF01	龙岗化石村	柳杉	11	中龄	人工林	商品林	Th
DF02	羊场穿岩村	柳杉	15	中龄	人工林	商品林	Th
DF03	箐梁子	杉木	25	中龄	人工林	商品林	Th
DF04	箐梁子	柳杉	4	幼龄	人工林	商品林	Te
DF05	箐梁子	杉木	25	中龄	人工林	商品林	Th
JS01	五关村	马尾松	20	中龄	天然次生林	商品林	Th
JS02	五关村	杉木	14	中龄	人工林	商品林	Th
JS03	回龙村	杉木+白栎+桦木	7	幼龄	天然次生林	商品林	Te
JS04	岚头三桥	马尾松	1	新造	人工林	商品林	ST
JS05	柿花	马尾松	1	新造	人工林	商品林	ST
JS06	岚头东隆	马尾松+白栎	4	幼龄	人工林	商品林	Te
JS07	石仓林场	杉木	18	中龄	人工林	商品林	Th
JS08	龙坝无关	马尾松	1	新造	人工林	商品林	ST
KY01	立京村	马尾松	25	近熟	天然次生林	商品林	sC
KY02	毛云鲁底	马尾松	18	近熟	天然次生林	商品林	sC
KY03	示范基地	马尾松	9	幼龄	人工林	商品林	Te
KY04	示范基地	杉木	19	近熟	人工林	商品林	sC
KY05	示范基地	杉木	19	中龄	人工林	商品林	Th
KY06	示范基地	杉木	8	幼龄	人工林	商品林	Te
QX02	甘沟	马尾松	20	近熟	天然次生林	商品林	Th
QX03	庆利村	华山松	23	中龄	人工林	商品林	Th
QX04	大箐坡工区	柳杉+华山松+桦木+白栎	8	幼龄	人工林	商品林	Te
QX05	大箐坡工区	柳杉	8	幼龄	人工林	商品林	Te
QX06	大箐坡工区	杉木	20	中龄	人工林	商品林	Th
QX07	顺石工区	马尾松	30	近熟	人工林	商品林	sC
XF02	长泳村	马尾松	21	中龄	天然次生林	商品林	Th
XF03	长泳村	马尾松	16	中龄	天然次生林	商品林	Th
XF04	南山林场	柳杉+杉木	20	中龄	人工林	商品林	Th
XF05	南山林场	杉木+马尾松	18	中龄	人工林	商品林	Th
XF06	南山林场	柳杉+杉木	20	中龄	人工林	商品林	Th

注：Th为间伐1，sC为间伐2，Te为抚育，ST为林分改造。

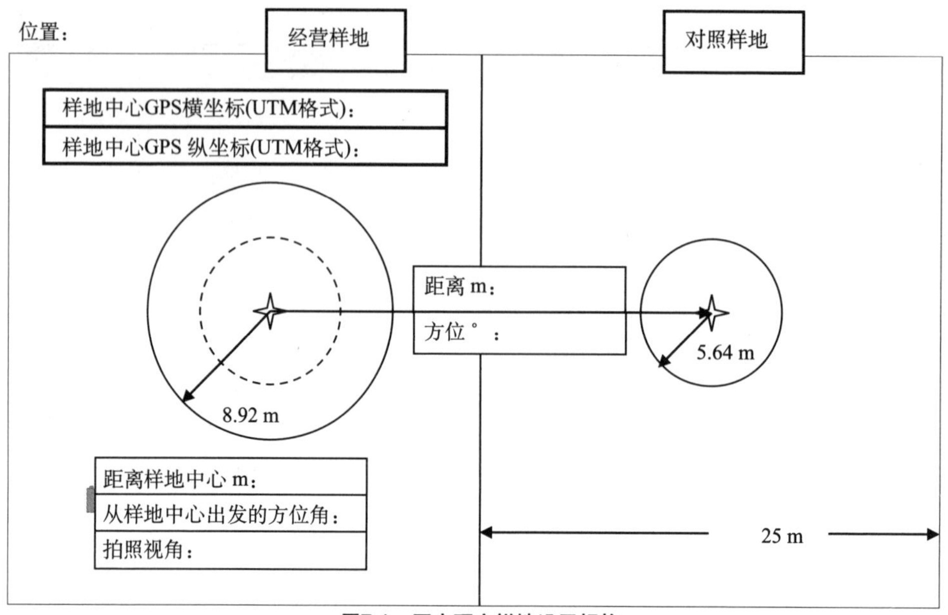

图7-1 固定研究样地设置规格

②对照样圆：样圆、半径 5.64 m、不采取任何经营措施；

③样圆间距：实施样圆与对照样圆间距需在 25 m 以上；

④样圆保护区：每个样圆周围（含样圆）设置 1 亩保护区，其中实施样圆保护区与样圆采用同一标准的经营措施，对照样圆保护区不采取任何经营措施。

（2）调查指标与调查方法

样地的调查指标及方法如下：

①林分调查因子：按照森林资源规划设计调查技术标准进行林分调查；

②样木分类：样木需要按照近自然森林经营技术在林木分级、营林定位、间伐优先级三个方面进行分级；

③样木标注：用油漆对样木编号、标注目标树圆环、标注胸径测量位置圆环、采伐木标注；

④样木空间定位：以样圆中心点为起始点，测量每株样木方位角和距离；

⑤胸径测量：采用钢围尺测量、测量位置须位于胸径测量环中央；

⑥树高（枝下高）测量：树高（枝下高）小于 7 m 用塔尺测量、树高（枝下高）大于 7 m 采用激光测距测高仪测量。

⑦盖度调查：用皮尺在东、南、西、北四个方向上各测 10 m，在整数位置读郁闭度（郁闭盖点）和下木（灌木、草本）覆盖点及高度（重叠的按最高的植株记录）；

⑧下木物种调查：以样地中心点为圆心，在 5.64 m 范围内调查下木和灌木种类、株丛树及其高度分布范围（小于 50 cm、50～130 cm、130～300 cm、大于 300 cm）。

（3）数据处理

针对数据库中记录数据排查数据的异常值、缺失值等不可避免的错误，处理方法为：①核对原始外业调查表格，如果为数据录入错误则按照原始记录予以纠正；②如果录入数据与外业调查表格一致的异常值则利用其他年度的正常值采用平滑处理方法予以纠正；③对于缺失值处理一方面尽量利用其他年度记录采用平滑处理方法进行纠正，如果不能予以纠正的则放弃该部分（如前期部分样地采伐木未测量空间坐标）进入最终的结果分析。

将数据库（access.mdb 格式）中的数据利用数据查询方法提取为数据表结构，然后导入 Excel 中进行常规运算，运算内容主要包括数据异常值和缺失值的排查及修正，数据单位格式转换，林木蓄积量计算等；涉及统计分析等数据处理内容则采用 SPSS 20.0、R 软件包进行运算；林分空间结构分析部分内容的处理软件为 ArcGIS 9.3。

（4）主要统计计算方法

单株蓄积计算方法采用国家或贵州省正式颁布的单株林木二元材积式进行计算，其中 V 为单株材积（单位 m^3，保留 3 位小数）、D 为胸径（单位 cm）、H 为树高（单位 m），计算模型如下。

杉木、柳杉二元材积式：

$$V=0.000088296 \cdot D^{(1.94097-0.0044583 \cdot (D+H))} \cdot H^{(0.76012+0.0056841 \cdot (D+H))}$$

马尾松二元材积式：

$$V=0.000094147 \cdot D^{(1.93896-0.0042676 \cdot (D+H))} \cdot H^{(0.70998+0.0059256 \cdot (D+H))}$$

华山松二元材积式：

$$V=0.000059973839 \cdot D^{1.8334312} \cdot H^{1.0295315}$$

阔叶二元材积式：

$$V=0.000050479055 \cdot D^{1.9085054} \cdot H^{0.99976507}$$

水平空间结构计算利用 ArcGIS 9.3 邻域分析工具计算林木之间的位置关系，利用相邻木的空间位置关系中的中线生成围绕单株林木的面积，并将该面积作为单株林分以及林分空间关系变化的分析指标。

数据统计分析利用 SPSS 20.0 计算不同样地的标准差、中值、标准差系数等统计值，并进行均值比较等。

7.1.2.2 森林可持续经营社会经营影响评价方法

实施此项目对参与项目的农户甚至某些未参加项目的农户会产生显著的社会与经济影响。某些农户增收是参加森林经营活动或得到报酬比较高的工作。林权所有者及其他村民通过采用合理的森林经营方法，从中学习到如何具体实施森林经营与维护森林。森林生产力和功能效益的提高能够全面改善人们的生活质量——净化水质、改善农田土壤、净化空气、减少环境污染等。此外，森林长势变好更意味着收获木材时能有更高的经济收入。

从另一方面来说，项目也带来了一些群众认为是“负面”的影响。例如，禁止某些常规的森林利用活动；项目可能也会增加林权所有者（包括家庭中的男性和女性）的工作量。

社会经济影响监测试图研究村民在参加了项目或受到项目影响后，在社会、经济和其他方面的认识有什么变化。

社会经济影响监测指南全名叫做《农村社会经济影响监测（农户访谈）指南》，是在2010年初（1月和3月）编制出来的。指南是以在中德合作甘肃造林项目中试验证明很成功的社会经济影响监测方法为基础。社会经济影响监测的目标在于尽可能客观地获得有关项目活动对参加项目的农户所造成的影响的信息。对照项目的总体目标，即“根据森林可持续经营原则经营贵州省集体林区的森林，从而提高森林价值，同时维护森林的所有生态功能”，对产生的社会经济影响进行评估。比照基线调查结果，社会经济影响监测对如下内容进行调查，研究发生的变化，并编制了详细的农户访谈问卷以及“关键信息人访谈大纲”。内容包括：

①农户的经济方面（生活条件）；

②农户及农户组织的意识与能力；

③农户的社会方面情况；

④妇女情况。

此外，该访谈方法的设计保证受访人可以不受标准问题的局限，使农户们可以通过很多方式来自由表达他们对项目的看法以及提出他们的个人建议。

社会经济影响监测涉及6个县25村民组的11个森林经营单位；村民组之间在民族成分结构、森林资源以及社会经济条件方面都具有各自的特色。例如，森林经营单位既有林场，又有林业承包大户。基线调查开展于2010年8～9月，于2010年10月将调查结果撰写成了报告。之后，项目在2012、2014和2017年实施了社会经济影响监测，监测结果详见咨询专家撰写的相应报告。各期访谈工作都是由监测专家梁伟忠先和监测中心工作人员夏婧女士负责。

7.2 不同森林可持续经营活动的森林生长监测结果分析

7.2.1 近自然林分改造成效分析

7.2.1.1 林分改造概述

中德财政合作贵州项目针对立地生产潜力较高的退化天然矮林（栎类萌生林）设计了林分改造技术措施。其主要目的是为了提高贵州省常态地貌大量分布的栎类萌生林的林分质量，充分发挥林地生产潜力。林分改造主要采用以下技术措施。

（1）整地技术

整地要求：不提倡全面整地，在天然更新不足且需要人工植苗的地段整地（块状整地）；在天然更新幼苗充足的地段整地时，对培育目标植株实施点状除杂；将天然更新幼苗与栽植苗等同对待加以培育。

栽植穴规格：大小以苗木根系充分舒展为宜。对于一年生裸根苗栽植穴规格通常在15 cm × 15 cm × 15 cm 至 20 cm × 20 cm × 20 cm 之间。

（2）植苗技术

裸根苗栽植：必须保证苗木根系充分舒展且充分接触土壤。栽植穴下层回覆肥力较高且较湿润的表层腐殖土，上层覆心土；回填土须利用手部力量分层压实，回填高度以略低于地表为宜；回填土须用手捏碎、捏细，一手提苗，使苗木根系自然舒展，一手将土壤均匀撒入栽植穴，一般分 2～3 次分层压实；覆土压实时必须保证栽植苗垂直于水平面；回填土中较大的石块、植物根系以及枯枝落叶必须清理干净。

营养袋苗栽植：必须撕除营养袋，一个营养袋内只需保留 1 株壮苗，多余的须剪除。

（3）点状除杂技术

天然更新苗木和栽植苗木须同等对待作为培育对象；除杂一般在栽植当年 5～6 月进行第一次，8～9 月进行第二次；以目标植株为中心的 0.5 m 半径范围内利用镰刀清除对目标植株高生长有影响的灌木或者高大杂草，对其高生长没有影响的低矮植物不必清理；点状除杂时应按照株行距寻找目标植株，避免遗漏；清理灌木杂草时应注意对目标植株的保护，防止培育目标被割断；割除的杂草灌木应平置于地表。对于土壤肥沃且蕨类植物生长较为高大的地段第二次点状除杂应适当推后。

7.2.1.2 本底情况

林分改造样地设置于 2013 年 8 月，并于 2014、2015 和 2016 年冬季进行了三次复测。改造营林措施实施于 2012 年冬季至 2013 年春季。林分改造前基本为栎类薪炭林，经过多次采伐和萌生，林分已形成以栎类萌生植株占绝对优势的灌木状林分，萌生植株无大径材培育潜力，其他如桦木、杨树、枫香等阔叶实生树种受栎类萌生植株竞争压制，生长空间较小，林分树种更替较为缓慢，林地生产力较为浪费。

7.2.1.3 改造情况

以栽植马尾松和天然更新实生阔叶树种形成的混交林林分为改造培育目标，经整地、栽植、除杂、补植等措施后，林分改造情况详见表 7-2，主要表现为：

①目标植株平均高由第一年的 0.5 m 经过 3 个生长季提高到 2.0 m，达到了幼龄林的成林标准。

②样地 3 个生长季后的林分密度为 1680 株 /hm²，达到了 2 m × 3 m 规格 1667 株 /hm² 的要求。

③在 1680 株 /hm² 的保存造林密度中，天然更新阔叶树种密度为 187 株 /hm²，阔叶树种占比为 11.11%。

表7-2　林分改造样地监测情况

样地号	树种	样木类型	第一年（8月）		第二年冬季		第三年冬季		第四年冬季	
			树高均值	株数	树高均值	株数	树高均值	株数	树高均值	株数
JS04	马尾松	初植	0.2	25	0.3	21	0.5	19	1.2	19
		补植			0.1	31	0.3	22	0.9	18
JS05	白栎	天然			6.1	8	6.5	8	6.5	8
	马尾松	初值			0.6	44	1.0	41	1.5	39
	杉木	初值			0.4	1	0.7	1	1.6	1
JS08	白杨	天然	1.7	2	0.9	2	1.8	1	2.2	1
	枫香	天然	1.7	1	2.0	1	3.1	1	4.2	1
	桦木	天然	2.1	4	1.9	4	4.5	4	5.2	4
	马尾松	初植	0.4	34	0.8	33	1.4	31	2.2	32
		补植			0.8	3	1.3	3	2.4	3
总计			0.5	66	0.8	148	1.4	131	2.0	126

7.2.2 幼龄抚育经营成效分析

7.2.2.1 幼龄林抚育概述

（1）幼龄林抚育技术

发育阶段：幼龄林阶段。

适宜条件：林分已经完成更新，现有林分主林层树高大于 2 m，平均胸径小于 5 cm，整体或局部郁闭度达到 0.8 以上。

经营目标：通过人工辅助调节林木水平分布、树种组成，改善优质植株生长空间、实现林分混交比例。

操作措施：单株抚育，伐除对培育目标植株有竞争和干扰的乔木或灌木植株。

幼林抚育参考密度：马尾松 / 华山松控制密度 2500～3000 株 /hm²、杉木 2500～3500 株 /hm²、柳杉 3000～4000 株 /hm²，阔叶树种（主要指光皮桦、响叶杨、毛白杨、白栎、麻栎）3500～4500 株 /hm²。

（2）幼龄林抚育密度控制技术

耐阴性：强阳生先锋树种其保留密度相对较低，耐阴性较好的树种则保留密度宜高一些。

侧枝发达程度：侧枝相对较为粗壮、单株冠幅伸展较宽的树种，则密度相对低一些，侧枝生长较弱，则密度宜保留高一些。

培育经济目标：如白栎和麻栎等阔叶树种侧向生长能力强，主干易弯曲、不易保持通直，宜维持较高的林分密度以促进其高生长、控制侧向生长、促进其优良主干的形成。

机械稳定性：如桦木等树种宜维持较高的林分密度以抵御冰雪凝冻灾害的影响，使林分整体抗倒伏能力得到加强。

立地条件：立地条件较好的地段保留木密度适度降低，石灰岩裸露区域则适当提高保留木密度。

(3) 本底情况

抚育经营措施实施前，在样地内选择有代表性的区域调查 4 m×4 m 样方作为抚育样地本底（表 7-3）。DF04 和 QX05 为放弃经营的苗圃地，JS03、JS06、QX04 为造林且未经幼龄林管理的林地，KY03、KY06 为造林且经过幼林管理的林地。调查显示，放弃经营的苗圃地密度高达 61250 株 /hm²、造林未管理幼龄林密度为 17083 株 /hm²，造林后经过较好管理的林地密度为 10938 株 /hm²。三种类型针阔混交情况依次为：18.37%、37.80%、0.00%。

表7-3 幼林抚育样地本底情况

样地号	混交状况	树种名称	平均高（m）	株数
DF04	阔叶	木姜子	1.3	1
	针叶	柳杉	1.4	91
	小计		1.4	92
JS03	阔叶	白栎	2.7	3
		桦木	5.0	7
		木姜子	6.6	1
	针叶	杉木	3.5	16
	小计		3.9	27
JS06	阔叶	白栎	2.9	10
		乌桕	2.6	1
	针叶	马尾松	3.8	18
	小计		3.4	29
KY03	针叶	柳杉	5.0	1
		马尾松	6.1	20
	小计		6.0	21
KY06	针叶	马尾松	5.4	3
		杉木	2.7	11
	小计		3.3	14
QX04	阔叶	白栎	1.7	4
		桦木	3.7	4
		麻栎	1.9	1
	针叶	华山松	3.0	2
		柳杉	2.0	2
		杉木	1.7	13
	小计		2.1	26
QX05	阔叶	桦木	4.0	29
		木姜子	3.4	3
		杨树	3.6	3
	针叶	柳杉	1.2	67
		杉木	2.9	2
	小计		2.2	104
总计			2.5	313

（4）抚育后情况

在抚育地块设置 8.92 m 半径样圆（面积 250 m²）实施抚育活动，实施后样地基本情况见表 7-4。抚育后，放弃经营的苗圃地密度为 1980 株 /hm²，造林未管理幼龄林密度为 2506 株 /hm²，造林后经过较好管理的林地密度为 2580 株 /hm²。三种类型针阔混交情况依次为 13.13%、45.74% 和 0.00%，经抚育后 7 个样地乔木树种平均树高由 2.5 m 提高到 4.6 m（表 7-4）。

表7-4　幼林抚育后样地基本情况

样地号	混交状况	树种名称	平均高（m）	株数
DF04	阔叶	桦木	3.3	2
	针叶	柳杉	3.4	20
		杉木	6.7	8
	小计		4.3	30
JS03	阔叶	白栎	4.1	5
		光皮桦	6.1	34
		崖樱桃	7.4	2
		杨树	6.0	1
	针叶	杉木	4.3	43
	小计		5.1	85
JS06	阔叶	白栎	3.6	30
		枫香	7.6	1
		光皮桦	5.0	1
	针叶	马尾松	4.0	26
	小计		3.9	58
KY03	针叶	柳杉	5.8	5
		马尾松	4.9	66
		杉木	2.5	1
	小计		4.9	72
KY06	针叶	马尾松	5.5	8
		杉木	5.0	49
	小计		5.1	57
QX04	阔叶	白栎	2.3	2
		桦木	4.7	10
	针叶	华山松	3.3	8
		柳杉	2.1	15
		杉木	3.3	10
	小计		3.2	45
QX05	阔叶	光皮桦	5.9	3
		桦木	6.3	8
	针叶	柳杉	4.4	55
		杉木	3.2	3
	小计		4.7	69
总计			4.6	416

7.2.2.2 抚育后树高生长情况

经抚育后样地平均树高由第一年 8 月的 4.6 m 生长到第二年冬季的 5.4 m，第三年冬季为 6.2 m,在第四年冬季达到了 7.0 m,树高生长较快,且由幼龄林逐步过度为中龄林(表 7-5)。

表7-5　经抚育后样地树高生长情况

样地号	混交状况	树种名称	第一年（8月）树高（m）	第二年冬季树高（m）	第三年冬季树高（m）	第四年冬季树高（m）
DF04	阔叶	桦木	3.3	4.8	4.8	5.0
	针叶	柳杉	3.4	4.9	5.5	6.6
		杉木	6.7	7.4	8.0	8.4
	小计		4.3	5.6	6.1	7.0
JS03	阔叶	白栎	4.1	4.8	5.6	5.5
		光皮桦	6.1	6.7	7.3	7.7
		崖樱桃	7.4	8.5	9.1	10.2
		杨树	6.0	7.2	8.5	8.7
	针叶	杉木	4.3	5.0	5.7	6.0
	小计		5.1	5.8	6.4	6.8
JS06	阔叶	白栎	3.6	4.8	5.6	6.4
		枫香	7.6	8.6	10.3	16.0
		光皮桦	5.0	7.7	10.1	9.5
	针叶	马尾松	4.0	5.0	6.1	7.7
	小计		3.9	5.0	6.0	7.2
KY03	针叶	柳杉	5.8	6.7	8.3	8.4
		马尾松	4.9	5.8	6.8	8.1
		杉木	2.5	2.6	2.6	2.6
	小计		4.9	5.8	6.9	8.0
KY06	针叶	马尾松	5.5	6.0	6.8	7.9
		杉木	5.0	6.2	7.3	8.0
	小计		5.1	6.1	7.2	8.0
QX04	阔叶	白栎	2.3	3.0	3.3	3.7
		桦木	4.7	5.7	6.3	6.8
	针叶	华山松	3.3	4.0	4.5	5.8
		柳杉	2.1	2.7	3.0	3.4
		杉木	3.3	3.7	4.3	4.7
	小计		3.2	3.8	4.3	4.8
QX05	阔叶	光皮桦	5.9	6.5	7.0	7.6
		桦木	6.3	7.2	7.4	8.4
	针叶	柳杉	4.4	5.0	5.8	6.8
		杉木	3.2	3.2	3.6	4.1
	小计		4.7	5.2	5.9	6.9
总计			4.6	5.4	6.2	7.0

7.2.2.3 抚育后胸径生长情况

由于第一年 8 月对样木的测量部分为地径，不便于比较，按第二年冬季到第四年冬季的比较来看，经抚育后样木胸径生长较为迅速。两个生长季胸径平均生长量分别达到了 1.0 cm 和 0.9 cm（表 7-6）。

表7-6　经抚育后样地树高生长情况

样地号	混交状况	树种名称	第一年（8月）				第二年冬季	第三年冬季	第四年冬季
			地径（cm）		胸径（cm）		平均胸径（cm）	平均胸径（cm）	平均胸径（cm）
			均值	株数	均值	株数			
DF04	阔叶	桦木			2.7	2	3.3	3.3	3.4
	针叶	柳杉			3.0	20	4.2	5.4	6.6
		杉木			12.6	8	13.4	13.1	13.7
	小计				5.5	30	6.6	7.3	8.2
JS03	阔叶	白栎	3.9	4	8.7	1	4.3	5.0	5.4
		光皮桦	4.4	19	6.2	15	4.8	5.3	5.6
		崖樱桃			8.0	2	10.1	11.6	13.0
		杨树			6.0	1	6.9	7.7	8.5
	针叶	杉木	3.6	20	7.0	23	6.1	6.9	7.9
	小计		4.0	43	6.8	42	5.6	6.3	7.0
JS06	阔叶	白栎	4.9	30			4.0	4.5	5.3
		枫香	7.1	1			9.0	10.2	11.8
		光皮桦	5.0	1			6.7	8.5	10.2
	针叶	马尾松	5.4	25	6.5	1	5.8	7.3	8.7
	小计		5.1	57	6.5	1	4.9	5.9	6.9
KY03	针叶	柳杉	3.7	1	9.6	4	11.2	12.9	14.3
		马尾松	6.0	3	7.5	63	8.9	9.8	10.3
		杉木	3.1	1			2.3	2.3	2.6
	小计		5.0	5	7.6	67	8.9	9.9	10.4
KY06	针叶	马尾松	6.6	1	8.5	7	10.0	11.5	12.2
		杉木	4.4	10	8.4	39	9.0	10.2	11.0
	小计		4.6	11	8.4	46	9.1	10.4	11.1
QX04	阔叶	白栎	2.4	2			2.7	3.5	4.0
		桦木	5.2	7	6.3	3	5.1	6.4	7.0
	针叶	华山松	4.7	8			4.7	6.4	7.9
		柳杉	3.3	14	4.3	1	2.5	3.2	5.7
		杉木	5.5	9	5.8	1	5.6	6.8	8.1
	小计		4.4	40	5.8	5	4.1	5.2	6.8
QX05	阔叶	光皮桦	4.9	2	7.0	1	5.4	6.3	7.4
		桦木	5.5	6	6.3	2	5.9	6.6	7.1
	针叶	柳杉	4.9	36	6.8	19	5.9	7.4	8.5
		杉木	3.3	2	5.4	1	4.3	5.2	5.8
	小计		4.9	46	6.7	23	5.8	7.2	8.2
总计			4.7	202	7.2	214	6.5	7.5	8.4

7.2.3 中龄林间伐经营成效分析

7.2.3.1 中龄林间伐概述

(1) 近自然间伐技术要点

发育阶段：中龄林阶段。

适宜条件：现有林分主林层平均胸径介于 5～15 cm 之间，整体或局部郁闭度达到 0.8 以上。

经营目标：通过人工辅助调节林木水平分布，并进一步调节树种组成，改善优质植株生长空间和优化林分混交比例。

操作措施：单株间伐，伐除对培育目标树有竞争和干扰的乔木。

(2) 近自然经营间伐木选择原则

判断是否要开展间伐活动的林分主要因子有郁闭度、林分平均胸径和林分密度等。具体需要通过现场的初步调查，结合自然整枝高度、主层林木林冠重叠程度综合判断。

间伐强度的定性判断，主要考虑两个方面：一是要有效改善林木生长空间，避免过度竞争；二是要维护林木的机械稳定性。一般过密或者间伐时间过晚的林分每次间伐的强度不宜过大，以免林分发生风折、雪折等自然灾害。

间伐木现场确定：①密度控制性的间伐木，在局部过密地段，通过间伐具有一定竞争能力的林木，改善保留木空间结构；②促进目标树生长的间伐木，在现阶段或者将来一般 5 年以内与目标树存在较大竞争的林木，需要立即间伐；③其他间伐木，包括两类，一是具有采伐价值的下层木，二是干扰其他树木正常生长的树木，如歪斜或伏倒的林木等。对于处于主层林下层没有明显竞争优势的林木，如无特殊需要，可不必间伐，任其自然衰亡(图 7-2)。

图7-2 实施中龄林间伐前后的实施效果图（开阳县杉木中龄林）

7.2.3.2 中龄林间伐活动对林分结构的影响

通过近自然经营间伐活动以后，对林分空间结构调整达到了近自然经营间伐的预设目标，主要包括以下几点。

①通过近自然间伐可使林分平均胸高断面积提高，且在中龄林发育阶段较高强度的密度调控会使间伐后林分胸高断面积分布更趋均匀，但不能在短期内通过一次间伐活动达到林木优势分化的目的。

②通过近自然间伐可提高林木高度均值，但树高分化趋势并不一致，这可能与间伐木选择规则中被压木是否间伐有关。若被压木被采伐利用，则间伐活动能使林分的树高分布更趋于均匀。

③通过近自然间伐可为经营者带来一定的木材收益，并使林分蓄积量降低，但是单株林木平均胸径得到了提高，与断面积均值和林木高度均值提高共同表明了通过近自然间伐可使林分更加健壮。

④通过近自然间伐前后对相邻木最小间距和泰森多边形面积与分布情况的变化表明，近自然间伐可缓解林木之间的空间竞争，并使林木空间分配更趋合理，为林分整体快速生长创造了条件。

⑤通过近自然间伐可提高林分的稳定性，主要表现在两个方面：一是减少现阶段林分的不稳定因素，通过伐除干扰木（包括挂搭木、倾斜木、树干纤细的林木等）提高现阶段林分的机械稳定性；二是提高未来林分的机械稳定，通过间伐使主林层的保留木生长条件得到改善，降低树高生长竞争强度使未来林分更加健壮。间伐前后样木各指标比较见表 7-7 至表 7-11。

表7-7　间伐前后样木相邻木最小间距均值变化　　单位：m

样地号	间伐前		间伐后（实施样地）	
	对照样地	实施样地	全部样木	中等以上样木
DF01	1.15	未测量采伐木位置	1.37	1.38
DF02	1.95	未测量采伐木位置	2.05	2.05
DF03	1.70	1.48	1.80	1.86
DF05	0.76	0.57	1.50	1.83
JS01	0.83	未测量采伐木位置	1.47	1.74
JS02	1.03	未测量采伐木位置	1.65	1.70
JS07	1.26	1.34	1.70	1.88
KY05	1.79	1.76	1.97	2.01

（续）

样地号	间伐前		间伐后（实施样地）	
	对照样地	实施样地	全部样木	中等以上样木
QX03	1.06	0.93	1.56	1.81
QX06	1.21	0.79	1.77	1.91
XF02	1.08	未测量采伐木位置	1.47	1.85
XF03	1.23	1.16	1.77	1.85
XF04	1.13	1.14	1.69	1.97
XF05	1.32	1.38	1.94	2.24
XF06	1.59	1.17	1.69	1.74

表7-8 间伐前后样木泰森多边形面积变化

单位：m^2

样地号	间伐前		间伐后（实施样地）	
	对照样地	实施样地	全部样木	中等以上样木
DF01	2.04	未测量采伐木位置	3.52	3.68
DF02	4.35	未测量采伐木位置	6.94	6.94
DF03	4.34	4.38	6.94	7.57
DF05	2.56	2.31	5.43	6.41
JS01	3.12	未测量采伐木位置	8.06	10.41
JS02	3.45	未测量采伐木位置	6.75	8.06
JS07	5.00	4.24	6.94	7.81
KY05	5.00	5.10	6.75	7.14
QX03	3.22	4.38	6.94	8.33
QX06	2.94	2.55	6.10	6.75
XF02	3.57	未测量采伐木位置	5.10	7.14
XF03	4.00	3.52	6.10	6.75
XF04	3.22	2.84	5.32	7.35
XF05	3.45	3.85	6.25	7.57
XF06	4.00	3.29	5.10	5.32

表7-9 间伐前后样木树高均值变化

单位：m

样地号	间伐前		间伐后（实施样地）	
	对照样地	实施样地	全部样木	中等以上样木
DF01	7.6	7.7	7.9	7.9
DF02	8.2	8.5	8.6	8.6
DF03	7.9	8.1	9.3	9.5
DF05	7.4	7.0	8.5	9.0
JS01	13.4	16.3	16.4	17.5
JS02	10.2	9.9	10.1	10.5
JS07	8.1	7.8	8.4	8.9
KY05	9.6	8.8	9.1	9.2
QX03	6.9	7.3	7.5	7.7
QX06	7.2	7.3	8.1	8.3
XF02	10.3	9.5	10.0	10.4
XF03	11.3	12.0	12.5	12.7
XF04	7.4	7.8	8.5	8.6
XF05	8.5	9.8	10.4	10.9
XF06	9.0	9.0	9.6	9.7
总计	8.8	8.8	9.5	9.7

表7-10 间伐前后样木胸高断面积均值变化

单位：m^2

样地号	间伐前		间伐后（实施样地）	
	对照样地	实施样地	全部样木	中等以上样木
DF01	0.024	0.032	0.034	0.034
DF02	0.045	0.043	0.044	0.044
DF03	0.059	0.062	0.077	0.080
DF05	0.049	0.038	0.056	0.064
JS01	0.043	0.060	0.068	0.080
JS02	0.062	0.056	0.063	0.071
JS07	0.053	0.048	0.057	0.063
KY05	0.053	0.050	0.055	0.055

（续）

样地号	间伐前		间伐后（实施样地）	
	对照样地	实施样地	全部样木	中等以上样木
QX03	0.026	0.030	0.032	0.036
QX06	0.033	0.029	0.041	0.044
XF02	0.042	0.031	0.037	0.045
XF03	0.045	0.045	0.058	0.061
XF04	0.036	0.035	0.048	0.052
XF05	0.056	0.061	0.076	0.085
XF06	0.048	0.048	0.061	0.063
总计	0.044	0.043	0.053	0.057

表7-11　间伐前后样木蓄积均值变化

单位：m^3

样地号	间伐前		间伐后（实施样地）	
	对照样地	实施样地	全部样木	中等以上样木
DF01	0.029	0.039	0.042	0.043
DF02	0.057	0.054	0.057	0.057
DF03	0.074	0.081	0.105	0.110
DF05	0.063	0.046	0.075	0.086
JS01	0.085	0.137	0.155	0.186
JS02	0.105	0.088	0.099	0.112
JS07	0.074	0.063	0.079	0.087
KY05	0.077	0.067	0.074	0.076
QX03	0.027	0.032	0.035	0.039
QX06	0.038	0.035	0.051	0.055
XF02	0.061	0.046	0.057	0.070
XF03	0.074	0.077	0.099	0.105
XF04	0.044	0.044	0.064	0.069
XF05	0.072	0.089	0.114	0.129
XF06	0.069	0.071	0.092	0.095
总计	0.061	0.060	0.077	0.083

7.2.3.3 中龄林间伐对林木生长的影响

（1）对林分胸径生长的影响

通过近自然间伐，对林分胸径生长促进明显，在 10 对监测样地中，6 对样地（DF01、JS02、KY01、QX02、QX03、XF03 ）经近自然间伐后胸径生长比对照样地生长快，且在连续复测中表现一致；DF02、JS01、KY02、XF02 等 4 组对照在部分年度实施样地小于或等于对照样地，但总胸径生长量均高于对照样地（表 7-12）。这表明，通过近自然间伐对林木胸径生长有明显促进作用。

表7-12 样木胸径生长均值对比

单位：cm

样地号	本底		第一年		第二年		第三年		第四年		第五年	
	对照	实施	对照	实施	对照	实施	对照	实施	对照	实施	对照	实施
DF01	8.4	10.1	9.2	11.2	10.1	12.4	10.6	13.3	11.2	14.2	11.7	14.9
DF02	11.9	11.9	13.0	13.0	14.1	14.0	15.0	15.1	15.9	16.0	16.7	16.8
DF03	14.5	15.5	15.2	16.4	15.7	16.8	16.1	17.3				
DF05	13.6	14.1	14.0	14.9	14.1	15.5	14.4	16.0				
JS01	12.9	15.7	13.1	16.1	13.5	16.8	13.7	17.1	14.0	17.7	14.3	18.3
JS02	13.0	14.0	13.4	14.5	13.7	15.1	14.0	15.6	14.4	16.2	14.9	16.8
JS07	14.3	13.8	15.1	14.5	15.7	15.1	16.4	15.9				
KY05	12.8	13.0	13.6	14.2	13.8	14.8	14.2	15.3				
QX03	9.1	9.9	9.6	10.7	10.1	11.6	10.5	12.3	10.9	12.8		
QX06	9.9	11.4	10.3	11.8	10.7	12.4	11.1	13.0				
XF02	12.0	10.8	12.5	11.3	13.0	11.9	13.4	12.3	13.6	12.8	13.8	13.2
XF03	12.1	13.3	12.7	14.1	13.0	14.6	13.4	15.3	13.6	15.8		
XF04	10.4	11.9	11.3	13.0	12.0	14.1	12.6	15.0				
XF05	14.0	15.5	14.5	15.7	15.0	16.3	15.3	16.7				
XF06	12.6	13.6	13.4	14.4	14.2	15.0	14.8	15.8				

（2）对林分树高生长影响

从监测数据来看树高生长规律性总体来看不明显（表 7-13），其原因有：①除 QX03、XF03 两组外其他 8 组样地的第一次复测未监测树高，其树高值为临近两次监测值的平均值，其样地平均生长量测算由于小数位数保留的问题而略有增减；②另外起始年和第二次复测均使用的是布鲁莱斯测高器测高，其测量误差相对较大，达不到树高生长连续监测精度要求。为了提高监测精度，第三次复测开始采用了激光测距测高仪。

表7-13　样木树高生长均值对比

单位：m

样地号	本底		第一年		第二年		第三年		第四年		第五年	
	对照	实施	对照	实施	对照	实施	对照	实施	对照	实施	对照	实施
DF01	7.6	7.9	8.1	8.5	8.7	9.0	9.8	10.8	10.4	11.8	11.4	12.8
DF02	8.4	8.6	9.0	9.2	9.5	9.8	10.9	11.7	12.2	13.7	13.4	14.2
DF03	8.8	9.3	9.8	10.5	10.7	11.1	11.2	11.7				
DF05	8.2	9.1	9.0	9.8	9.7	10.6	10.3	11.1				
JS01	14.4	17.4	14.8	17.8	14.8	18.1	16.1	18.5	16.4	18.9	16.7	19.3
JS02	10.4	10.2	10.5	10.6	10.5	11.1	10.6	11.4	11.2	12.0	11.7	12.8
JS07	9.9	9.3	10.5	9.7	11.6	10.2	12.3	10.8				
KY05	9.8	9.2	10.4	9.9	10.7	10.2	11.0	11.2				
QX03	7.0	7.5	7.3	7.6	8.2	8.7	9.1	9.8	9.9	10.6		
QX06	7.3	8.2	7.9	8.2	8.5	8.9	9.4	9.4				
XF02	10.6	10.3	11.0	10.7	11.3	11.1	13.2	12.6	14.5	13.1	15.8	14.4
XF03	11.8	12.6	12.3	13.3	13.3	14.3	13.6	15.3	15.2	16.3		
XF04	7.7	8.6	8.8	9.7	9.3	10.5	9.9	11.5				
XF05	9.1	10.7	10.1	11.2	11.2	12.4	11.7	13.0				
XF06	9.6	9.9	10.9	10.5	11.8	11.5	12.8	12.4				

（3）对林分蓄积生长的影响

通过近自然间伐，实现在经营林分的同时获得了适度木材收获，但是经间伐后林分蓄积逐步恢复，生长速度加快（表 7-14），所有经营样地累计生长率均高于对照样地。受间伐活动的影响，经营样地蓄积基数减少，林木株数减少，在一定时期内会影响蓄积生长量的数量，但是单木生长速率加快，有助于未来大径材的培育，提高林分经营的经济价值。

表7-14 不同实施年度单株平均蓄积对比

单位：m^3

样地号	本底		第一年		第二年		第三年		第四年		第五年	
	对照	实施	对照	实施	对照	实施	对照	实施	对照	实施	对照	实施
DF01	0.029	0.042	0.036	0.054	0.044	0.069	0.053	0.095	0.062	0.117	0.075	0.138
DF02	0.057	0.057	0.075	0.073	0.091	0.089	0.118	0.121	0.147	0.156	0.175	0.178
DF03	0.074	0.105	0.090	0.131	0.104	0.146	0.123	0.162				
DF05	0.070	0.075	0.081	0.098	0.091	0.117	0.118	0.132				
JS01	0.085	0.161	0.101	0.182	0.107	0.200	0.121	0.213	0.134	0.233	0.151	0.273
JS02	0.105	0.099	0.107	0.112	0.109	0.125	0.126	0.143	0.140	0.160	0.156	0.191
JS07	0.077	0.079	0.109	0.102	0.134	0.116	0.155	0.137				
KY05	0.077	0.074	0.092	0.094	0.097	0.106	0.108	0.123				
QX03	0.027	0.035	0.031	0.041	0.038	0.054	0.049	0.069	0.058	0.081		
QX06	0.040	0.051	0.046	0.056	0.054	0.063	0.062	0.073				
XF02	0.064	0.052	0.070	0.059	0.077	0.067	0.097	0.085	0.122	0.101	0.142	0.126
XF03	0.074	0.099	0.084	0.116	0.101	0.136	0.110	0.160	0.135	0.182		
XF04	0.044	0.064	0.062	0.082	0.075	0.102	0.088	0.130				
XF05	0.081	0.114	0.103	0.131	0.122	0.157	0.138	0.174				
XF06	0.069	0.092	0.086	0.113	0.107	0.135	0.142	0.162				

7.2.3.4 林木生长相关性分析

中龄林间伐技术的理论基础是通过间伐改善林分空间结构，缓解优势木及亚优势木、一般保留木之间的竞争强度，实现提高优势木、亚优势木、一般保留木的生长速度，在达到大径级木材生产目标的同时，维持较高的林地生产率和林木蓄积保有量。为了要达到上述目标，需要满足同一林分中不同林木生长发育假设，即越是占据优势地位的林木生长越快，实施中龄林近自然间伐技术的林分比未实施的林分生长更快。下面就与林木优势有关的因子（胸径、树高、优势等级等）与蓄积量生长的关系展开分析。

（1）林木生长与胸径的关系

①整体情况对比分析。分别将实施样地和对照样地的相对胸径（样木胸径值 / 样地平均胸径）与相对生长量（样木生长量 / 样地平均生长量）进行线性回归分析（表 7-15）。结果表明：实施样地和对照样地相对胸径与相对生长量存在极显著的线性关系（$P<0.01$）；斜率值（b1）均大于 0，说明胸径的大小与蓄积生长量存在正相关关系，即胸径越大蓄积生长量越高，实施样地 b1 值（2.201）> 对照样地 b1 值（2.020）（图 7-3），说明实施样地保留木的胸径大小对蓄积生长的影响更大。

②样地对比分析。利用上述方法，按样地展开回归分析（表 7-16），分析表明所有中龄林间伐样地胸径与蓄积生长量之间存在极显著的线性关系（$P<0.01$），斜率值（b1）均大于 0，说明胸径的大小与蓄积生长量存在正相关关系。但不同样地实施与对照之间的 b1 值大小关系并不一致，15 对样地中有 9 对样地实施 b1 值大于对照，其余 6 对对照 b1 值大于实施。说明通过近自然间伐技术在中龄林中胸径大小对于样木生长的影响趋势并不完全一致。

（2）林木生长与树高的关系

①整体情况对比分析。分别将实施样地和对照样地的相对树高（样木树高值 / 样地平均树高）与相对生长量（样木生长量 / 样地平均生长量）进行线性回归分析（表 7-17）。分析表明：实施样地和对照样地相对树高与相对生长量存在极显著的线性关系（$P<0.01$）；斜率值（b1）>0，说明树高的大小与蓄积生长量存在正相关关系，即树高越大蓄积生长量越高，实施样地 b1 值（2.773）> 对照样地 b1 值（2.482），说明实施样地保留木的树高大小对蓄积生长的影响更大（图 7-4）。

②样地对比分析。按样地相对树高与相对生长量进行回归分析（表 7-18），分析表明：

表7-15 胸径与生长量线性回归分析及参数估计（整体）

PlotType	方程	模型汇总					参数估计值	
		R^2	F	df1	df2	Sig.	常数	b1
0	线性	0.315	638.685	1	1391	0.000	-0.987	2.020
1	线性	0.480	1971.574	1	2132	0.000	-1.201	2.201

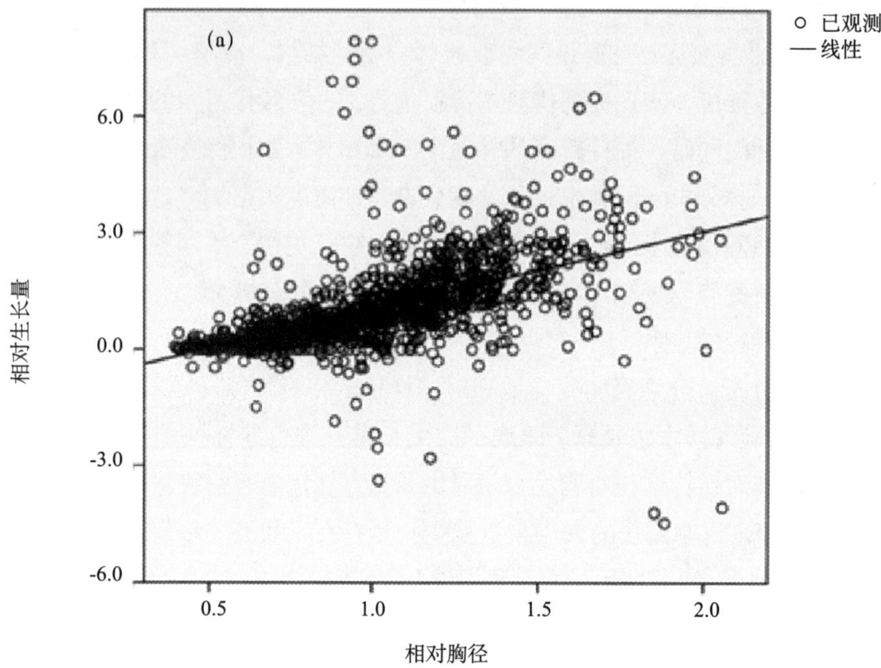

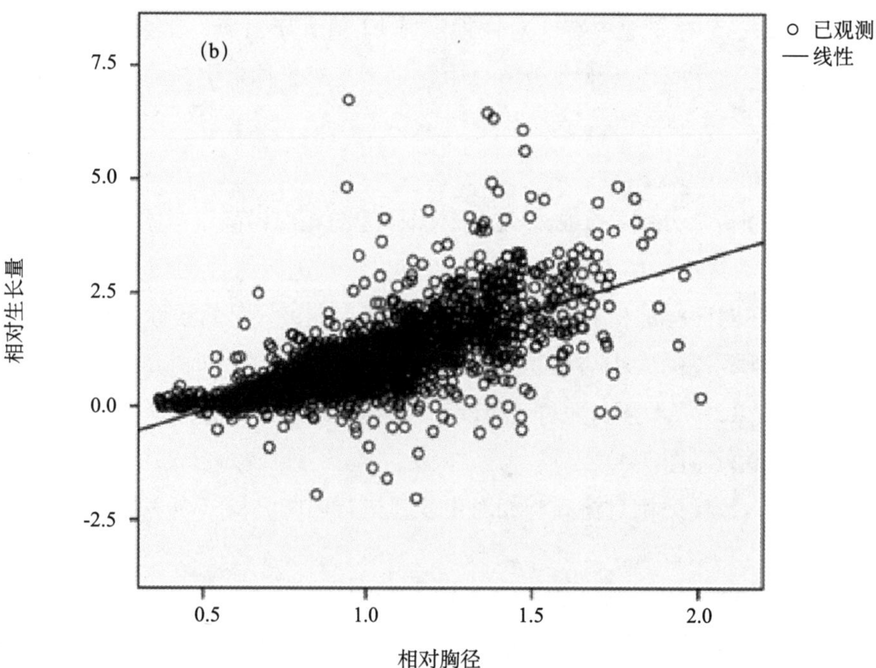

注：（a）表示对照样地，（b）表示实施样地。

图7-3 胸径生长量线性回归分析图

表7-16 胸径与生长量线性回归分析及参数估计（按样地）

样地量	样地类型	方程	模型汇总					参数估计值	
			R^2	F	df1	df2	Sig.	常数	b1
DF01	0	线性	0.610	341.114	1	218	0.000	-1.253	2.253
	1	线性	0.726	884.481	1	333	0.000	-1.304	2.304
DF02	0	线性	0.622	160.987	1	98	0.000	-1.232	2.232
	1	线性	0.480	159.768	1	173	0.000	-0.821	1.821
DF03	0	线性	0.378	33.464	1	55	0.000	-1.158	2.158
	1	线性	0.403	69.640	1	103	0.000	-1.928	2.928
DF05	0	线性	0.555	83.667	1	67	0.000	-1.262	2.262
	1	线性	0.333	54.445	1	109	0.000	-1.170	2.170
JS01	0	线性	0.205	27.896	1	108	0.000	-1.458	2.458
	1	线性	0.462	92.862	1	108	0.000	-1.505	2.505
JS02	0	线性	0.068	9.628	1	132	0.002	0.058	1.261
	1	线性	0.623	269.784	1	163	0.000	-1.211	2.211
JS07	0	线性	0.284	15.885	1	40	0.000	-1.022	2.022
	1	线性	0.312	37.168	1	82	0.000	-0.454	1.454
KY05	0	线性	0.182	11.548	1	52	0.001	-.696	1.696
	1	线性	0.248	32.894	1	100	0.000	-1.503	2.503
QX03	0	线性	0.522	124.539	1	114	0.000	-1.241	2.241
	1	线性	0.672	290.489	1	142	0.000	-1.460	2.460
QX06	0	线性	0.535	108.276	1	94	0.000	-1.140	2.140
	1	线性	0.194	27.011	1	112	0.000	-1.202	2.202
XF02	0	线性	0.540	108.956	1	93	0.000	-0.801	1.801
	1	线性	0.621	259.258	1	158	0.000	-1.317	2.317
XF03	0	线性	0.705	196.045	1	82	0.000	-1.141	2.141
	1	线性	0.652	295.552	1	158	0.000	-1.248	2.248
XF04	0	线性	0.688	180.542	1	82	0.000	-1.452	2.452
	1	线性	0.708	315.141	1	130	0.000	-1.111	2.111
XF05	0	线性	0.589	91.587	1	64	0.000	-1.888	2.888
	1	线性	0.329	51.953	1	106	0.000	-1.700	2.700
XF06	0	线性	0.767	210.592	1	64	0.000	-1.155	2.155
	1	线性	0.549	154.428	1	127	0.000	-0.777	1.777

表7-17　树高与生长量线性回归分析及参数估计（整体）

PlotType	方程	模型汇总					参数估计值	
		R^2	F	df1	df2	Sig.	常数	b1
0	线性	0.159	262.963	1	1395	0.000	-1.448	2.482
1	线性	0.228	628.318	1	2132	0.000	-1.773	2.773

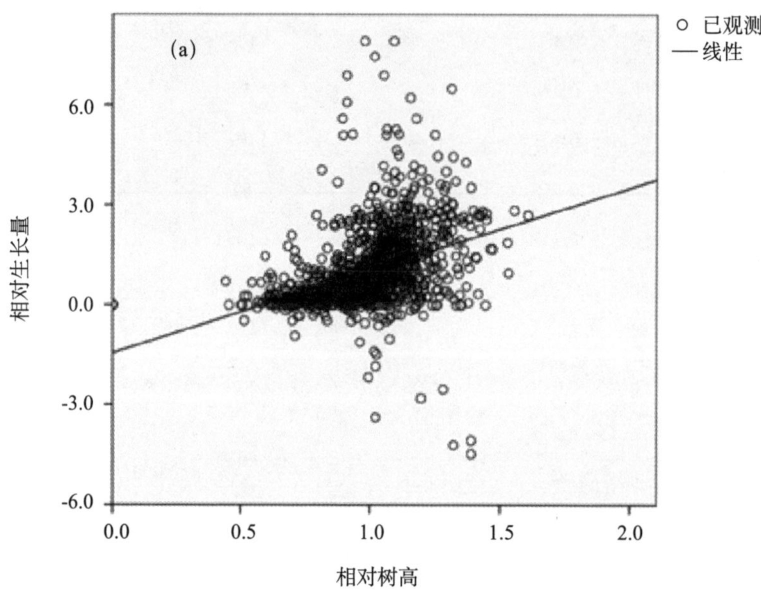

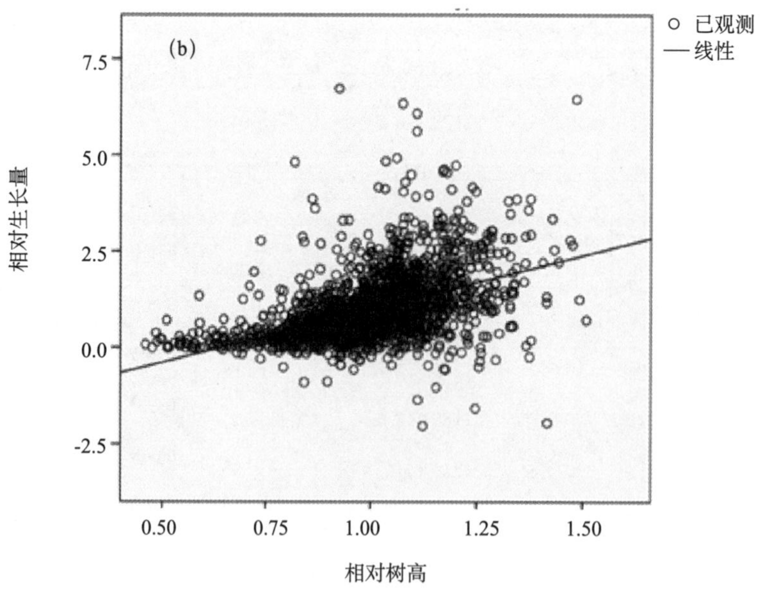

注：（a）表示对照样地，（b）表示实施样地。

图7-4　树高生长量线性回归分析

表7-18 树高与生长量线性回归分析及参数估计（按样地）

样地量	样地类型	方程	模型汇总					参数估计值	
			R^2	F	df1	df2	Sig.	常数	b1
DF01	0	线性	0.395	142.229	1	218	0.000	-2.504	3.504
	1	线性	0.502	335.489	1	333	0.000	-3.429	4.429
DF02	0	线性	0.438	76.510	1	98	0.000	-2.137	3.137
	1	线性	0.222	49.390	1	173	0.000	-1.765	2.765
DF03	0	线性	0.109	6.749	1	55	0.012	-0.531	1.531
	1	线性	0.244	33.191	1	103	0.000	-1.297	2.297
DF05	0	线性	0.427	49.993	1	67	0.000	-1.312	2.312
	1	线性	0.216	29.975	1	109	0.000	-1.239	2.239
JS01	0	线性	0.008	.846	1	108	0.360	0.223	0.777
	1	线性	0.043	4.822	1	108	0.030	-0.931	1.931
JS02	0	线性	0.073	10.332	1	132	0.002	-1.088	2.399
	1	线性	0.400	108.565	1	163	0.000	-1.382	2.382
JS07	0	线性	0.051	2.162	1	40	0.149	-0.018	1.018
	1	线性	0.190	19.213	1	82	0.000	-1.065	2.065
KY05	0	线性	0.132	7.908	1	52	0.007	-1.195	2.195
	1	线性	0.043	4.494	1	100	0.036	-0.540	1.540
QX03	0	线性	0.279	44.215	1	114	0.000	-2.140	3.140
	1	线性	0.403	95.862	1	142	0.000	-3.212	4.212
QX06	0	线性	0.261	33.132	1	94	0.000	-1.846	2.846
	1	线性	0.078	9.447	1	112	0.003	-1.215	2.215
XF02	0	线性	0.062	6.162	1	93	0.015	-1.422	2.422
	1	线性	0.286	63.134	1	158	0.000	-4.190	5.190
XF03	0	线性	0.152	14.709	1	82	0.000	-3.246	4.246
	1	线性	0.329	77.488	1	158	0.000	-3.804	4.804
XF04	0	线性	0.532	93.215	1	82	0.000	-2.382	3.382
	1	线性	0.420	94.048	1	130	0.000	-1.824	2.824
XF05	0	线性	0.211	17.114	1	64	0.000	-2.468	3.468
	1	线性	0.068	7.701	1	106	0.007	-1.449	2.449
XF06	0	线性	0.504	64.915	1	64	0.000	-2.775	3.775
	1	线性	0.324	60.836	1	127	0.000	-1.364	2.364

15 对样地中有 13 对样地树高与蓄积生长量之间存在显著的线性关系（P<0.05），有 2 对样地（JS01、JS07）树高与蓄积生长量之间关系不显著；在存在线性关系的 13 对样地中，斜率值（b1）均大于 0，说明树高的大小与蓄积生长量存在正相关关系，但不同样地实施与对照之间的 b1 值大小关系并不一致，有 6 对样地实施 b1 值大于对照，其余 7 对对照 b1 值大于实施（表 7-18）。从试验数据来看，相对树高对于蓄积生长的影响存在一定的趋势，即树高越高生长量越大，但通过近自然间伐后不同样地在树高与生长量方面关系不一致，其可能与监测时间较短且树高测量误差较大有一定的关系。

③林木生长与优势等级的关系。在样地调查中，林木优势等级是通过调查人员综合衡量胸径、树高、冠幅以及相邻木之间的关系通过目测及经验判断确定的。即该调查值是近自然间伐经营实践过程中技术人员的目测判断值，与近自然间伐实践过程中现场观察林木确定间伐木、目标树等一系列营林活动是一致的，但优势度等级并不是通过上述因子利用数学方法确定的。

从优势度等级相对生长量均值来看，对照样地优势木生长是平均生长量的 2.01 倍、亚优势木为 1.47 倍，实施样地则为 1.77 倍和 1.26 倍，这表明通过近自然间伐，使不同优势等级林木生长差异更加小，林木生长更加均匀（表 7-19 和图 7-5）。可见，上述论述说明通过近自然间伐技术可使中龄林生长量加大，基于优势度等级相对生长量分析从另外一个角度说明近自然间伐可使中龄林林木生长加大和生长分配更加均匀。

利用现场观察确定的优势度等级与林木相对生长量进行方差分析，结果显示实施和对照样地中的被压木（4）与濒死木（5）之间的差异均不显著，其余不同优势度等级之间的样木相对生长量均值在 0.01 水平上存在显著差异。说明通过人工目测判断方法的近自然间伐能够较好的进行林木优势分级，且经过人工目测的优势度分级能够确定反映林木的生长状况和发展趋势（3～5 年统计值）（表 7-20）。

表7-19　不同优势度等级相对生长量均值

样地类型	优势度等级				
	1	2	3	4	5
对照	2.01	1.47	0.88	0.32	0.22
实施	1.67	1.26	0.65	0.33	0.12
总计	1.77	1.34	0.73	0.32	0.20

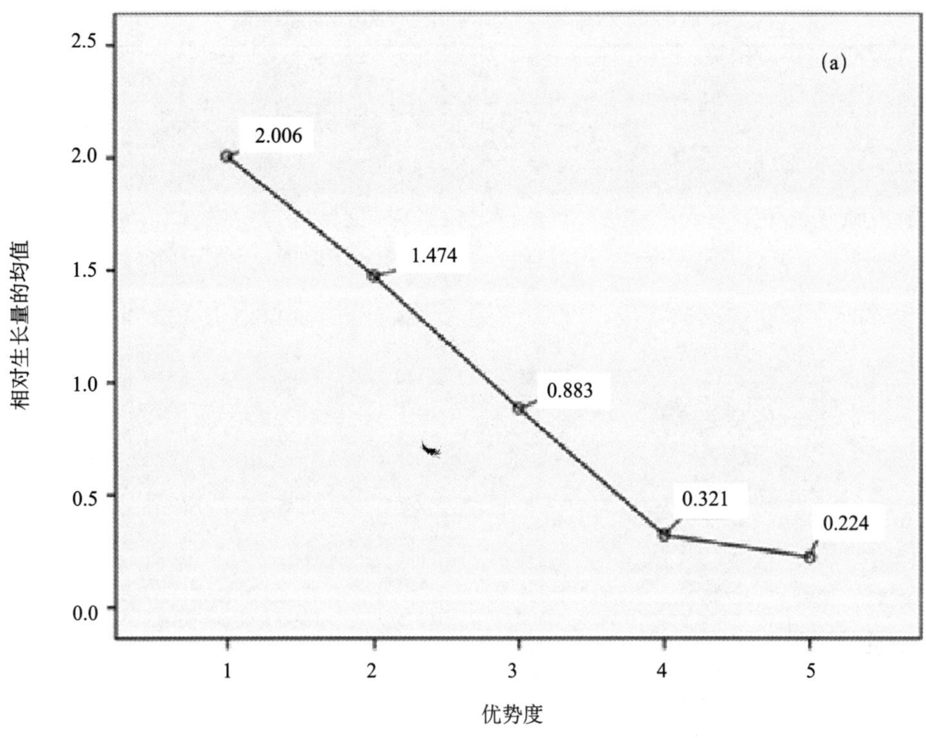

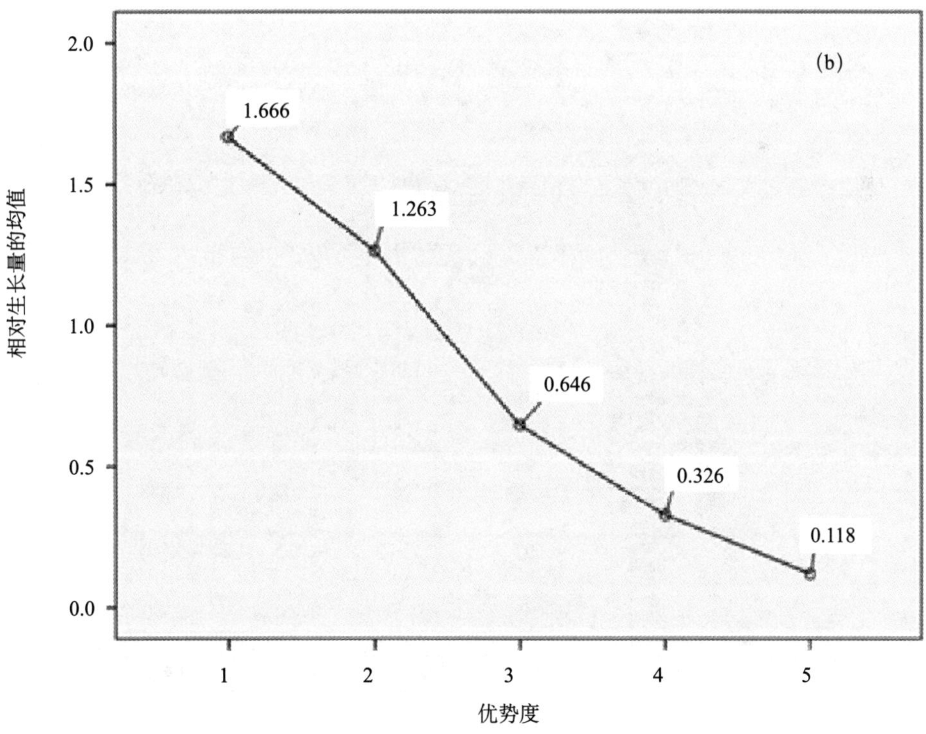

注：（a）表示对照样地，（b）表示实施样地。

图7-5 基于相对生长量的优势度分析

表7-20　营林定位与林木相对生长量方差分析结果

样地类型	(I) 优势度等级	(J) 优势度等级	均值差(I～J)	标准误	显著性	95% 置信区间	
						下限	上限
0	1	2	0.532*	0.088	0.000	0.360	0.704
		3	1.123*	0.075	0.000	0.976	1.269
		4	1.685*	0.086	0.000	1.516	1.854
		5	1.782*	0.126	0.000	1.534	2.030
	2	1	-0.532*	0.088	0.000	-0.704	-0.360
		3	0.591*	0.072	0.000	0.449	0.732
		4	1.153*	0.084	0.000	0.988	1.318
		5	1.250*	0.125	0.000	1.005	1.495
	3	1	-1.123*	0.075	0.000	-1.269	-0.976
		2	-0.591*	0.072	0.000	-0.732	-0.449
		4	0.562*	0.071	0.000	0.424	0.701
		5	0.659*	0.116	0.000	0.431	0.888
	4	1	-1.685*	0.086	0.000	-1.854	-1.516
		2	-1.153*	0.084	0.000	-1.318	-0.988
		3	-0.562*	0.071	0.000	-0.701	-0.424
		5	0.097	0.124	0.433	-0.146	0.340
	5	1	-1.782*	0.126	0.000	-2.030	-1.534
		2	-1.250*	0.125	0.000	-1.495	-1.005
		3	-0.659*	0.116	0.000	-0.888	-0.431
		4	-0.097	0.124	0.433	-0.340	0.146
1	1	2	0.404*	0.048	0.000	0.310	0.497
		3	1.021*	0.039	0.000	0.945	1.097
		4	1.340*	0.073	0.000	1.198	1.483
		5	1.548*	0.179	0.000	1.197	1.899

（续）

样地类型	(I) 优势度等级	(J) 优势度等级	均值差 (I～J)	标准误	显著性	95% 置信区间	
						下限	上限
1	2	1	-0.404*	0.048	0.000	-0.497	-0.310
		3	0.617*	0.042	0.000	0.534	0.700
		4	0.937*	0.075	0.000	0.790	1.083
		5	1.145*	0.180	0.000	0.792	1.497
	3	1	-1.021*	0.039	0.000	-1.097	-0.945
		2	-0.617*	0.042	0.000	-0.700	-0.534
		4	0.320*	0.069	0.000	0.184	0.455
		5	0.527*	0.178	0.003	0.179	0.876
	4	1	-1.340*	0.073	0.000	-1.483	-1.198
		2	-0.936*	0.075	0.000	-1.083	-0.790
		3	-0.3201*	0.069	0.000	-0.455	-0.184
		5	0.208	0.188	0.270	-0.161	0.577
	5	1	-1.548*	0.179	0.000	-1.899	-1.197
		2	-1.145*	0.180	0.000	-1.497	-0.792
		3	-0.527*	0.178	0.003	-0.876	-0.179
		4	-0.208	0.188	0.270	-0.577	0.161

注：*表示在 $\alpha=0.05$ 水平下差异显著。

7.2.3.5 经营活动对林木的促进作用

利用营林定位与林木相对生长量做方差分析显示，目标树（1）、一般保留木（3）、特殊目标树（4）、下层木 / 填充木（5）整体存在极显著性差异，但特殊目标树（4）与下层木 / 填充木（5）之间差异不显著（表 7-21）。

从营林定位的角度看，通过近自然间伐技术较大幅度地促进了目标树的生长，目标树平均生长量达到了全样地的 1.42 倍；并维持了一般保留木的生长，一般保留木平均生长量基本与全样地持平为 0.96 倍；特殊目标树的生长为全样地的 0.44 倍（表 7-22）。由于特殊目标树绝大部分均为混交木，处于纯林林分被压层，从横向比较其他林木来看其生长量仍然较低。

表7-21　营林定位与林木相对生长量方差分析结果

样地类型	(I) 营林定位	(J) 营林定位	均值差（I～J）	标准误	显著性	95% 置信区间	
						下限	上限
1	1	3	0.463*	0.047	0.000	0.372	0.554
		4	0.979*	0.088	0.000	0.808	1.151
		5	0.967*	0.099	0.000	0.772	1.161
	3	1	-0.463*	0.047	0.000	-0.554	-0.372
		4	0.516*	0.080	0.000	0.359	0.673
		5	0.503*	0.093	0.000	0.321	0.685
	4	1	-0.979*	0.088	0.000	-1.151	-0.808
		3	-0.516*	0.080	0.000	-0.673	-0.359
		5	-0.013	0.119	0.913	-0.246	0.220
	5	1	-0.9676*	0.099	0.000	-1.161	-0.772
		3	-0.503*	0.093	0.000	-0.685	-0.321
		4	0.013	0.119	0.913	-0.220	0.246

注：*表示在α=0.05水平下差异显著。

表7-22　不同营林定位与林木相对生长量均值

样地类型	营林定位			
	1	3	4	5
实施样地	1.42	0.96	0.44	0.46

7.2.4 近熟林间伐经营成效分析

7.2.4.1 近熟林择伐技术要点

发育阶段：近熟林阶段。

适宜条件：现有林分主林层平均胸径介于 15 ～ 35 cm 之间，整体或局部郁闭度达到 0.8 以上。

经营目标：对林木进行营林分级或定位，确定并标注目标树，通过人工辅助改善目标树生长空间、调节林分整体密度，维持林分混交。

操作措施：单株间伐，以目标树为核心确定并采伐竞争木和干扰木、在无目标树的区域调节林分密度（图 7-6）。

图7-6 实施中龄林间伐前后的实施效果图（黔西县马尾松近熟林）

7.2.4.2 近熟林间伐对林木生长的影响

(1) 近熟林胸径生长

监测结果显示，近自然间伐改善了林分生长环境，对近熟林的胸径生长促进作用较为明显（表7-23），5对近熟林样地中有4对实施样地的胸径均值累计生长量大于对照样地。

表7-23　近熟林间伐实施后样地胸径生长变化情况表

单位：cm

样地号	样地类型	本底	第1年	第2年	第3年	第4年	第5年	累计生长百分率
KY04	0	14.4	15.6	16.3	16.7			15.97%
	1	16.0	18.0	18.5	18.9			18.13%
KY-1	0	14.7	15.1	15.3	15.4	15.9	16.2	10.20%
	1	15.0	18.0	18.4	19.0	19.3	19.7	31.33%
KY-2	0	18.0	18.6	18.9	19.4	19.7	19.8	10.00%
	1	15.7	18.9	19.7	20.3	21.1	21.6	37.58%
QX02	0	12.4	14.0	14.7	14.6	15.2	15.5	25.00%
	1	13.7	15.5	15.9	16.1	16.8	17.1	24.82%
QX07	0	23.2	23.7	24.1	24.5			5.60%
	1	19.8	23.6	24.2	24.9			25.76%

（2）近熟林树高生长

近自然间伐使得林分垂直结构的生态位产生空缺，保留木高生长明显，5 对近熟林样地中有 4 对实施样地的树高均值累计生长量大于对照样地（表 7-24）。

表7-24　近熟林间伐实施后样地树高生长变化情况表

单位：m

样地号	样地类型	本底	第1年	第2年	第3年	第4年	第5年	累计生长百分率
KY04	0	12.00	13.00	14.20	14.80			23.33%
	1	12.50	13.60	14.50	15.00			20.00%
KY-1	0	16.90	17.50	18.00	19.20	19.40	20.10	18.93%
	1	14.90	17.30	17.90	18.80	19.20	20.20	35.57%
KY-2	0	16.00	16.50	16.90	17.40	17.70	18.60	16.25%
	1	15.00	16.30	16.70	17.40	17.90	18.80	25.33%
QX02	0	15.40	16.50	16.80	16.00	16.60	17.30	12.34%
	1	15.50	16.70	16.80	16.10	17.00	18.20	17.42%
QX07	0	14.10	16.80	17.10	17.70			25.53%
	1	12.70	16.10	16.60	17.30			36.22%

（3）近熟林蓄积生长

分析结果表明，近自然间伐对近熟林的蓄积量生长促进作用较为明显，5 对近熟林样地中有 4 对实施样地的蓄积量累计生长量均值大于对照样地（表 7-25）。

表7-25 近熟林间伐实施后样地蓄积生长变化情况表

单位：m^3

样地号	样地类型	本底	第1年	第2年	第3年	第4年	第5年	累计生长百分率
KY04	0	0.117	0.147	0.172	0.188			61.40%
	1	0.169	0.198	0.220	0.237			40.10%
KY-1	0	0.178	0.193	0.207	0.219	0.234	0.250	40.47%
	1	0.240	0.262	0.282	0.305	0.327	0.356	48.45%
KY-2	0	0.250	0.272	0.288	0.304	0.318	0.333	32.95%
	1	0.285	0.313	0.332	0.351	0.373	0.389	36.34%
QX02	0	0.150	0.158	0.165	0.167	0.180	0.193	28.61%
	1	0.182	0.196	0.210	0.214	0.231	0.256	40.88%
QX07	0	0.317	0.386	0.405	0.436			37.52%
	1	0.336	0.400	0.436	0.479			42.69%

7.2.4.3 林木生长相关性分析

（1）林木生长与胸径的关系

①整体情况对比分析

分别将实施样地和对照样地的相对胸径（样木胸径值 / 样地平均胸径）与相对生长量（样木生长量 / 样地平均生长量）进行线性回归分析（表 7-26）。分析表明：实施样地和对照样地相对胸径与相对生长量存在极显著的线性关系（P<0.01）；斜率值（b1）均大于 0，说明胸径大小与蓄积生长量存在正相关关系，即胸径越大蓄积生长量越高，对照样地 b1 值（2.698）> 实施样地 b1 值（2.239），表明对照样地胸径大小对蓄积生长的影响更大（图 7-7）。

表7-26 样地整体胸径与林木生长量线性回归分析及参数估计

PlotType	方程	模型汇总					参数估计值	
		R^2	F	df1	df2	Sig.	常数	b1
0	线性	0.164	58.540	1	298	0.000	-1.864	2.698
1	线性	0.304	214.934	1	493	0.000	-1.314	2.293

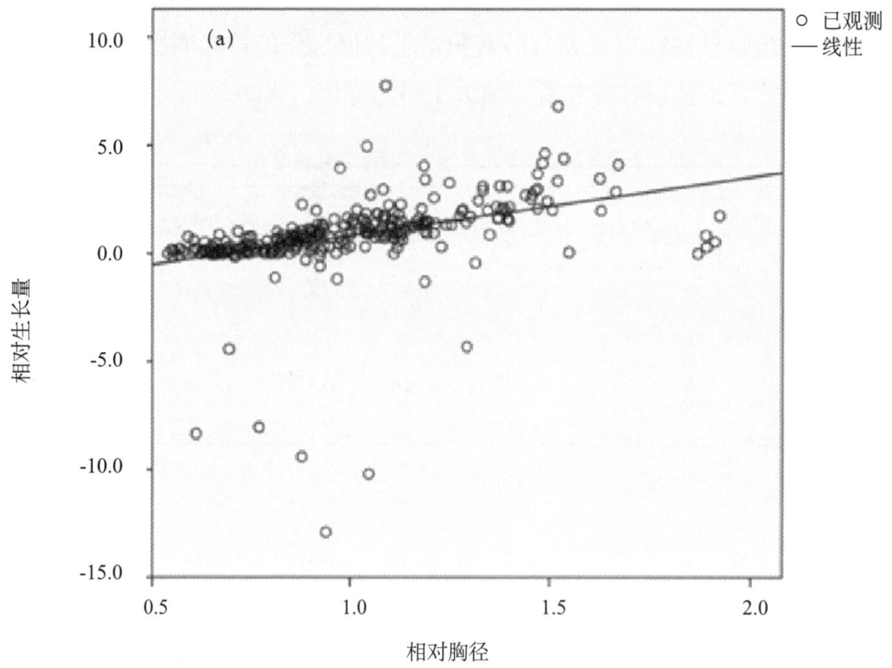

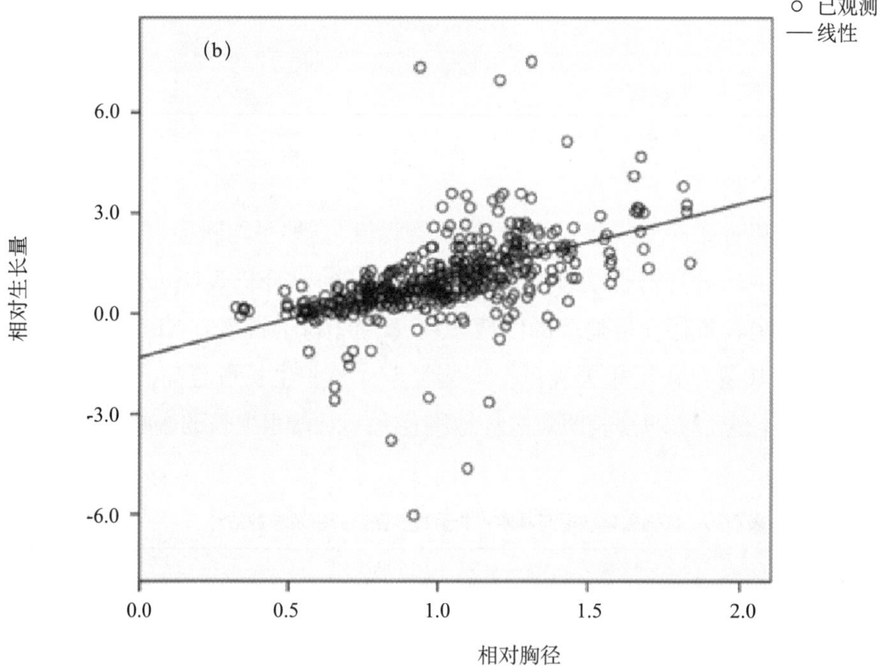

注：（a）表示对照样地，（b）表示实施样地。

图7-7 相对胸径回归分析

②样地对比分析

利用上述方法，按样地展开回归分析（表 7-27），分析表明所有中龄林间伐样地胸径与蓄积生长量之间存在极显著的线性关系（P<0.01），斜率值（b1）均大于 0，说明胸径大小与蓄积生长量存在正相关关系。但不同样地实施与对照之间的 b1 值大小关系并不一致，5 对样地中有 4 对样地对照 b1 值大于实施样地。说明近熟林经过近自然间伐技术后林分胸径大小对于样木生长的影响趋势并不完全一致。

表7-27　各样地胸径与林木生长量线性回归分析及参数估计

样地号	样地类型	方程	模型汇总					参数估计值	
			R^2	F	df1	df2	Sig.	常数	b1
KY-1	0	线性	0.816	300.693	1	68	0.000	-2.060	3.060
	1	线性	0.550	156.275	1	128	0.000	-1.142	2.142
KY-2	0	线性	0.187	16.812	1	73	0.000	-0.551	1.551
	1	线性	0.368	57.128	1	98	0.000	-1.093	2.093
KY04	0	线性	0.528	51.517	1	46	0.000	-1.269	2.269
	1	线性	0.289	38.149	1	94	0.000	-1.203	2.203
QX02	0	线性	0.123	11.381	1	81	0.001	-3.987	4.406
	1	线性	0.257	42.173	1	122	0.000	-2.080	2.998
QX07	0	线性	0.458	18.606	1	22	0.000	-1.577	2.577
	1	线性	0.396	28.154	1	43	0.000	-0.321	1.321

（2）林木生长与树高的关系

①整体情况对比分析

分别将实施样地和对照样地的相对树高（样木树高值 / 样地平均树高）与相对生长量（样木生长量 / 样地平均生长量）进行线性回归分析（表 7-28）。分析表明：实施样地和对照样地相对树高与相对生长量存在极显著的线性关系（P<0.01）；斜率值（b1）>0，说明树高的大小与蓄积生长量存在正相关关系，即树高越大蓄积生长量越高，对照样地 b1 值(3.592)> 实施样地 b1 值(2.852)，说明对照样地的树高大小对蓄积生长的影响更大(图 7-8)。

②样地对比分析

按样地相对树高与相对生长量展开回归分析（表 7-29），分析表明：5 对样地中有 QX07 的实施和对照、KY02 的对照、QX02 的对照等树高与蓄积生长量之间线性关系不显

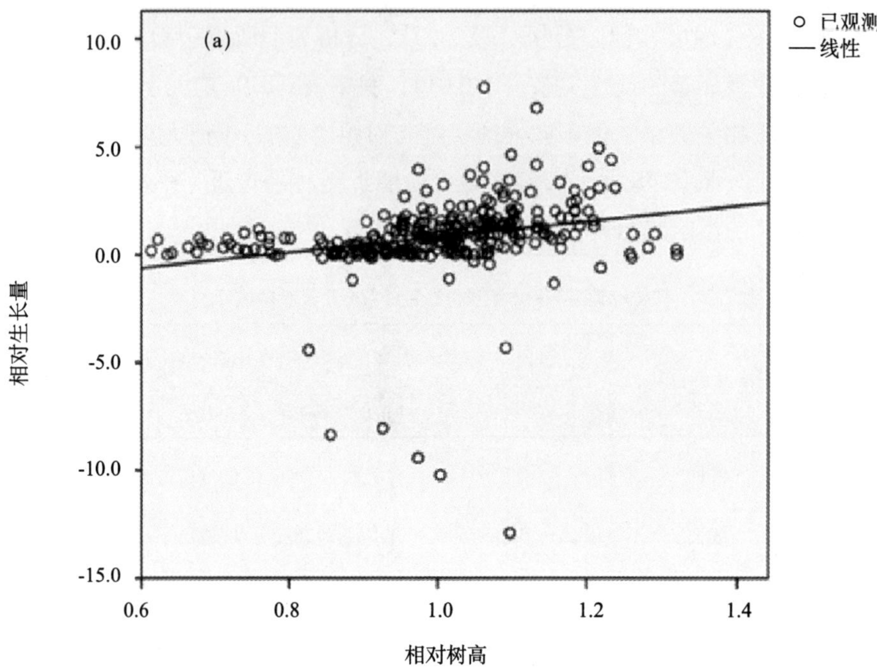

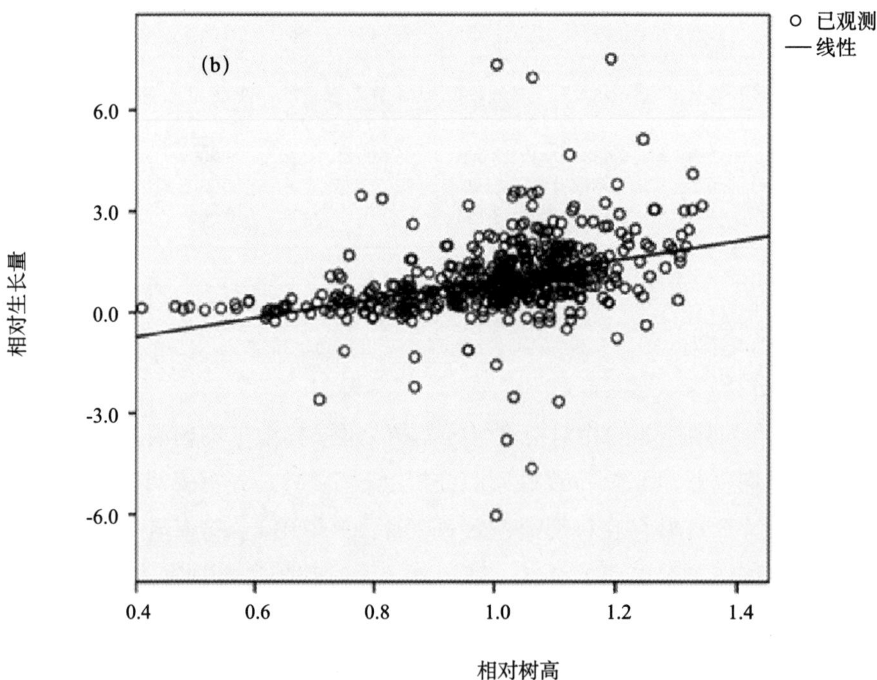

注：（a）表示对照样地，（b）表示实施样地。

图7-8　树高生长量回归分析

表7-28 样地整体树高与林木生长量线性回归分析及参数估计

样地类型	方程	模型汇总					参数估计值	
		R^2	F	df1	df2	Sig.	常数	b1
0	线性	0.065	20.689	1	298	0.000	-2.766	3.592
1	线性	0.151	87.930	1	493	0.000	-1.876	2.852

表7-29 各样地树高与林木生长量线性回归分析及参数估计

样地号	样地类型	方程	模型汇总					参数估计值	
			R^2	F	df1	df2	Sig.	常数	b1
KY-1	0	线性	0.362	38.515	1	68	0.000	-4.578	5.578
	1	线性	0.292	52.804	1	128	0.000	-2.451	3.451
KY-2	0	线性	0.052	3.979	1	73	0.050	-0.882	1.882
	1	线性	0.227	28.777	1	98	0.000	-1.455	2.455
KY04	0	线性	0.227	13.521	1	46	0.001	-1.297	2.297
	1	线性	0.091	9.390	1	94	0.003	-1.238	2.238
QX02	0	线性	0.066	5.704	1	81	0.019	-5.792	6.171
	1	线性	0.155	22.296	1	122	0.000	-3.312	4.217
QX07	0	线性	0.017	0.372	1	22	0.548	0.369	0.631
	1	线性	0.102	4.896	1	43	0.032	0.011	0.989

著，其余样地在0.01显著性水平上存在线性关系。从试验数据来看，相对树高对于蓄积生长的影响存在一定的趋势，即树高越高生长量越大，但通过近自然间伐后不同样地在树高与蓄积生长量之间的关系不一致，原因可能与监测时间较短且树高测量误差较大有一定的关系。

③林木生长与优势等级的关系

利用现场观察确定的优势度等级与林木相对生长量做方差分析（表7-30），结果表明间伐2样地中不同优势度等级样木的生长量之间不存在显著差异，这表明在间伐2过程中林木优势度等级的划分对林木生长并没有显著的影响。

表7-30 林木生长与优势等级方差分析结果

样地类型				平方和	df	均方	F	显著性
0	组间	（组合）		17.254	4	4.313	1.274	0.280
		线性项	未加权的	4.479	1	4.479	1.323	0.251
			加权的	0.151	1	0.151	0.045	0.833
			偏差	17.103	3	5.701	1.684	0.171
	组内			998.710	295	3.385		
	总数			1015.964	299			
1	组间	（组合）		2.713	4	0.678	0.506	0.731
		线性项	未加权的	0.175	1	0.175	0.131	0.718
			加权的	0.009	1	0.009	0.007	0.933
			偏差	2.704	3	0.901	0.673	0.569
	组内			656.694	490	1.340		
	总数			659.408	494			

7.2.4.4 经营活动对林木生长的促进作用

利用现场观察确定的营林定位类别与林木相对生长量做方差分析，结果显示近熟林间伐样地中不同营林定位类别样木的生长量之间不存在显著差异（表7-31）。

表7-31 林木生长与经营活动方差分析结果

样地类型				平方和	df	均方	F	显著性
0	组间	（组合）		4.068	4	1.017	0.296	0.880
		线性项	未加权的	0.558	1	0.558	0.163	0.687
			加权的	0.689	1	0.689	0.201	0.654
			偏差	3.379	3	1.126	0.328	0.805
	组内			1011.896	295	3.430		
	总数			1015.964	299			
1	组间	（组合）		3.294	4	0.824	0.615	0.652
		线性项	未加权的	0.026	1	0.026	0.019	0.890
			加权的	0.010	1	0.010	0.008	0.931
			偏差	3.284	3	1.095	0.818	0.485
	组内			656.113	490	1.339		
	总数			659.408	494			

7.3 项目区森林可持续经营社会经济影响监测

7.3.1 社会经济影响监测分析

社会经济影响监测的国内咨询专家梁伟忠先生于 2017 年 5～6 月实施了项目社会经济影响监测的期终评估，其研究结果见“社会经济影响监测期终报告”（2017 年 6 月）。该报告显示，通过农户访谈的搜集数据与信息，从中得出一些重要结论和建议。

7.3.1.1 项目设计

总体来说，项目理念与政策得到绝大多数村民的拥护。这表明，项目设计的参与式林业是适合与林权所有者合作的。由于农民经常要面对眼前的生计问题，导致他们不太重视森林长远的、不确定的价值。因此，项目设计劳动力补贴来激励农民投入劳动是很有必要的。此外，劳动力补贴在刺激农民积极性的同时也显著提高了工作的质量。在 2012—2014 年项目设计对部分劳动的补贴单价做了调整，在之后进行的农户访谈显示，农户对新标准基本上满意。

7.3.1.2 森林经营单位的表现

总体来说，森林经营单位很好地履行了他们的职责——在协助实施森林经营规划、协调林权所有者、组织实施活动、采伐监督、收益分配给林权所有者、森林保护等方面发挥了重要作用。农民对森林经营单位的工作也表示满意。但是，也存在森林经营单位负责人与普通大众之间的交流欠缺，导致林权所有者很少参与经营活动，进而使森林经营单位失去信任。维护森林经营单位和成员之间的信任与合作最重要的就是森林经营单位负责人在工作上开诚布公、公开透明。目前，从基层反映的情况中发现森林经营单位的管理存在一些问题。

①对“间伐 2”现场施工的监督不到位，导致质量好的林木被采伐，林分价值低于采伐前。这与森林可持续经营的目标背道而驰。

②林权所有者在木材销售方面得到的支持和建议不够充分。

③实施森林可持续经营一个极关键的条件是森林经营单位与林权所有者间对森林经营方案的充分地沟通交流。森林经营方案的宣传力度不足，往往会导致林权所有者不能清楚地理解森林经营规划的内容，进而未能积极配合森林经营规划的实施。

7.3.1.3 社会经济影响

项目受益群体广泛，林权所有者收益显著增加。在 13 个调查样本村的 153 个受访人中，有 85% 的农户的林地被经营，68% 的农户通过投入劳动得到了项目补贴。森林可持续经营对改善农户的生活水平做出了贡献。除森林经营单位代表外，一般林权所有者收入增加 1705 元；在整个项目期内，52% 的农户因林地实施采伐而销售木材平均增收 2892 元。在过去，农户无法通过销售林产品而增加收入。但在项目开始实施后，农户可以通过森林经营得到经济收入，因此，农户们对将来发展林业经济有了更多信心和想法，也随之提高了维护森林质量的意识。

森林可持续经营对项目区的贫困农户有很大帮助。项目的劳动力补贴与木材销售收入能为贫困农户提供更大的购买力（肥料和农具），进而增加农业收入。

项目改善了农村地区的生活条件与生产条件，例如，支持林道建设。修建的林道不仅为实施森林可持续经营活动提供了便利条件，还为农村地区的生活和生产提供了便利的条件。

项目为当地居民提供了宝贵的就业机会。在项目开展区域，主要的劳动力为老人和妇女（壮年男性外出务工）。实施森林可持续经营活动为当地居民提供就业机会，带动了当地的经济发展。

项目实施参与式规划，森林经营单位透明的管理充分地尊重了村民的知情权、参与权和决定权。参与式方法提高了村民参与村内事务的意识，提高了村内民主与公众监督水平。

7.3.1.4 生态影响

项目的生态影响不是社会经济影响监测的主要调查结果，但是从访谈对象的反馈可以得出一些重要的结论：农户认识到改善林分结构、生活力与稳定性的重要性——“森林的生态与经济价值提高了”，“林木生长与森林健康比较令人满意”，“ 遭受自然灾害的森林现在得以恢复了”，“修建林道给森林保护提供了便利”等。

林权所有者能够很好理解并接受绝大多数森林可持续经营规定。但是，总体来说间伐2 实施得不好，因为对于近熟林，许多农户的思想局限性（追逐眼前的收益）导致树形好的林木被采伐。

7.3.1.5 其他影响

项目实施为改善项目村森林的整体质量、培训地方林业技术人员以及唤醒广大农村的小林权所有者森林可持续经营的意识做出了贡献。众所周知的是，绝大多数森林资源是掌握在小林权所有者（农户）手中。长期以来，由于小林权所有者缺少合适的森林经营体系与程序，我国森林资源并未得到合理的中长期经营。对于如何在小林权所有者层面促进实施森林可持续经营，项目提供了可行的方案。因此，小林权所有者不必再为了微薄的经济收入而非法采伐森林资源；项目所倡导的森林可持续经营理念让林权所有者认识到以可持续、有利于生态和经济效益发挥的方式经营其森林具有重要的意义。

7.3.2 森林经营单位可持续性分析

项目促成了森林经营单位的成立，并为森林经营单位的管理提供支持，以确保在小林权所有者的林地上所实施的森林可持续经营能顺利进行，一般而言如果孤立分散的小林权所有者不联合起来形成合作组织，那么实施森林可持续经营根本就不可行。这为将来小林权所有者实施森林经营在组织形式与技术层面起到示范作用。项目还扶持了森林经营委员会的创建。森林经营单位与森林经营委员会两种组织形式都完全能正常运转，包括银行账号和内部会计核算体系。然而，项目绝大多数森林经营单位与森林经营委员会能持续存在可能性极小，只有那些有合适的森林资源以及深得森林经营单位成员信任并有能力管理森林经营单位的才能持续下去。总体来说，森林经营单位以及森林经营合作社的可持续性很大程度上取决于未来政府项目的投入与支持，原因如下。

①未来采伐指标的不确定性严重冲淡了森林经营单位的权威性以及森林经营方案的严肃性。这是直接影响到森林经营单位与森林经营合作社可持续性最关键的因素。在目前，此问题似乎很难解决。

②许多森林经营单位与森林经营合作社的森林资源状况导致无法在短期内产生明显的木材销售收益。因此，森林经营单位自身无法产生将来所需的足够多的运行费。

③如果国内的森林经营项目能够把本项目的森林经营单位及所包含的所有小林权所有者（森林经营单位成员）充分地发动起来，那么，绝大多数森林经营单位就能继续实施森林可持续经营活动。

7.4 森林可持续经营影响监测结果

森林可持续经营影响的分析结果不足以从科研角度证实森林可持续经营措施对林木高生长和粗生长的积极影响。换句话说，根据研究样地的调查，不管实施了森林可持续经营措施与否，林木的生长速度基本类似。经分析论证，产生此结果的主要原因是。

①实施了经营措施的样地面积可能太小（只有 100 m^2）。

②研究样地数量太少。

③观察期太短。

④样地对间的位置没有可比性，因为实施样地与对照样地林分的生长条件有差异。

⑤在设置样地对前，部分样地内的林分已经被进行过森林经营措施。

⑥森林可持续经营措施在实施过程中与理论上存在出入（选树、采伐技术等）。

⑦林木高生长测量存在误差。不同的测量工具得到的树高不同，测树高的最佳工具是望远镜测高仪，但又不适合用于测量过高的林木。

⑧胸径测量存在误差。

⑨在数据录入以及数据处理时，人为导致的错误。

⑩无法长远地保护固定研究样地及样地周围林分。研究样地建立在私人的林地上，这导致样地或多或少会受到各种不确定的影响。

⑪设置的固定研究样地靠近村庄，导致干扰过于频繁。

⑫极端天气（霜冻过早或过晚、干旱、暴雨等）可能造成林分生产条件不典型。

⑬其他不可预见和不可避免的影响（非法采伐、铺设电线等）。

尽管如此，中方认为项目的研究内容很有用，因为很多森林可持续经营措施在国内都是新事物，因此有必要示范、证实森林可持续经营的积极效果。实施上，即使没有科研数据支撑，每隔 3～5 年在实施间伐前和实施间伐后到现场考察过林分的人都能肉眼明显感觉到实施森林可持续经营措施的积极效果。绝大多数林权所有者都惊异于这种积极效果，特别是中龄林的间伐，其结果尤为明显，使得广大林权所有者都认同森林可持续经营方法，并积极投身于此类营林活动。这些迹象都清晰表明，项目所取得的成就都是在朝着既定目标靠近。

示范基地内并未进行测量评估，而是靠目测比较实施了森林经营措施的样地与相邻的、未实施森林经营措施对照样地之间的差异。示范基地情况按县分别进行评估，评估结果如下。

①大方：实施森林经营措施后的效果显而易见。

②金沙：项目的森林可持续经营方法无法应用于国有林场。因此，没有项目所建议的森林可持续经营措施（只在 1995 年实施过一次间伐 1）。因此没有示范效果。

③开阳：通过对比实施森林经营措施后的林分和对照林分，示范效果清晰可见。该县采用了这些示范效果对林业工人进行培训。

④黔西：黔西县国有林场的森林被划分为公益林，因此不能实施抚育和间伐。事实上，国有林场的工作重心在森林保护、发展森林旅游以及森林康养。因此，黔西的示范样地今后也不会产生比较理想的示范效果，多用于宣传森林可持续经营和近自然林。

⑤息烽：实施森林经营措施后的示范效果极其明显。

第8章

项目取得的成果、经验及应用前景

中德合作贵州省森林可持续经营项目是在贵州实施的第一个纯粹意义上的森林可持续经营项目，也是中国最早实施的森林可持续经营项目之一。从项目中可以提取很多新经验，可供设计新的森林可持续经营项目时借鉴。以下为从项目取得的成果和经验总结，并对项目获得的相关成果及经验的推广前景进行了分析。

8.1 项目取得的主要成果

8.1.1 建立一套技术标准体系

在充分消化吸收德国森林可持续经营技术的基础上，结合贵州省集体林实际情况，与德国专家共同制定了《森林可持续经营技术指南》、《森林经营方案编制指南》、《森林可持续经营监测指南》、《森林可持续经营社会影响监测指南》、《固定研究样地监测指南》等技术标准和规范，实现了德国技术本土化。

8.1.2 确立森林经营方案的核心地位

项目共编制完成森林经营方案 151 个。森林经营规划以村为规划单位，以林分（小班）为基本单元，以目标树培育为导向，采用近自然森林经营理念，为每个林分设定因地制宜的经营措施与目标，通过人工干预，采取造林、人工促进天然更新、抚育、间伐、林分改造、自然恢复等七大措施，培育出接近自然又优于自然的森林。

8.1.3 解决组织林农规模经营的问题

项目针对项目区农户森林面积小、林权分散和农户缺少森林经营技术的特点，制定出台了符合贵州实际的《参与式林业方法指南》，引导农民组建了 151 个森林经营单位。确立了以农民自愿参加为前提，以村为单位建立森林经营委员会、以民选代表和村领导共同负责的森林经营组织模式。

8.1.4 形成既可靠又节约时间的外业调查方法

项目开发了森林经营规划与监测数据库，把林分（小班）的多项因子纳入数据库管理，对规划、实施、监测和支付数据随时全程跟踪，这在一定程度上解决技术人员严重不足的问题，并极大地提高了工作效率和项目管理水平。

8.1.5 创新培训模式

项目采取德国专家培训中方人员、省项目办和监测中心培训市县项目办人员、县项目办培训林农的三级培训模式，始终将培训的落脚点放在林农身上，讲授德国近自然森林经营理念（黑板展示："森林不怕砍，关键是砍什么留什么"、"通过森林经营来获取木材，而不是通过破坏森林来获取木材。这样才能真正实现越采越多、越采越好"。）。项目共举办参与式林业、项目管理、财务管理、标树测量、油锯操作、采伐安全等培训班 100 余期，突出培训的实效性。发放宣传培训资料 5 万余份，培训人员 3.9 万人次。通过这些培训和多年的实践，许多农户逐步成为名副其实的"土专家"。

8.2 项目取得的经验

8.2.1 项目运行管理方面

8.2.1.1 参与式森林可持续经营方案编制

（1）参与式方法是小林权所有者森林经营的基础条件

因为是开放式项目，在项目开始之初，受益者情况及其林分情况都无从知晓，因此项目规划无法准确地确定项目工作量。因此，项目是以一个暂定的实施计划和费用及投资计划开始实施的，两个计划每年都必须更新。

公开透明地实施项目，所有信息均提供给林权所有者（森林经营单位成员）以及参与项目的所有人（包括林业局工作人员和森林经营单位成员）相互尊重彼此的想法和要求，是项目成功的前提条件。因此，应用参与式方法应当贯穿于针对小林权所有者的森林经营规划与实施的全过程。那些参与式方法实施得好的森林经营单位，群众对森林经营单位代表就比较满意，并对森林经营单位负责人产生信任，从而能够接受森林经营单位代表所宣传的森林可持续经营理念。

（2）编制正确、以实践为导向、明白易懂的森林经营方案

森林经营单位负责人及其成员不是专业的林业人，这就要求森林经营方案简明易懂，才具有实践指导意义，才能为林权所有者及林权所有者代表所用，故而项目的森林经营方案结构必须符合上述标准。尤其是林分描述与规划表以及规划图包含了为顺利实施森林可持续经营所必需的所有重要信息和指导意见。由于整个森林经营方案基本上是以参与式方式编制完成的，森林经营单位代表参加了森林经营规划，这在一定程度上确保了方案可以为各方面所

接受并理解。

森林经营规划方法也应当相对简单，且重点应放在最关键的内容上。一般来说，如果简单地收集一大堆数据，不见得规划会做得更好，因此收集那些为确定最佳营林措施所必需的数据才是最重要的。好的规划不是基于调查结果表，不是基于简单的调查数据，而应当是基于综合考虑多方面情况后，对林分的综合分析。通过详细踏查整个林分小班，能够为确定合适的森林可持续经营措施提供重要信息。

森林经营方案最重要的组成部分是森林经营规划图和林分表。林分表内容包括位置、立地和林分描述以及所建议的森林可持续经营活动。建议由独立的专家 / 专业人士（监测中心或咨询专家）检查森林经营方案的质量。对方案的检查分析过程是为完善森林经营方案，也是对编制森林经营方案的技术人员所做的进一步培训。

（3）根据审批的森林经营方案，合理确定森林经营单位的采伐指标

所有的森林可持续经营活动中最重要的森林经营活动之一就是“中龄林里实施的间伐”（间伐 1），它要求进一步通过间伐来改善林分结构，提高林分生活力、稳定性与生产力，而清除树形差的林木和病木，调整林分密度和改善树种混交。间伐是改善林分和实施森林可持续经营必不可少的一个前提条件，但只有在采伐指标足够充分的情况下方能实施。

就项目区而言，在此森林发育阶段的林木平均胸径仍低于 15 cm，按照现行规定，在采伐胸径大于 5 cm 的林木时，就需要采伐许可。因此，只有足够的采伐指标的条件下，才能实施间伐 1。那么现实情况就是，某些很密的林分由于没有采伐指标而无法得到经营和改善林分质量。对间伐采伐指标的限制妨碍了实现森林经营的目标，即改善林分质量。

项目无法保证今后实施森林经营方案有足够的采伐指标。甚至尚在项目实施期（2016 年）内，许多森林经营方案的实施就因为“十三五”计划中对森林采伐指标的新规定而不得不停止了。这毫无疑问打击了广大小林权所有者的信心，影响到了森林经营单位和森林经营方案的可持续性。

在森林经营方案中，本项目对采伐蓄积量作了谨慎合理规划。县林业局审批了森林经营方案，根据一般认识，审批了森林经营方案即意味着所规划的采伐蓄积也得到审批认可。然而，县林业局审批了森林经营方案，但不审批采伐指标，这明显存在逻辑冲突，也就意味着经审批的森林经营方案过时失效了。如果一个森林经营方案得到审批，它所要求的采伐指标本应当一并得到审批。

（4）因地制宜确定木材出材等级

项目区集材主要是把木材从林内运输到公路上，目前的集材措施主要还是采取肩扛。一般来说，小径材一个劳动力就可以扛走，而大径材必须截成 2 m 一节，且需两个劳动力扛。而即使是采取分段造材，能运输的木材大小也很受限制。一旦木材直径超过 30 cm，劳动力就无法在陡坡上远距离运输木材，但陡坡和远距离正是项目区森林地块的实际情况。因此，尽管森林可持续经营里有生产大径材的活动，如果没有运输条件，实施此活动是否还

合理?

市场情况告诉我们，大径材（长度和直径）的价格比小径材高得多。因此，林权所有者更关注生产森林可持续经营方法所建议的大径材。解决办法必定是采用在陡坡上远距离运输大径材的集材技术。

（5）实时更新的图纸对于规划编制至关重要

本项目森林经营规划图是以 20 世纪 70 年代的地形图作为底图制定的，因此，绝大多数地形细节（包括道路）都缺失，故而很难使用规划图来迅速清楚地确定方位。由于更新一些的地形图无法用于林业目的，GPS 设备建议使用手持 PDA。手持 PDA 能显示森林规划图（扫描的）以及相对于规划图的实际位置，这样可以极大方便定位。

8.2.1.2 规范森林经营单位管理

一般而言，林权所有者联合起来组建的森林经营合作社是法人，而其他形式的林权所有者联合体或森林经营单位很难被认可为法人。不是法人意味着很多不利情况，如森林经营单位无法开立自己的账户，无法签署合同，没有资格受官方认可代表林权所有者。对这种松散的森林经营单位，没有相关的法律规定。然而，整个项目理念的设计是基于能够正式代表私营林权所有者的法人。平均每个私营林权所有者的面积不到 1 hm^2，而森林可持续经营是不可能在这么小的面积上应用的，因此，林权所有者以村民组或村为基础联合起来组建林权所有者协会就绝对有必要。

为了尽快解决此问题从而项目能够尽快开始实施，项目管理负责人建议成立非正式的林权所有者协会（即森林经营单位），森林经营单位负责人由森林经营单位成员选举产生，即森林经营单位负责人可以正式代表森林经营单位。森林经营单位负责人代表森林经营单位开一个银行账户，并代森林经营单位行使管理补贴资金的职权。这只是一个备用的组织结构，不应该是标准解决方案。常规的林业合作社在管理上要求很高（包括最低资本额证明、注册费、每月的会计核算、每月税务申报、年终决算表等）。因此，只有在森林面积足够大（超过 400 hm^2）从而有长期持续实施的森林可持续经营活动时，组建林业合作社才合理；而面积小于 400 hm^2 的只在某些年份实施森林可持续经营活动，不适合成立林业合作社。

因此，项目区以森林经营单位负责人或一个工作小组代为管理整个森林经营单位，那么森林经营单位施行一个合理的“森林经营单位内部管理章程”（包括财务管理）就必不可少，以及要定期组织检查章程规定的贯彻执行情况。同时，只有森林经营单位得到充分授权，才能为广大林权所有者带来利益，进而实现森林经营单位的可持续性。更为重要的是，森林经营单位所做的决策总体上能够被林权所有者以及其他权威部门所接受，因为森林经营单位的决策通常都是代表森林经营单位绝大多数成员（林权所有者）的意愿和要求。只有森林经营单位负责人被认可，并作为平等的伙伴关系，森林经营单位成员才会坚守森林经营单位，森林经营单位及其成员才能按照要求组织实施森林可持续经营活动。这就要求规范森林经营单位管理。

(1) 各个层面森林可持续经营透明的管理

森林经营单位的管理需要森林经营单位负责人一定的工作量投入，项目信息传播、与林业局及政府的联络、把所规划的活动向森林经营单位做详细解说、专业施工队的培训与组织施工、参加会议、木材销售和资金管理等只是森林经营单位管理的其中一小部分工作任务。

这么多的工作量和责任必须由若干人组成的一个工作小组来承担，而且工作小组成员必须为他们的工作投入得到足够的补偿，要求村干部或村委会成员或其他村民长期无偿提供这些服务是不可能的。当然，森林经营单位的管理支出最佳方式或许是从森林经营单位成员缴纳的会费中列支。会费缴纳规定可以比较灵活（如会费占森林经营单位所接受到的补贴的一定比例，或者是占森林经营单位经济收益的一定比例）。因此，实施森林可持续经营取决于合作涉及的各方在所有工作领域诚实而透明的合作，包括技术层面和资金管理层面。

(2) 森林经营单位领导的选择对项目实施成功至关重要

在村级层面针对小林权所有者实施森林经营，要求必须有一个运作正常的小林权所有者组织（森林经营单位），对此组织的领导至关重要。此组织包含多个属性，如：接受森林可持续经营，成员对森林经营单位组织高度信任，有权威代表森林经营单位的利益，并且能维护森林经营单位的利益，组织能长期稳定存在。在项目框架下，成功的森林经营单位比不成功的多，即使如此，不那么成功的森林经营单位也仍然存续下来。实践经验表明，如果一个森林经营单位管理差、森林经营单位负责人管理能力弱、森林经营单位成员不信任负责人、成员之间也相互不信任，从这种森林经营单位开始实施森林可持续经营的话，风险极大。最好是把实施森林可持续经营活动推迟，首先加强森林经营单位的管理，否则，森林可持续经营活动实施方式可能将不尽如人意。

此外，在整个项目实施过程中，森林经营单位负责人投入了大量实践与精力。必须认可他们对项目的贡献，给予补偿。只有如此，他们才能长久保持有动力地无私工作，维护林权所有者的利益，保持森林经营单位的透明。项目提供了森林经营单位管理费补贴与基于森林可持续经营活动成功实施面积的奖励费，实践证明此方法有利于项目实施。

(3) 通过政府招标程序选择木材贸易商时应注重维护林权所有者利益

在部分项目县，县林业局向森林经营单位要求，木材采伐与集材必须由通过公开招标所选出的木材贸易商实施。国内咨询专家认为，这种木材销售模式是合理的，因为它可以起到对木材贸易商监督的作用，防止非法采伐，从而保护森林。然而首席技术顾问认为，林产品不属于任何其他人，而是属于林权所有者，因此林权所有者有权自己决定如何销售林产品。如果森林经营单位成员愿意，他们可以寻求政府帮助；但是也应当允许他们不受外界干预，自行组织林产品销售。因此，这就要求通过政府招标程序选择木材贸易商时应注重维护林权所有者利益。

（4）成立以村为基础的专业施工队，有利于保证施工质量、效率与可持续性

由于中德合作贵州林业项目所宣传的森林可持续经营技术方法与实施方法要求，施工人员必须是训练有素、专业的林业工人。营林活动主要是由简单的劳动力来实施，但与国有林场不同的是，森林经营单位一般都没有接受过林业专业技术学校教育和培训的林业工人。因此，在森林经营单位层面培训并成立专业的施工队极为重要，如此才能把所规划的森林可持续经营活动实施好。这个程序的另一个好处是能够给村民创造劳动机会，提高森林经营单位成员对森林经营各方面问题的认识。此外，在当地的劳动力基础上成立专业施工队，也有利于森林经营的可持续性。

（5）完善的数据库及其管理

针对一个大的森林面积范围编制森林经营方案、实施森林可持续经营活动以及监测，必须有一个数据库支撑才可行。需要录入、处理和考虑的数据如此庞大，手工处理是不可能实现的，即使借助 Excel 电子表格也不可行。手工处理太费时，而且极容易出现各种输入错误。使用数据库必不可少，甚至建议省林业厅和县林业局正式采用一个林业数据库，从而确保项目，甚至今后的项目就不需要再专门建立数据库了。

（6）保证配套资金到位极为重要

通常从实施项目可行性研究起，就会对项目成本进行估算。而如果有外部资金支持时，项目成本会划分为“外部资金来源”和“内部资金来源”（在本项目里是“德方援款”和“中方配套资金”）。从项目开始到收到第一笔外部资金之前，所有项目实施活动与采购支出都需要由内部资金承担。没有内部资金，项目就无法启动，进而永远无法到达要求外部资金报账的阶段。这就要求中方配套资金能及时到位，确保项目的正常运行。

（7）建立公正而可接受的补贴机制

项目总体目标是针对足够大的森林面积，示范如何编制森林经营方案和实施森林可持续经营措施，进而森林可持续经营方法可以在更多县市推广。森林可持续经营不仅仅是营林措施，还包括“对实施森林可持续经营给予资金支持”这个重要方面。这就是说，森林可持续经营方法只有在不是太费钱的情况下，才有可能向更大范围推广。林权所有者经常抱怨补贴标准太低，要求提高标准。但是作为一个林业主管部门领导和决策者，需要从全局考虑推广森林可持续经营（推广到县、市、省甚至全国）。最理想的是能客观地确定“劳动定额标准”（或叫“工时标准”），从而客观地确定合理的补贴标准。而且林权所有者也应当理解和接受一点，也就是不是森林经营的所有支出都应该由政府承担，补贴本来就是针对要实施的营林活动所提供的“资金补偿和鼓励”，并不是针对全部劳动投入的报酬。林权所有者还应当认识到，对自己的森林应当有一定的经营兴趣，要承担一定的责任。

（8）不要以研究内容加重工程实施项目的工作负担

一般而言，针对私人和社区森林实施森林可持续经营（包括森林经营规划）已经足够复杂了，在所有工作领域都需要大量培训和监督。因此，项目工作人员再没有足够时间去

实施其他工作，尤其是森林研究工作技术性较强，一般项目工作人员无法胜任。即使研究工作托付给研究机构，在引进和实施一个新理念的林业工程项目中，研究机构是否能够得出合理的研究结果也很难保证。因为项目引进的是新事物，所以在项目初期，参加项目的人员在实施森林经营活动时出现纰漏等都实属正常，这可能会造成在项目实施过程中开展相关营林研究时，如果营林措施没有实施到最佳程度，研究也很难得到清晰而无可辩驳的结论。

8.2.1.3 加强技术培训服务与项目监管

(1) 培训林业工人

必须意识到包括抚育、选择采伐木和间伐在内的所有森林可持续经营活动最终是由劳动力实施的。即使有最完美的森林经营方案，如果林业工人没有得到很好的培训，以充分理解森林经营规划、抚育和间伐的目标以及采用生态友好型的技术措施来实施营林活动，也于事无补。

(2) 加强对森林可持续经营活动进行监督

现场实施森林可持续经营活动比起编制详细的森林经营方案更为关键。如果一个森林经营方案本身有问题，或者由于时间间隔，某些情况已经发生了变化（森林经营方案编制与具体实施营林活动之间有时间间隔），而林业工人仍然严格遵循森林经营方案，情况就会比较危险。至关重要的是，实施森林可持续经营活动的林业工人训练有素，清楚理解掌握了森林可持续经营的目标，并且有能力朝着实现这些目标的方向来实施营林活动。

另外还很重要的是，组织现场施工监督，尤其是在监督采伐施工上，林权所有者与森林经营单位必须投入足够的精力。而如果采伐是托付给木材贸易商实施的话，施工监督则格外重要，因为存在的极大风险是，木材贸易商选择砍大树，而不是小树和树形差的树，甚至很容易发生非法采伐。项目目的在于让森林从长远角度、以可持续的方式为林权所有者带来收益，同时兼顾森林的生态效益。如果采用的是错误的施工方式，林分的生活力与质量可能会退化，这就与项目初衷背道而驰了。

(3) 县林业局强化推广服务

在集体林权制度改革后，很大比例的森林经营权转移给了农村的千家万户。在此背景下，绝对有必要增强林业局给这些新林权所有者提供咨询与扶持的能力。如果不知道森林可持续经营的方法，林权所有者如何能把森林可持续经营付诸实施？即使是现在，对在林业推广以及森林可持续经营方面接受了适当培训的林业技术人员的需求仍然很高。这将是对县林业局能力上的长期需求，从而县林业局能够向私营林权所有者传授知识，并支持他们以最佳方式经营其森林。

8.2.1.4 开展科学合理的森林可持续经营活动检查

按照项目规定，要求对实施的活动实施100%监测（全查），也就是实施森林可持续经营的所有小班都必须接受县项目办的检查（自查）以及监测中心的检查，然后把小班检

查结果报给“外部监测复查”。这种要求似乎过高，既无法贯彻又没有必要。所预期的高精度是伪装出来的，因为这种 100% 全查是不可能正确实施完成的，因为其实施过程中缺少完成此项工作的专业人士和实施手段，此外，100% 全查成本太高。

因此，在项目初期必须有高强度的检查，之后应当是对小班随机抽查（类似外部监测复查的检查方式）。对小班的检查不是走马观花式的，而是十分细致的检查，抽查比例 30%～50% 差不多就已足够。如果有一定比例的小班检查不合格，那么，可以增加小班抽查的比例。无论如何，100% 监测检查不现实，此检查方法不适于推广。

8.2.2 森林可持续经营活动实施方面

为保持实施森林可持续经营的高质量或者质量有进一步提高，针对森林可持续经营活动实施方面，咨询专家提出如下建议。

8.2.2.1 确定适宜的森林可持续经营原则

森林可持续经营总原则简言之就是：实施过森林可持续经营措施的林分，较实施之前的林分质量得到提高。在这里“提高”是说“更有生活力”（能更好实现森林的多种功能与效益)、“更稳定”（抗病虫害和自然灾害能力提高）以及生产力更高（更高、更有价值的蓄积量生长增加)。因此，好的森林可持续经营活动包括：

①扶持生活力强、树形好的植株，尤其是要砍除影响这些植株的病木以及干扰木；

②促进树种混交，因为混交林通常更稳定，抗病虫害和自然灾害的能力比纯林强；

③调节生长空间，从而保留林木有更多光照和生长空间，进而生长加速。

在近自然方面：只有在干预措施必不可少时，才实施干预措施（否则，就适合自然恢复)；反之，也可以从反面列出森林可持续经营的指标：

①在林分自身生长发育很好时，不要有人工干预（自然恢复)；

②在林木尚未成熟前，不要砍除生活力强、树形好和生长迅速的林木；

③在实施间伐时不要造成没有生产力的林窗；

④在伐倒林木及集材时，不要对保留林分的林木造成破坏；

⑤不要造成纯林。

8.2.2.2 培训林业工人是森林可持续经营成功的关键

森林可持续经营活动最终是由林业工人来实施的。林业工人现场实施森林经营活动时，要对所有工人都实施监督，即使不是没有可能，也是极为困难的，因为工人绝大多数情况是在森林深处极为困难的立地条件下劳动，到达施工现场没那么容易（经常要步行很远)。因此，在允许林业工人单独在森林里作业前，先对他们进行良好的培训，这至关重要。毫不夸张地说，森林可持续经营的质量取决于林业工人的培训质量。

8.2.2.3 合理的森林可持续经营资金分配及补贴对森林可持续经营至关重要

森林经营单位可以销售林产品，主要是木材，估计收益至少为 1300 万元（间伐 1)

和 2000 万元（间伐 2），合计 3300 万元（约 440 万欧元）。

项目在“森林可持续经营”上的补贴总额为 2977 万元（约 400 万欧元），包括森林经营单位的管理补贴与成功奖励费、协助森林经营规划的补贴、实施所有林可持续经营活动的补贴、林道建设以及森林采伐工具。

此外，森林可持续经营的所有补贴可从森林可持续经营的收益中冲抵。换句话说，项目所推行的森林可持续经营体系在资金上是可以自行运转自给自足的，甚至还有一定盈余。然而，林权所有者之间的成本与收益是存在明显差异的，老龄林的林权所有者，收益会高出成本；而幼龄林的林权所有者，成本显然会高出收益。只有在较长的森林经营周期内，森林经营活动包含了可以产生收益的间伐 1 和间伐 2 时，整个财务状况才会是有盈余的。对于一个森林面积足够大的森林经营单位，可能从一开始整个财务状况就是有盈余的，因为他们的森林面积足够大，所以包含了各个龄级的森林，因此每年都能产生超过投入成本额度的经济收益。

8.3 项目的应用前景

8.3.1 促进贵州省林分质量提升和生态修复

8.3.1.1 林分质量提升

贵州森林类型多样，物种丰富，具备培育优质高效森林的林地、树种等天然禀赋。现有宜林地、无立木林地、一般灌木林地和疏林地等林地面积 51.00 万 hm^2，通过持续推进造林绿化，可有效扩大这些植被稀少地块的森林面积、增加林草覆盖率。全省需抚育的森林面积 798.40 万 hm^2，需修复的退化森林面积 167.32 万 hm^2。现实林分中单位面积小于 50 m^3/hm^2 的占 52.15%，单位面积蓄积在 50～99 m^3/hm^2 的占 23.62%，全省单位面积蓄积量在 100 m^3/hm^2 以上的乔木林面积较少，全省单位面积蓄积量低于 89.79 m^3/hm^2 的全国平均水平。生产实践证明，经过科学合理抚育的乔木林，单位面积蓄积量可增加 20%～40%。研究实验表明，长期坚持、科学务实、不失时机地开展森林抚育经营，调整优化森林采伐利用方式，在“贵州东南部低山山地杉木速生丰产用材林亚区”乔木林单位面积蓄积量达到 97.87 m^3/hm^2 以上，乔木林单位面积年均生长量达到 8.5 m^3/hm^2 以上，与贵州省现有乔木林单位面积蓄积平均仅为 78.12 m^3/hm^2、单位面积年均生长量仅 5.11 m^3/hm^2 相比，森林质量提升的空间很大。

此外，贵州省天然林和人工林分别占森林面积的 46.83% 和 53.17%。天然林主要为次生林，防护、经济效益较差；人工林树种单一，中幼林所占比重较大，且林分质量低下，加上长期不合理的采伐和树种选择不当，形成了大量疏林和低质低产林，森林资源的功效很难发挥，导致水土流失日趋严重，据估算，每年流入长江、珠江的泥沙达 2.7 亿 m^3。人工林无论在结构上还是在功能上都远逊于天然林。天然林的大量减少和人工林的日益增多

严重降低了森林生态系统的生态服务功能。人工纯林进入中龄阶段后出现大面积病虫灾害，或因土壤酸化而出现生长停滞，或因风倒、雪压、火灾等自然灾害而毁于一旦的例子数不胜数。因此，德国等林业发达国家20世纪中叶就开始了对人工林的近自然化改造工作，人工林近自然化改造已经成为林业可持续发展的重要途径。因此，引进德国先进的森林经营理念和森林经营技术，开展从造林、幼龄林抚育、中龄林抚育、近熟林间伐、林分改造等手段为主的森林可持续经营，更好地使森林发挥其生态效能，对于进一步全面提升贵州森林林分质量具有重要意义和推广示范效应。并对降低和减少水土流失，可以更好地保障长江、珠江下游地区的生态安全。

8.3.1.2 生态修复

石漠化是贵州面临的重要生态问题，开展石漠化区域综合防治，从造林模式选择、石漠化区域幼龄林、中龄林抚育间伐技术体系、石漠化地区低产低效林分改造，以及人工促进部分石漠化地段森林植被自然恢复等方面着手，实现石漠化区域的森林植被恢复，推进石漠化区域综合防治需要开展森林可持续经营研究与示范。当然，贵州石漠化区域综合防治也为森林可持续经营活动的开展提供了较大的发挥空间。

8.3.2 为我国集体林区森林可持续经营活动实施提供参考

8.3.2.1 参与式森林可持续经营做法有利于调动集体林权所有者参与森林经营

随着新一轮集体林权制度改革的推进，林地产权明晰、责权利落实等问题基本得以解决，林地所有权和使用权实现分离。各地积极探索多种形式的林地产权制度，试图在坚持林地集体所有权的前提下，稳定农户承包权，放活经营权，进而促进林地、林木的有效流转，这为我国林业向规模化、集约化和现代化发展提供了条件。但与此同时，集体林权制度改革也带来了林地破碎化、林农经营规模小以及经营意识和能力差等问题，对林业规模经营造成了一定程度上的制约（彭鹏等，2018）。以往集体林森林经营方案编制多参照国有林编制，可操作性差（孟梦，2016）。尤其是如何充分调动村民积极性，同时借助于外界的帮助和支持，制定符合社区实际的森林经营现状的森林可持续经营方案编制至关重要（魏淑芳等，2017）。

中德财政合作贵州省森林可持续经营项目以贵州省6个县级单位为试点，针对集体林的特点，由森林经营者为主，吸收相关专业技术人员以及其他相关利益者参与制定森林经营方针，并着力解决了组织林农规模经营的问题，制定出台了《参与式林业方法指南》；引导农民组建了151个森林经营单位，并基于151个森林经营单位分别编制《森林可持续经营方案》；并根据森林特点及其经营目标分别采取了适宜的可持续经营活动，从而探索出一整套适合我国南方集体林区可复制可推广的森林可持续经营模式。

8.3.2.2 参与式森林可持续经营可成为林区脱贫攻坚的重要手段

贵州省位于中国西南部，地处长江、珠江上游，全省总面积17.62万km^2，总人口3869万，

2017 年国内生产总值 13540.83 亿元，财政总收入 2650.02 亿元，农村常住居民人均可支配收入 8869 元。全省的贫困面较大，贫困人口的比例较大。

由于林区交通不便等原因，林区是贫困的主要集中区，是扶贫攻坚的主战场。林业用地是贵州国土面积中所占比例最大的部分，从 1995 年以来，林业用地一般占国土面积的 45% 以上，林业也是贵州省国民经济的弱势产业，林业产业增加值一般占国内生产总值的 1.5% 左右，林业总产值占农林牧渔总产值的 4% 左右。自从 20 世纪 80 年代贵州省将森林和林地承包到户经营管理后，森林经营和木材采伐便是贵州山区农户仅有的几项经济来源之一，天保工程实施后，森林的采伐利用受到较大的限制，导致项目区群众的生产生活极度困难，有鉴于此，得到国家林业局的批准，贵州省开展了森林经营利用试验，并正在 20 余个县进行试点，宗旨是在保障生态的前提下，开展有计划和可控制的森林采伐，帮助山区群众解决生产生活困难。

通过项目实施，项目区农户总收入增加 4361.5 万元，其中劳务收入 1737.1 万元，间伐木材所得收入 2291.2 万元，其他收入 333.2 万元，有力地助推了脱贫攻坚。因此，要实现林区老百姓的精准脱贫，实现“绿水青山就是金山银山”，这就需要进一步提升林区森林林分质量，问青山绿水要效益。这就需要充分调动林区相关企业和老百姓的森林经营积极性，开展参与式的森林可持续经营，让企业和老百姓在森林经营活动中以及森林经营产品中获得收益，助推林区精准扶贫脱困。

为了提高森林经营的经济效益，增强林业发展的后劲，也必然要求森林的经营者和林业管理部门思考引进先进的森林经营理念和技术，提高林业生产的经济效益，调动森林经营者的积极性，增强林业发展的动力。因此，为了更好地经营利用森林，帮助山区群众脱贫致富，不仅需要中国政府的大力支持和投入，也迫切需要国际社会，尤其是德国这样的林业发达国家的援助和支持，通过引进先进的林业发展理念和方法，提高森林经营管理水平，发挥森林资源的最大功效，促进项目区生态环境改善的同时，在较短时间内，较大幅度提高项目区农户的经济收入，缓解当地贫困状况，提高贫困地区农民的生活水平。

8.3.3 为我国森林可持续经营提供借鉴

森林经营是现代林业发展的永恒主题，未来将把森林经营工作作为林业发展的重点工作。森林经营不论在传统林业实践中还是在现代林业建设中都是林业基层经营单位的基础工作内容，对科学培育森林，提高森林质量和林地生产力，实现传统林业向现代林业转变具有重要的意义（詹昭宁，2007；韦国彦，2007）。

以德国为代表的欧洲国家结合自身森林资源特点，总结形成了一套行之有效的可持续森林经营技术和管理体系，对我国森林可持续经营具有较强的借鉴意义。中德财政合作贵州省森林可持续经营项目是中德两国合作在我国第一个大规模的近自然森林经营项目，由中德两国政府共同出资建设，总投资 8134 万元，在开阳、息烽、黔西、大方、金沙县以及百里杜鹃管委会实施，涉及1511个村，6.02万农户，93.6万亩林地。项目实施后，项目区林分结构得到合理调整，林木生长量、生物多样性和生态功能服务价值明显提高。据监测数据显示，间伐4年后中龄林分和近熟林生物多样性增加，林分胸径年生长量分别提高35.29%和27.02%，立木蓄积平均年生长量分别提高24.67%和33.33%，生态服务价值提高了30%。项目在实施过程中，在消化吸收德国森林经营的先进理念和做法的同时，结合贵州及我国森林资源及森林经营实际情况，建立了技术标准体系，实现了德国技术本土化；确立了森林经营方案的核心地位，共编制完成森林经营方案151个；解决了组织林农规模经营的问题，制定出台了符合贵州实际的《参与式林业方法指南》，引导农民组建了151个森林经营单位；探索出了既可靠又节约时间的外业调查方法，解决了技术人员严重不足的问题；创新培训模式，采取德国专家培训中方人员、省项目办和监测中心培训市县项目办人员、县项目办培训林农的三级培训模式，通过培训和实践实操，许多农户逐步成为名副其实的"土专家"。从而探索出一整套适合我国南方集体林区可复制可推广的森林可持续经营模式。项目历经八年的努力，引进科学理念，学习先进技术，在实践中总结经验，在更大范围内推广应用，为推动南方集体林区乃至全国森林经营作出了重要贡献，开启了林业发展新征程，走进生态文明新时代。

REFERENCE

参考文献

Anon. 1998. Criteria and Indicators for Sustainable Management of Natural Tropical Forests[R] // International Tropical Timber Organization (ITTO), Policy Development Series 7.

David G.B. 1997. Criteria and Indicators for the Conservation and sustainable Management of Forests: Progress to Date and Future Directions Biontus [J]. Biomass and Bioenergy, 13 (4-5): 247-253.

Food and Agriculture Organization (FAO) . 2000. Asia-Pacific Forestry Commission : Development of National-Level Criteria and Indicators for the Sustainable Management of Dry Forces of Asia : Workshop Report[R]. Rome, FAO.

Food and Agriculture Organization (FAO) . 2001. Criteria and Indicators for Sustainable Forest Management : A Compendium[R], Rome, FAO.

Gale, R. P. C. S. M., Peterson, W., Ryan, J, C., et al. 1991. What should forests sustain? eight answers[J]. Journal of Forestry, 89 : 31-36.

Game, M. 1994. Sustainable Forestry [J]. Common Wealth Forestry Review, 7 (2) : 217-225.

International Tropical Timber Organization (ITTO) . 1992. Criteria for the Measurement of Sustainable Tropical Forest Management [R]. Yokohama, Japan.

John, P.H., Gretchen, C.D. 1996. The Meaning of Sustainability : Biogeophysical Aspects, Defining and Measuring Sustainability [M]. New York : The Biogeophysical Foundations.

Johnson, T. 1999. Community-based forest management in the Philippines[J]. Journal of Forestry, 97 (11) : 26-30.

Ministerial Conference on the Protection of Forests in Europe. 2000. General Declarations and Resolutions[R]// Adopted at the Ministerial Conferences on the Protection of Forests in Europe : Strasbourg.

Poore, D. 1993. Criteria for the Sustainable Development of Forestry[R]. CSCE Seminar of Experts on Sustainable Development of Boreal and Temperate Forestry, Montreal.

Romm, J., Navarro, S., Vega, M., et al. 1994. Sustainable forests and sustainable forestry[J]. Journal of Forestry -Washington, 92 (7) : 35-39.

Wijewardana, D.S., Caswell, J. Palmberg-Lerche, C. 1997. Criteria and indicators for sustainable forest management[C]//In : Ecoregional review, Proceedings of the XI World

Forestry Congress. Antalya，Turkey.

陈世清 . 2010. 森林经理主要思想简介 [R]. http ：//www.docin.com/p-556868723.html.

戴广翠，徐晋涛 . 2002. 中国集体林产权现状及安全性研究 [J]. 绿色中国（11）：30-33.

邓华锋 . 1998. 森林生态系统经营综述 [J]. 世界林业研究（4）：9-16.

狄文彬 . 2006. 东北过伐林区林分级森林生态系统经营标准与指标的研究 [D]. 北京 ：北京林业大学 .

关百钧，施昆山 . 1995. 森林可持续发展研究综述 [J]. 世界林业研究，8（4）：1-6.

郭建宏 . 2003. 福建中亚热带经营单位水平森林可持续经营评价研究 [D]. 福州 ：福建农林大学 .

何俊，何丕坤 . 2007. 参与式方法在集体林权制度改革中的应用思考 [J]. 绿色中国（2）：78-80.

胡武贤 . 2011. 集体林权制度变迁的比较分析 - 基于行为主体的视角 [J]. 华南师范大学学报（社会科学版）（2）：26-31.

黄金诚 . 2006. 中国海南岛热带森林可持续经营研究 [D]. 北京 ：中国林业科学研究院 .

黄清麟 . 1999. 森林可持续经营综述 [J]. 福建林学院学报，19（3）：282-285.

黄选瑞，张玉珍，周怀钧，等 . 2000. 对中国林业可持续发展问题的基本认识 [J]. 林业科学，36（4）：85-91.

江机生，韦贵红，张红宵，等 . 2009. 林权学 [M]. 北京 ：中国林业出版社 .

姜春前 . 2003. 临安示范林森林可持续经营标准、指标与可持续性分析 [D]. 北京 ：中国林业科学研究院 .

蒋有绪 . 2001. 森林可持续经营与林业的可持续发展 [J]. 世界林业研究，4（2）：1-8.

亢新刚 . 2011. 森林经理学（第四版）[M]. 北京 ：中国林业出版社 .

雷静品，江泽平，肖文发，等 . 2009. 中国区域水平森林可持续经营标准与指标体系研究 [J]. 西北林学院学报，24（4）：228-233.

雷静品 . 2013. 森林可持续经营国际进程回顾与展望 - 里约会议 20 周年 [J]. 林业经济（2）：121-128.

李金良，郑小贤，王昕 . 2003. 东北过伐林区林业局级森林生物多样性指标体系研究 [J]. 北京林业大学学报，25（1）：48-53.

联合国环发大会 . 1992. 关于森林问题的原则声明 [R]// 见迈向 21 世纪 . 北京 ：中国环境出版社 .

廖文梅 . 2013. 中国集体林业产权制度配套改革中的农户决策行为研究 [M]. 北京 ：中国农业出版社 .

林业部 . 1995. 中国 21 世纪议程林业行动计划 [M]. 北京 ：中国林业出版社 .

林迎星 . 2000. 可持续发展 ：中国林业发展的一个现实话题 [J]. 世界林业研究，13（3）：64-69.

刘璨，吕金芝，王礼权，等 . 2006. 集体林产权制度分析 - 安排、变迁与绩效 [J]. 绿色中国

（12）：53-57.
刘朝望，王道阳，乔永强 . 2017. 森林康养基地建设探究 [J]. 林业资源管理（2）：83-96.
鲁德 . 2011. 中国集体林权改革与森林可持续经营 [D]. 北京：中国林业科学研究院 .
陆文明，兰德尔 · 米尔斯 . 2002. 中国私营林业政策研究 [M]. 北京：中国环境科学出版社 .
孟楚 . 2016. 南方集体林区森林多功能经营方案编制关键技术 [D]. 北京：北京林业大学 .
彭鹏，仇晓璐，赵荣 . 2018. 我国集体林区林业规模经营的现实分析与实现路径 [J]. 世界林业研究，31（1）：86-90.
沙琢 . 1993. 森林和林业的持续发展 [J]. 世界林业研究，6（5）：1-6.
邵青还 . 1994. 德国异龄混交林恒续经营的经验和技术 [J]. 世界林业研究，7（3）：8-14.
邵青还 . 1991. 第二次林业革命“接近自然的林业”[J]. 世界林业研究（1）：8-15.
邵青还 . 2003. 对近自然林业理论的诠释和对我国林业建设的几项建议 [J]. 世界林业研究，16（6）：1-5.
沈月琴，刘德弟，徐秀英，等．2004. 森林可持续经营的政策支持体系 [M]. 北京：中国环境科学出版社 .
施本俊 . 1994. 森林经营方案中的若干问题 [J]. 中南林业调查规划（3）：31-35.
佟玉焕，黄映晖 . 2018. 中国集体林改绩效评价 [J]. 北京农学院学报，33（4）：121.
王春峰 . 2006. 应用参与式方法编制集体林经营方案初探 [J]. 林业资源管理，（4）：12-16.
王红春，崔武社，杨建州 . 2000. 森林经理思想演变的一些启示 [J]. 林业资源管理（6）:3-7.
韦国彦 . 2007. 对森林经营概念、作用及经营思路的分析 [J]. 林业勘查设计（3）：14-15.
魏淑芳，魏俊华，罗勇，等 . 2017. 参与式方法在社区集体林森林经营方案编制中的应用 [J]. 四川林业科技，38（5）：89-93.
谢利玉，贺利中，周华盛 . 2000. 浅论南方集体林区森林可持续经营 [J]. 华东森林经理，14（1）：18-22.
叶善文，雷文渊 . 2006. 试论南方山地林区森林经营方案编制与实施 - 以福建省漳平市为例 [J]. 林业经济问题，26（6）：566-569.
于政中 . 1991. 森林经理学 [M]. 北京：中国林业出版社 .
詹昭宁 . 2007. 现代林业集约化森林经营的思考 [J]. 林业经济问题，27（5）：472-479.
张宝库 . 2009. GIS 在乡级森林经营方案编制中的应用研究 [D]. 杨凌：西北农林科技大学 .
张会儒，唐守正，孙玉军，等 . 2008. 我国森林经理学科发展的战略思考 // 中国林学会森林经理分会编，森林可持续经营研究（2007）[M]. 北京：中国林业出版社 .
张会儒，唐守正 . 2008. 森林生态采伐理论 [J]. 林业科学，44（10）：127-131.
张敏 . 2009. 森林经营可视化模拟技术研究 - 以抚育间伐为例 [D]. 北京：北京林业大学 .
张少丽，邓学忠，李淑霞 . 1994. 如何提高森林经营方案质量 [J]. 林业勘查设计（4）：40-41.
张守攻，朱春全，肖文发 . 2001. 森林可持续经营导论 [M]. 北京：中国林业出版社 .
张守攻，姜春前 . 2000. 森林可持续经营的标准与指标的发展 [M]// 沈国舫主编 . 中国森林，

26-53.

张伟，龙勤 . 2015. 云南集体林权制度改革后林业经营现状及模式的研究 [J]. 中国林业经济（3）：18-21.

张晓静 . 1999. 走向 21 世纪的中国集体林区 [J]. 林业经济问题（2）：1-7.

张玉珍，王福才 . 1999. 林业可持续发展研究概述 [J]. 河北林果研究，14（1）：7-12.

赵德林，朱万才，景向欣 . 2006. 森林可持续经营概述 [J]. 林业科技情报，38（4）：10-11.

赵华，刘勇，吕瑞恒 . 2010. 森林经营分类与森林培育的思考 [J]. 林业资源管理（6）：27-31.

赵秀海，吴榜华，史济彦 . 1994. 世界森林生态采伐理论的研究进展 [J]. 吉林林学院学报，10（3）：204-210.

赵艳萍 . 2006. 经营单位水平森林可持续经营能力评价系统的研建 [D]. 福州：福建农林大学 .

郑小贤 . 1998. 美国国有林生态系统经营 [J]. 北京林业大学学报，20（4）：110-115.

钟艳 . 2005. 中国集体林发展策略研究 [D]. 北京 ：北京林业大学 .

周宏 . 2009. 新形势下森林经营方案的编制与实施初探 [J]. 河北农业科学，13（5）：98-100.

周峻 . 2010. 南方集体林区森林可持续经营管理机制研究 [D]. 北京 ：北京林业大学 .

朱春全，张守攻 . 1998. 森林可持续经营国际进程及生态区域评价 [C]// 见 ：第十一届世界林业大会文献选编. 北京 ：中国环境科学出版社 .

朱松 . 2008. 集体林权制度改革对贵州森林可持续经营的影响及对策探讨 [C]// 森林可持续经营与生态文明学术研讨会论文集 .

附录1

中德合作贵州林业项目参与式林业方法指南

狄娟　梁伟忠

2010 年 6 月修订

本指南草案成稿于2009年5～6月期间，是国际国内专家们在第一阶段的工作中，在与中德合作贵州林业项目省、市、县和乡（镇）各级项目人员，以及项目可持续森林经营专家及项目首席技术顾问紧密合作之后，制定的参与式林业方法指南草案。制定本指南的基础是在SA和2006年KfW会谈纪要中提出的项目理念、执行计划草案、费用与投资计划草案、营林指南草案，以及针对现状和需求的外业评估结果。此前在黔西县举行的项目人员初步培训中，已经对指南中的第一步进行了测试。

当前的版本是在2009年7～9月的试点规划期间，根据试点村的规划测试及发现进行修订和完善后的版本。下一步修订时，将结合更多的试点经验和实例。

作者们感谢省项目办、两市六县的各级政府及林业局、项目办对其工作提供的支持。

同时，向市级、县级技术人员们对参与式方法表现出的真正兴趣和激情，以及他们在培训中的积极参与表示衷心感谢。

参与式方法的制定遵循了下列原则：

①活动以目标为导向；

②过程尽量简单；

③程序透明；

④灵活运用参与式工具。

参与式林业方法国际、国内专家：Sylvie Dideron女士，梁伟忠先生

2009年9月

1. 关于参与式林业方法

1.1 关于参与

1.1.1 什么是参与？

参与的意思是所有相关的个人能够作为决策者完全参与到可持续森林经营活动的过程中，并承担责任。

每个林户（村庄里有林权的农户）都有机会、责任和权利参与决策，他 / 她自己可以决定是否愿意参与项目。如果参加，林户们将进一步参与到针对其森林的经营和利用的决策中。

林户们通过讨论达成一致，然后共同做出决策。决策将包含各利益相关者的意愿和观点。然而，决策必须符合国家及地方关于森林经营的法律、法规和条例。此外，如果林户希望加入中德合作贵州林业项目，他们的决策必须符合本项目的规定。

参与并不意味着技术人员和领导者的职责是说服林户参与到项目中来，同时，参与也并不意味着林户的所有意愿都能够并且理应得到满足，在讨论和相互理解的过程中必须寻求妥协。

在对其森林的经营做出任何决定之前，林户们需要对项目的内容及其暗含的意义完全知情。因此，如果某人决定他 / 她要参与项目所主张的森林可持续经营活动，他 / 她应该能够在项目所提供的信息基础上，与其他林户一起，决定要做什么，以及用哪种方法来做。

1.1.2 为什么项目需要采用参与式方法？

近年来，中国政府在强调群众，特别是农村地区群众，参与到决策中的重要性。在各个不同规划项目中，如“新农村建设”、退耕还林工程以及集体林权制度改革，都对该方法做了着重强调。

在中德合作贵州林业项目中有必要采用参与式方法。首先，当地社区是在自愿的基础上参与到项目中来的，因此，林户需要对项目理念、活动和规定有清楚了解。在充分认识的基础上，他们能够决定是否与项目合作，他们希望如何经营其森林（他们是否同意建议的森林经营方案），并在营林活动的实施中负起责任。

参与式规划有助于：

- 从项目一开始就向林户通告信息、发动他们，并使其负起责任；
- 为每个森林经营单位确定一个共同的、长期的森林经营目标，并选定能够为林户采纳的、合适的营林措施；
- 为社区确定最适合的、符合群众意愿的森林经营组织；
- 及时发现、避免和解决可能会限制或危及到项目成功实施的潜在冲突；
- 避免森林的非法利用；
- 保护森林。

其次，林户与林业技术人员的文化教育背景和目标并不总是相同，即使在林户之间，其文化教育背景也不尽相同。同时，他们归属于不同的社会经济群体（有企业老板、“纯”农民、在外面上班的人等等），他们持有林权的目的也可能不同。所有这些人都可能参与到项目中来，他们之间需要通过对话实现相互理解。

1.2 利益相关者和他们的角色

保证参与式规划成功的前提是，了解所有参与人的角色以及他们在规划过程中可以做出的贡献。

1.2.1 中德合作林业项目决定参与的框架条件

只能在此框架内规划和实施项目活动，因此必须遵照项目的技术标准和资助条件。

1.2.2 项目技术人员为林户提供协助

项目技术人员接受过参与式方法培训，负责项目的规划和实施。他们既可以是县级的，也可以是乡级的工作人员。

项目技术人员的作用是：

- 向村民介绍项目的技术和财政框架，让村民清楚自己的权利和义务；
- 分析现状（限制因素和发展潜力）并提出解决问题的建议；
- 指导林户们选择他们希望实施的森林经营活动；
- 引导森林经营单位的创建；
- 指导林户解决矛盾和冲突；
- 提供技术指导。

技术人员将从项目提供的设备和培训中直接受益，同时他们还将从成功的森林可持续经营活动中间接受益。他们拥有了业务和管理方面的知识技能，可以指导和促进项目的规划和实施过程。

1.2.3 林权所有者是主要决策者

如果他们决定与项目合作，他们将从项目提供的森林经营和保护活动中以及林产品方面直接获益。他们致力于成立森林经营单位并最终在项目中贡献时间和劳动力。通过森林经营单位，对自己的森林进行可持续的经营，并实现项目期望的标准。林户通常对于自己小地块上的立地条件很清楚，并且了解自身的社会经济潜力和局限。这些知识将在森林经营单位的创建以及森林经营方案的制订中发挥作用。

1.2.4 县、乡镇和村政府领导提供后勤和行政方面的支持

县、乡和村政府领导支持项目的实施非常重要。只有把项目的内容正确地告诉领导们，使他们对项目有比较深刻的了解，他们才能够对项目人员给予恰当的支持。虽然有数量和速度方面的压力，但压力并不太重，要留给技术人员足够的时间，并提供必要的经费和管理手段。

中德合作贵州林业项目在中国的可持续森林经营是一个探索性的、致力于创造性方法的项目，这需要时间和灵活性，项目更注重的是质量而不是数量。

领导在项目能否成功方面扮演着极其重要的角色，但是他们的角色更多是在幕后。领导原则上不要参加在村里开展的工作，只是在绝对需要时才参加，因为他们的在场会让村民感到压力并妨碍参与式规划过程的进行。

1.2.5 参与式规划培训

参与式规划不能完全从书本上或课堂上学习到，而是主要来自于实践经验。因此，参与式方法培训采取的是“在岗培训”，这意味着学习并不是随着培训班的结束而结束，而是将会持续几个月。在简短的理论知识介绍和准备以后，参加培训的人员将积极地承担任务和“从实践中学习”。培训人员的主要作用是指导和帮助参加培训人员并提供反馈意见。最先接受培训的目标群体是乡镇和县里的技术人员，他们将在项目过程中负责参与式方法的实施监督工作。

1.3 参与式方法的要素和工具

参与式方法没有严格的一定之规，但是一组工具或手段的使用可以有效地促进目标群体的真正参与，以及决策和规划获得全体林户的支持。应当针对不同自然村的不同情况，灵活运用参与式工具，同时，要求技术人员要有高度的敏感性和创造性，这些只有通过实践才能实现。

参与式规划的主要内容是沟通，即信息、观点、经验和方法在项目技术人员和林户之间，以及自然村的所有林户之间的密切交流。因此，大多数参与式活动的目的是动员、激励、引导和记录小组讨论的结果。

下面是参与式工具举例，可以在参与式过程中用到。

1.3.1 村民集体讨论和村民会议

林户们和技术人员将一起进行多次讨论，但是，不要忘记林户内部的讨论更加重要，因为他们需要就森林经营单位的创建达成理解和一致的意见。他们将自己做出决策，并在项目结束后继续以这种组织形式经营自己的森林。

应告知所有的林户（经常包括村庄内所有的农户以及一些外来人员）关于项目的信息。不同民族、不同的社会经济群体的男女老少，无论小户还是大户，都需要参加会议，互相聆听和沟通意见。此外，项目技术人员需要了解共有几种意见和主张，听取人们对于项目各式各样的理解和观点。

1.3.2 与关键信息人讨论

关键信息人是村里具有一定经验和知识的人，他们可能是知晓本村历史的老年人或熟悉村里大多数人家的教师，从他们那里可以获得关于本村较全面的信息。

1.3.3 群体访谈或小组访谈

是指对某一内容与一组经挑选的人进行访谈，例如，只对妇女进行访谈或召开妇女小组会是非常有用的，因为妇女在与男同志一起时通常不愿意表达她们的观点，但是对于村庄目前的现状，对于家庭、孩子和村庄的未来，她们都有自己的看法。

1.3.4 视觉协助（挂图）

把需要让村民了解的项目主要信息抄写在大张纸上，开完村民会议后可以把“挂图”带走，如果保护的好，可以在不同的自然村宣传时重复使用。耐用的“挂图”复印件将留在村民组里，可以张贴在公众场合的墙上或放在重要人物（村领导、村民组领导或其他大家信任的人家）那里。

- 视觉化的信息吸引并聚集大家的注意力。
- 人们更容易记住视觉化的信息。
- 挂图可在其他所有村民组重复使用。
- 视觉化的要点元素防止忘记某个议题。
- 制作挂图的过程可以帮助梳理想要告知林户的信息内容。

1.3.5 现地观察

直接观察是一个很好的收集信息的办法。技术人员可以在经过该地块时顺便观察，或专门到该地块去一次，以便了解第一手的情况和活动信息。直接观察的目标是：

- 对相关的外业情况或社会条件进行定性或定量的评估；
- 对利用其他工具采集到的信息进行复核。

直接的观察尤其重要，因为如果当地的人们提供的信息与观察到的情况不符时，可能发生误解。如果村民没有完全理解我们的问题，他们的回答与实际观察到的结果会有差异。造成误解的原因可能是问问题的时候用词不准确、太复杂或太笼统。将直接观察到的结果与通过其他渠道采集的信息（农户访谈、群体访谈、会议等）进行对比后，可以额外问一些问题，以便弥补其中的差距，促进对当地情况的了解。直接观察也可以减少需要向林户提出的问题数量。

2. 中德合作贵州林业项目的参与式方法步骤

参与式森林经营工作组：
至少包括 2 名接受过培训的技术人员。

期间：
- 至少 3 个月（可分段或一次性完成），其中包括为期至少 1 个月的信息宣传阶段。
- 在整个项目期内，对规划和森林经营活动进行跟踪。

要求：
- 林业技术人员接受可持续森林经营以及其他相关技术方面的实用性培训。
- 林业技术人员接受过参与式方法步骤的培训，或在规划过程中边做边培训。
- 负责规划实施的乡镇技术员持续得到县项目办和省 / 市项目办的支持。

2.1 准备

- 制订所有工作组的年度工作计划；
- 详细的经费预算；
- 要求划拨经费至县项目办 / 市项目办 / 省项目办。

2.2 每个村民组所需要的材料

- A4 规格的项目传单，用于在村民组内发放（保证每户 1 份）；
- 布质或塑料材质的项目挂图，用于在村民组内悬挂；
- 项目申请表；
- A4 规格的村民组信息表；
- 森林经营委员会与项目之间关于可持续森林经营的空白合同文本，以及森林经营单位与项目之间签署的合同附录；
- 涵盖村民组区域的 1：10000 地形图，包括各户的宗地界限；
- 林户和他们的宗地清单；
- 足够的 A0 大纸，用于协助村民讨论；
- 2～3 个颜色的大号记号笔。
- 大头针、胶带、铅笔、橡皮。

参与式森林经营规划的过程与其有形产出至少同等重要，因为它决定了规划的质量及项目实施的成效。参与式森林经营规划包括9个步骤，每个步骤可能都需要反复访问村民组（表I-1）。

表I-1　参与式森林经营规划实施步骤表

步骤/目标	活动内容	产出	负责人/单位
S1.选择适合的项目村组	制作一张初选项目村一览表，包含与选择标准相对应的概况信息。该表格将在项目实施过程中定期更新；每一年度，采用正确的标准预选出最适合项目实施的村。	潜在项目村一览表，含相关指标	县项目办
	通知乡镇政府及技术员； 通知行政村村委会及各村民组的村民代表； 提供项目传单（发到各户）和海报（在村民组张贴）。	乡镇和村的官方理解了项目并准备提供支持	县项目办
	各村民组的村民代表们把项目的详细信息传达给村民。	社区确认了是否有兴趣参与项目； 安排到村民组进行第一次访问	各组的村民代表
S2.信息传播	告知村民组社区项目信息：可持续森林经营理念、关于成立森林经营单位的需求、项目活动、项目规程、项目支持内容、建议的合同（样本）。	社区群众充分了解项目的原则和内容	工作组
	社区内部初步讨论：意愿、能力、局限等。	村民组决定是否参与项目（填写项目申请表）； 就下一步规划工作，商定一个合适的期间	村民组长及村民代表
S3.分析社区森林现状	收集规划所需的基础材料、如1：10000地形图、反映林改结果的图纸、林户名单、二调结果以及其他相关的现有文档资料。	所需的材料已找到	县项目办/乡镇林业站
	分析并总结村民组社会经济条件以及森林的历史 途径：村民大会、关键信息人访谈、林户访谈、小组座谈、妇女座谈、林区踏察等。	村民组信息表 所有权及经营权描述	工作组和社区代表
结果：提交《合作申请表》，林户们决定是否与项目进行合作			
S4.创建森林经营委员会	介绍创建一个过渡性的代表林户的组织的可能性，名称为森林经营委员会； 村民组内部讨论； 项目协助林户们选举森林经营委员会的成员； 针对参与式森林经营合同的内容进行非常详细的解释和讨论； 村民组内部讨论； 确保森林经营委员会和林户们深入理解了合同内容及其含意； 签订合同。	创建森林经营委员会 合同签订	社区，工作组协助

（续）

结果：森林经营委员会与项目之间签订合同			
S5.参与式森林经营方案制订	见可持续森林经营指南	为森林经营委员会制订森林经营方案	充分培训的技术人员
S6.森林经营委员会同意经营方案	森林经营委员会代表们审查经营方案，向成员们陈述该方案，并取得其同意； 如有必要，应由充分接受过可持续森林经营方面培训的技术人员向委员会代表们就方案内容提供进一步的解释。	森林经营方案获得森林经营委员会通过	森林经营委员会代表和县项目办人员
结果：森林经营方案获得森林经营委员会认可，并提交省林业厅			
S7.成立森林经营单位	在有关最合理的森林经营单位组织形式上给出我们（项目工作人员）的建议，包括可能的章程； 村民组社区内部讨论； 制订森林经营单位的机构章程； 确保森林经营单位的所有成员对合同及其相关文档达成正确的理解。 注：在这个阶段森林经营单位开始建立，但是森林经营委员会还继续存在，以保证之后步骤实施的连贯性，直到森林经营单位能够取而代之。	创建一个森林经营单位	社区，工作组协助
结果：森林经营单位与项目签署合同附录			
S8.实施森林经营方案	森林经营单位/委员会根据森林经营方案实施项目活动； 县项目办提供协助； 森林经营单位/委员会和县项目办一起对实施质量进行自查，每年两次。	在森林经营方案中记录所开展的活动； 自查结果录入森林经营数据库	森林经营单位/委员会代表们，县项目办
S9.项目监测验收	监测中心进行项目监测验收； 森林经营单位/委员会代表参加项目监测验收过程。	项目监测验收结果作为项目向森林经营单位/委员会计算劳务补助的依据	监测中心，森林经营单位/委员会代表们

注：森林经营单位自第7步（S7）开始创建，但森林经营委员会将继续发挥职能，以保障后面步骤的顺利执行，直到森林经营单位能够接管其工作任务为止。

3. 参与式林业方法实施指南

3.1 第一步：选择适合的项目村组

中德合作贵州林业项目在森林的可持续经营方面是一个探索性项目，本项目计划与6个县区中的大约600个森林经营单位（约600个村或村民组的联合）合作。由于每个县区都有几百个村民组，并且大部分都有森林资源，所以需要制定一个项目村组的选择程序。

按照项目财政协议，选择项目村组的标准如下：

- 主要森林类型为乔木林（只有萌生林的村组不能选）；
- 一个森林经营单位的森林资源总面积不应该太小，优先考虑达到60 hm²（900亩）

以上的村组；在合理的情况下，小一点的森林经营单位也可以考虑接受，但一个森林经营单位的森林面积最小应该高于 30 hm² 或 450 亩；

- 到达林区的交通情况不能太困难（从林区到最近的可供大卡车通过的道路距离应小于 500 m）；
- 村组内不应存在林地权属的冲突或争端；
- 林户应已表达了他们与本项目合作的兴趣。

3.1.1 选择试点村

在试点期（2009 年 7 月～2010 年 12 月），项目在非常有限的范围内开展。为了能够总结实践经验，并向其他地方外延和推广，试点村的选择必须具有典型性。这就意味着，试点村组应该在如下方面具有广泛的代表性。所选的村应当具有代表性，在以下方面反映现实的多种情况：

- 森林类型；
- 立地条件（地形、土壤、气候）；
- 土地权属（包含很多小林农的、大户承包的、大小户混合型的、分股不分山的联户组等）；
- 社会经济条件（如：外出打工多的、外出打工少的、有其他收入类型的、不同民族的等）。

在森林类型、权属、立地和社会经济条件方面，它们应当代表最常见的情形。

此外，选择试点村时，每个市项目办应与各县项目办合作，找出并描述每个市在上述方面的典型情况，以便能够说明选择的试点村是有代表性的。在市县提交的建议方案的基础上，项目（省市县项目办）以及项目首席技术顾问将决定最终的村组个数并选定村组。

3.1.2 推广期的项目村组选择

选择过程应有记录，做到透明和清晰易懂，即使是外人看来也不例外。

每个县项目办找出符合上述 1～4 条选择标准的有资格参与项目的村组。所有与这些标准相关的必要信息在各县林业局都能找到，或者通过文档和图纸（如：林相图、二调结果、林改结果），或者通过职工的经验和对外业的了解。

选列出可能适合的村组清单（见下面的“项目村组选择表”），包括针对各条标准的简要描述，以及按如下方法进行评价打分（表 I-2）。

各村组（或者村组的集合）按照选择标准表 I-3 中第 1～5 条的内容进行评分。每一年度，选择本表中得分最高的村组开展参与式规划。

表I-2 参与式森林经营项目村组打分指标表

+	理想	完全符合项目标准
O	可接受	基本符合项目标准
–	不能接受	项目无法与之合作

表Ⅰ-3　项目村民组选择表

村组（或村组联合）	名称1		名称2	
	描述	评价（+ O -）	描述	评价（+ O -）
主要森林类型				
森林资源面积				
林地权属冲突或争端				
交通情况				
有林地使用权的林权所有者已表示参与兴趣				
已接受				
已否定				
接受或否定的原因				

县项目办将与乡镇政府以及村领导们联系，告知其项目相关信息。

3.1.3 告知乡镇领导部门项目信息并确认其是否支持

为了能够开展规划，乡镇林业站和县项目办的技术人员得到乡镇政府及其相关办公部门（主管土地分配、国土管理、基础设施建设、水土保持等方面）的支持很重要。

乡镇一级的所有关键人物都应该被告知中德合作贵州林业项目的内容以及在本乡镇计划开展的活动。必须指出的是，中德合作贵州林业项目将会产生重要的长期影响。

林业技术人员应该核实：乡镇政府、村领导或其他乡镇办公部门的代表们不认为森林经营活动与他们的计划或项目存在冲突。

3.1.4 告知村民组和行政村领导项目信息并确认其是否支持

村民组里的村民代表和行政村的领导们（或其他任何有公信力的村民）积极参与和支持对于项目的顺利实施至关重要。首先，只有在领导们确认他们对项目感兴趣后，项目才能在该村组开展活动；其次，乡镇技术人员无法在他们不参与的情况下开展项目活动。领导们和村民代表们将在规划过程的初期发挥主持人的作用，尤其是通过组织会议把项目信息介绍给村民，并充当其他村民和林户的信息人。

因此，组织并召开一个村组代表会，以确保领导和村民代表们对项目获得一个正确的理解是非常必要的。

- 陈述项目：目标、活动内容、规章制度；
- 解释清楚准备过程需要花时间，对那些主持规划过程的人们尤其如此；
- 移交项目传单和挂图，挂图应在村组内公共场所的墙上悬挂张贴。

3.1.5 通过村民代表和村领导们传递项目基本信息

在进入村组深入开展工作之前，村民代表们和村领导们将项目告知村民们，并确认他们对项目感兴趣。为此，需要开发出适合在6个县区的预选村中同时散播的项目宣传材料。这些宣传材料可以采用任何媒体，但是应该总是使用通俗易懂的语言（而不是技术性语言），并做到言简意赅。至少需要大量印刷内容为一页纸的项目传单。

我们假定通过确认一个村 / 组社区是否对项目感兴趣，可以认为它在事实上也满足下面两个条件：

- 该村 / 组的管理层有足够的行政和管理能力；
- 该村 / 组的群众和干部坚持项目的开放式和参与式的方法原则。

如果经确认该社区对项目不感兴趣，它将不会参与项目，要重新联系其他村组。

→ 村组领导理解了项目并准备提供支持，社区群众表达了他们的意愿：安排第一次村民组访问

在这一阶段，还无法 100% 地判定满足参与条件的村组实际上是否会参与项目。只有在了解了更多信息之后（第二步），林户才会决定是否申请项目。此外，通过对社区的森林状况进行分析，通过与社区成员进行讨论和进行现地踏察（第三步），我们能够澄清并确认前述的 5 条标准。

3.2 第二步：信息传播

信息传播需要至少几个半天的时间。农户必须被告知会议要开多长时间，并且需要他们的积极参与，以及他们做好准备全程参与。从实际的角度看，访问村民组可以与第 3 步的开头部分"分析社区的森林情况"联合进行。

应该给人们充足的时间熟悉项目理念，并表现出他们是否有兴趣。从村组初次接触项目信息，到"兴趣组"决定是否准备提交项目申请，中间至少要留一个月的时间。

3.2.1 目标

在这一阶段，我们向所有村民 / 林户提供了完整的项目信息，主持了开放式讨论，听取了他们意见，回答了他们的问题，理解了他们的局限和意愿。

尽管村领导和村民代表已经向大家分发了项目传单，再次向大家陈述并讨论项目信息以确保一个良好的理解仍很重要。为此，你可以使用挂图作为视觉支持。附件中包括了 7 张项目挂图：

- 项目简介（挂图 1）：观察农户的反应，回答他们的问题。
- 参与式森林经营合同？（挂图 2）
- 什么是森林可持续经营？（挂图 3）林户不需要了解森林可持续经营的技术细节，但需要理解其主要原则。
- 森林中要开展哪些活动？（挂图 4）
- 为什么要成立森林经营单位？（挂图 5）
- 森林经营单位的类型？（挂图 6）
- 森林经营单位可能的组织形式。（挂图 7）

介绍项目时，停下来确认一下群众是否在注意听，是否理解了你说的内容。问他们如下问题，以便使其重新集中精力：

项目给你们什么支持？可持续森林经营是什么意思？

你们的责任和义务是什么？等等……

不要忘记“帮助性问题”：谁？什么？在哪里？为什么？什么时候？如果……？

3.2.2 第一次村民组大会

所有的林户均被邀请参加这次项目信息介绍及讨论会。各类林户都应出席，包括小林农、大户，以及通过分地、拍卖或其他形式获得林权的各类人群，以便能够收集到不同的观点。所有的林户均应有代表出席，因为会上将介绍项目信息并且林户在其后将要决定他们是否跟项目合作。会议热诚欢迎妇女积极参加讨论。

作为项目工作组与村民直接接触的第一步，村民组会议开得是否成功直接影响到项目在该社区的规划质量甚至是实施质量。以往的经验以及本项目在试点规划中的实践表明，控制好村民组会议的规模对于会议的质量十分关键。会议规模过大的弊端是：①林户无法看清项目挂图，从而无法充分理解项目；②技术员无法与林户进行互动，无从了解农户的问题和想法；③找不到适合的场地，如果在夏天的太阳下召开露天会议，将很难保持农户的兴趣和注意力；④会议的目标群体太大时，往往到会的人数比例会显著减少，而只针对少数人进行项目宣传已经意味着村民组会议是不成功的。

因此，原则上应该在每个村民组单独召开会议，如果一个村民组的森林面积无法满足森林经营单位的面积下限，可以考虑合并召开村民组会议，但合并后的村民组户数不宜超过 100 户。而一次合格的村民组大会的出席人数不应低于村民组常住林户数的 60%。

组织会议的灵活性

在黔西县的一个村民组，妇女也参加了会议，但是她们坐在一旁，参与并不积极，也听不太懂技术人员的语言。此外，从她们坐的那个角落本来就听不清楚会议内容。在这种情况下，可以按男女性别分别召开会议，以便鼓励妇女表达她们的意见和意愿，使我们了解到她们对于森林和本项目的观点和看法。

一定要选好开会的地点，空间应当足够大，光线充足，能够看得到挂图上的字，并有许多板凳。学校或平常开会的地方应当是首选，因为这里是“中立地点”。

不要使用高音喇叭，这样可以直接跟群众进行交流，也不要摆主席台以避免与村民产生隔阂。

技术人员在使用挂图介绍项目时，应注意将时间控制在1～1.5个小时。根据试点规划的经验，如果时间过短则无法将挂图内容讲透；而时间过长的话农户将无法集中注意力，并且会失去耐心。

选择好的开会地点很有帮助

在黔西县的一个村民组，开会的地点在路边上。人们已经习惯了在这里开会。然而，从会议的性质来看，这并不是一个好的会场。由于车辆频繁经过，人们听不清楚会议内容。此外，参与者也受到卖东西小贩的打扰。

信息的提供应采用不同的工具组合：第一次村民大会上的介绍并不一定能让林户完全、充分地理解项目，并在此基础上决定是否参加。因此需要在会议结束时向林户发放《林户手册》，以方便巩固其记忆和加深理解。同时，技术人员在会后可以着手进行开放式访谈和关键信息人访谈，以便：①为各户提供更多的更深层的信息；②进行村组现状分析（第三步）。

3.2.3 培训村领导、村民代表和村民

为了支持和引导规划进程，村领导和村民代表们需要接受一个简单的培训：一方面是参与式方法和工具，以便更好地与林户对话；另一方面是项目信息，以便更好地回答村民的问题。

技术员需要与群众保持对话交流，以便回答和澄清问题。

3.3 第三步：分析社区森林现状

分析社区的森林现状需要技术员花费至少两天时间。必须告知涉及的林户需要多长时

间，以及这个过程的哪个环节需要他们的积极参与，以确保他们有空。

3.3.1 目标

这个步骤中，项目技术员和涉及的林户一起理解并清楚地掌握：

- 森林的历史；
- 森林的实际利用和经营情况；
- 林权的历史情况以及林改结果；
- 在森林经营方面存在的主要社会经济潜力和局限。

3.3.2 村民组信息表

村民组信息表是用来记录相关信息和指导讨论的（而不是一个问卷）。

村民组信息表作为一个工具，可用来记录村民组的相关信息。它应该能够描绘村庄现状，其中尤其应关注需要解决的局限和森林的潜力。

在信息表中，技术人员在留空处记录所有的重要话题、信息、数据及备注。

在后面一些环节的讨论中，如制定森林经营方案时，技术人员和森林经营委员会的代表们可以继续使用该信息表。

3.3.3 通过不同方法采集项目实施所需的信息

为了认明村庄森林的实际现状（森林类型、利用、相关的社会经济情况），技术人员需要创造性地选择自己认为适合的参与式工具和方法：农户访谈、关键信息人访谈、访谈与会议、技术人员自己的重要观察、林户之间非正式的讨论、现地踏查等。没有必要做很多笔记，但是需要在信息表上记录关键的信息。

对于可持续森林经营来说，采集准确的社会经济信息并不太重要，重要的是理解村民组的现状。

在开阳县的一个较偏远的村庄，村民生活较贫困，出门打工的机会和门路也很少甚至没有。当地海拔较高，自然条件并不太适合农业生产。因此群众生活水平较差，冬天取暖买不起煤。他们的森林（萌生林）主要用于采集薪柴。这些社会经济的局限性需要纳入考虑，在此基础上与林户讨论采取不同的可持续经营方案的可能性。有哪些替代性的办法？农户对薪柴的需求有多重要？如果换个方式经营他们的森林，会有收入吗？如果有，多长时间内能见效？

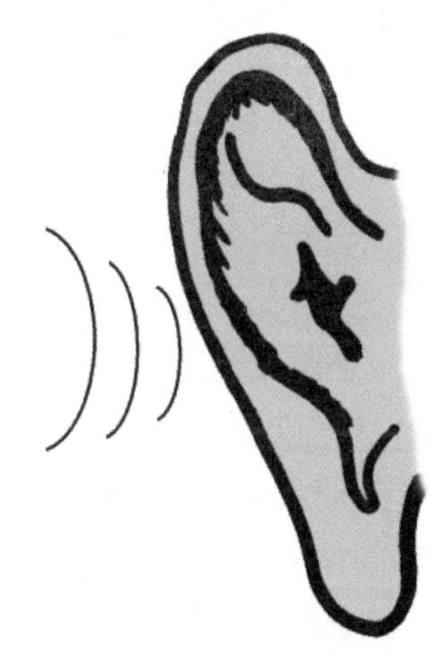

试点村的规划实践表明，访谈（关键信息人、村民组领导、农户、妇女小组）对于进一步宣传项目、了解村民社会经济及森林的历史及现状、村民间的合作意愿、可能影响到项目实施的潜在矛盾及冲突等方面非常重要。在试点期的培训和规划实践中，一个已经达成的共识是：农户访谈的总数不应低于村民组总户数的10%，并且不低于10户/村民组。访谈应包括各种类型，并能够代表各类林户（大中小）、各种家庭经济状况（上中下）、不同民族、不同家族等方面的整体情况。

项目介绍会上的讨论内容也可以被用来采集关于村庄现状的信息，因为在讨论中包含了不同的观点和评论。给林户机会解释他们自身的情况，以及目前对他们来说很重要的问题。技术人员应该对社区和林户的关注点、看法有一个整体印象：

- 村民是如何相互交流的？
- 是否有一个或几个人主导了讨论？大家的机会是否平等？
- 林户感觉他们是一体的，还是又细分了群体？很重要的一点是认清林户之间的关系，以便在后面协助他们选择最适合其情况的森林经营单位组织形式。
- 讨论本村民组或隔壁村组此前的森林经营经验，并与本项目的方案进行比较。

在村民组内工作的时候，通过讨论和访谈，核实林户参与项目的能力和意愿。是否存在完全不同的观点、矛盾、冲突或者兴趣？

项目人员和林户对居民组的不同区域进行林区踏查，通过现场观察和讨论，可以发现与访谈和会议时了解到的情况不一致的地方，同时，还可以在现场了解讨论这些差异，以便获得更深层的理解。

在访谈和会议期间，林户可能会说他们没有从森林中获取任何木材。但是在林区踏查时，可能会观察到堆放的原木或近期砍树的痕迹。这提供了一个机会，让我们能够与林户对话，并坦诚地讨论当前的情况，这种讨论也只有在双方互相信任的基础上才能实现。在项目实施期间，项目会遇到同类的问题，即“合法的”或符合该森林的功能分类的利用与实际的利用之间的矛盾或冲突。我们的目标是找出这些互相矛盾的地方，并在森林经营方案中提出解决办法。

3.3.4 给村民代表留“家庭作业”

给他们布置任务是为了保证：

- 所有的林户知道并理解了项目；
- 林户内部讨论并做出决策：是否与项目合作；
- 做出决策并通知项目方。

在这一阶段，林户应该重点关注如下问题：

- 我们之间能否共享相同的经营目标？
- 我们是否打算互相合作？能否有效合作？
- 我们是否需要跟其他村民组合作，如果是，跟哪个村民组合作？

在这一阶段，林户应该能够决定，是否向项目递交“参与申请”（参见附表）。如果他们提交一个合作申请，他们需要创建一个森林经营委员会并选举代表。

→ 递交与项目合作的申请

参与项目的“兴趣组”的前提条件是：按照项目规定，他们的林区面积要达到较大规模。这也意味着，如果一个林户的森林面积足够大，他可以作为个人参加项目。

3.4 第四步：创建森林经营委员会

由于森林经营单位的成立和注册可能需要时间，项目应引入一个机制，先创建一个代表林户们的过渡性组织，称为“森林经营委员会”。这需要村民组的林户们内部进行讨论。一旦村民组林户们的合作申请得到县项目办的接受，技术人员入村工作，并向大家解释为什么要成立一个森林经营委员会，它的角色和任务是什么。

项目的总体原则是“一个村民组即一个森林经营委员会/单位”。特殊情况下，如果有充足的理由，项目可以接受一个森林经营委员会包括几个村民组的情况。例如，相邻几个村民组的林地插花严重，很难单独就某个村民组单独区划小班。这类情况需要逐一考虑。

在此基础上，要求林户通过选举产生三位森林经营委员会代表。选举可以是海选，可以是差额选举，也可以是其他的合理形式，具体的方式由大家决定，但选举过程必须充分透明。不同的村民组由于社会经济、社区分布、人际关系、家族和民族构成等方面的情况不同，采用的选举方式也可能不同。

息烽县团圆山村新房子村民组和东山村民组的森林面积有限，但是他们的寨子相距较近、森林相邻、权属类型相同、宗地分布情况相似，因此决定联合成立一个森林经营委员会。在选举代表时，林户要求一共选举五位代表，以便能够代表两个村民组的全体林户。在提议的五位代表中，按人口比例分别是新房子应产生三位，东山应产生两位。新房子村民组的三位代表通过海选方式产生；而东山村民组在进行选举时，几位有可能被群众选上的林户们纷纷声明不参加选举（机会成本太大）。最终，东山村民组通过集体磋商，一致推举了两位代表。

大方县穿岩村路边村民组包括上寨、中寨、下寨三个自然寨，在选举时，林户们要求每个寨子产生一位代表，因此每个自然寨单独投票海选了一位代表。

委员会代表产生后，县项目办向其提供参与式森林经营合同，详细解释合同内容并与之讨论。委员会负责组织和主持村民组内部讨论，在合同签字之前向林户详细解释合同细节。

本阶段，技术人员的角色是确保森林经营委员会以及林户深入理解合同的细节。

项目与森林经营委员会签订合同

3.5 第五、第六步：制定参与式森林经营方案，并经森林经营委员会同意

森林经营方案将由充分培训过的林业人员，在森林经营委员会代表的参与下制定，《森林经营规划编制指南》详细描述了制定的具体过程，包括基于营林指南的营林措施。

以上所有活动均采用参与式的方式，在项目技术人员和森林经营委员会代表的密切合作下进行。必要时，委员会代表将陪同技术人员进入林区踏查，为其提供所需的信息，并应要求不时向林户汇报。

如果林户不同意森林经营方案，争议双方应充分讨论，以便达成一致意见。如果达不成一致，双方的合作应就此结束。

森林经营方案获得森林经营委员会同意，报送县林业局批准

3.6 第七步：成立森林经营单位

由于社区内的林户已经决定与项目合作，他们成立了一个过渡性组织“森林经营委员会”。创建这样一个组织的目的是留出充足的时间给林户，方便其在开展项目活动的同时，建立森林经营单位。项目将协助林户选择最合适的森林经营单位组织形式，制订适合其目的和需要的机构章程。

在不同的社区，林户建立自己的森林经营单位时所需要的时间很可能有差异。一些地方可能很快能达成一致的意见并注册自己的森林经营单位，而另一些地方需要更多时间，更进一步的关于组织形式方面的选项信息，以便就创建哪种经营单位进行决策。森林经营单位的注册过程本身可能也很费时。

很明确的一点是，在森林经营方案制定后，林户已经能够决定什么样的组织形式最适合他们。他们对不同林分的现状和将来的经营利用达成了共同的理解；每个林户也都有机会对自己的山头地块，以及相关的问题、潜力和未来的经营方向进行仔细考虑。同时，在这一过程中，村民们对自己和他人的家庭状况，包括实施项目的能力和局限，以及将来进行森林经营的意愿、能力和局限等方面进行了评估。并且，通过林户之间各种形式的内部交流，对于经营单位应该采用什么样的管理模式，已经形成了一定的倾向性意见。

然而，由于缺乏相关经验和可供借鉴的实例，村民们对于他们达成的具体意见和倾向性方案是否符合项目政策，以及森林经营单位具体应如何运作和管理，采用什么样的机制保障村民得到项目提供的补助和森林经营活动的收益等方面，可能会有一些困惑和不解。因此，项目有必要召开一次村民大会，向村民们提供进一步的信息，为其提供决策参考。

3.6.1 第二次村民大会

工作组与村民组长、村民代表、森林经营委员会代表们以及社区成员约定会议时间，会议要求全体林户尽量参加。会议的议程大致包括以下内容。

- 总结回顾前一段时间的规划过程和成果。
- 介绍本次会议的目的和议程。
- 向林户介绍可能的森林经营单位组织形式（挂图6）并推荐一种组织形式以及章程草案。
- 确认与会人员是否听懂，收集反馈，解答疑问。
- 向林户介绍成立和运行森林经营单位必须具备的要素（组织章程及其内容要求、管理机构、财务制度、不同类型组织的注册要求等）。
- 通过展示如下讨论提纲（挂图），布置社区的内部讨论任务：
  - 谁与谁在森林经营中合作？
  - 选择哪种管理模式？联户？承包？股份制？个人？ 其他？（后面的讨论内容应与该管理模式相对应）
  - 森林经营单位成立的目的和宗旨
  - 森林经营的长期目标
  - 资本构成方案及成员加入条件
  - 成员的权利和义务
  - 办公处所
  - 是否注册
  - 机构设置（管理人员和监督人员的职能、组成、产生办法、任免条件）
  - 森林经营收益分配制度（包括项目补助的分配办法）
  - 财务管理制度
  - 决策权和决策机制
  - 议事召集程序
  - 成员退出机制
  - 其他相关方面

村民组社区内部讨论程序应由委员会代表、组长及村民代表负责召集和主持，必要时可联系工作组寻求指导和协助。方法是，通过召开正式的会议进行讨论以及非正式的小组磋商，广泛收集村民意见并按照讨论提纲中各个方面对拟建立的森林经营单位进行初步的

书面总结，该书面总结内容上不要求规范，但应涵盖提纲中的所有要点。该书面总结将提交到第三次村民大会上进行讨论。

可能出现下面某些特殊情况。

尽管“一村民组一森林经营单位”是项目规划的基础原则，也可能林户想要在同一个村民组内成立两个或多个经营单位。原则上，这种情况应尽可能避免。然而如果出现情况特殊并且理由充分的个案，在林户要求的情况下也可以予以考虑，但仍须满足森林经营单位的面积下限。

各户的地块边界有时并不清楚，例如几个农户共同分了一个山头的情况。在这种情况下，单个农户的份额以及将来的收益比例并非建立在具体的地块之上，森林经营单位的成员们应就此进行讨论，并针对采用什么标准计算该份额达成一致。

- 与村民大致约定召开第三次村民大会的时间。

村民组内部讨论过程可能需要很长时间，社区的森林面积、林分状况、权属分布、林业经营历史、社会组成等方面情况不同，可能采取的管理模式不同，所需的讨论时间也不同。另一方面，村民是否处于农闲期间也至关重要。但一般情况下，讨论期间不应低于两周，并且一个月之内应有结果。

为什么要创建森林经营单位？下面是其他国家的一些例子。

协助组织内的成员们（其中大多数是农民）经营他们的森林

挪威的林户协会包括本国的43000个成员。创建它的目的是帮助成员们进行森林经营，其活动范畴包括制定并执行森林经营方案、木材采伐以及与木材加工厂和造纸厂进行谈判。该协会是挪威的13个农业合作社之一，总部在奥斯陆，包括366个地方小组和8个区级组织。2005年，该组织销售了国内83%的木材。该国第一个林户协会成立于1903年，其后许多组织纷纷效仿，相继成立。由于木材采伐的特殊性，该组织不是以某县区为单位，而是覆盖一个河道区域。1913年，各区域组织整合为联合会，从而形成了一个全国性的组织。

实践林户的兴趣和意愿，协助林产品市场营销

芬兰林业管委会是一个林户成立的国家级政策机构。它在中央农、林业主联合会之下发挥职能。林业管委会通过提供木材市场和价格信息，影响林业政策，制定区域森林业主联合会以及地方森林经营协会的运行机制。区域性的森林业主联合会有13个，它们的目标是促进私有林业的发展，实现本区域内私人业主的兴趣和意愿，指导森林经营协会的运行。森林经营协会共有158个，它们的功能是协助森林业主进行森林经营、木材销售、营林和林分改造、提升森林业主的专业知识和技能。

缩减成本

南非的 Kwangwanase 小林权所有者协会在采伐季节雇佣一辆卡车，以便减少成员们的成本。而包括 1400 个小林权所有者成员的 Sakhokuhle 协会，成功地与承运方谈成了优惠的条件，以便小林权所有者们在出售林产品时节约运输成本。(Bukula and Memani，2006)

在乌干达，Kamusiime Memorial 乡村发展协会的成员们为了申请参加欧盟援助的锯材原木生产项目，将他们的土地联合起来以便达到项目要求的 25 hm^2 下限，并申请成功（Kazoora et al.，2006）。

提高能力以适应不断改变的环境条件和需求

南非 Warburg 小林权所有者协会把成员们联合起来，为成员们提供培训及信息研讨会，内容涵盖了小林权所有者林业的所有内容（Bukula and Memani，2006）。

Madhya Pradesh 小林业生产（交易和发展）合作有限联盟在博帕尔开设了一个零售终端(Sanjeevani),销售药用植物产品。他们在各个城区投入资金,开展了产品的干燥、分级、粉碎、包装等工艺，以提高产品价值（Bose et al.，2006）。

印度拉贾斯坦邦手工业者同盟针对杰出的手工业者提供奖励。它每年召开一个年度研讨会以分享设计方案。它还召开家庭装修趋势方面的研究会。此外的另一个重要举措是，为了建立以出口为导向的销售单位，制定了视觉化的销售规划并明确了实施步骤。协会在研讨会上，向成员们解释如何促进新奇手工艺品的出口，并选出了带头人参加了欧洲交易会（Bose et al.，2006）。

确保领导层能够一贯承担社会职责

通过召开例行选举赶走不称职的领导。

例如，巴西的 MGATRGBER 协会已经经历了四届管理层。前两个不能为散布在各地的会员们提供预期的服务，第三个涉嫌进行木材和土地的非法交易，第四个卷入党派政治，令协会带有政府色彩。不出所料，会员们评价了他们的能力之后，选举出了新的管理层（Kazoora et al.，2006）。

不爱计较报酬的成员往往能成为好领导

例如，乌干达的受访者们认为，除了读和写的能力之外，能否胜任领导工作的最重要的条件是其过往经验是否丰富。在很多财政状况不好的协会，领导们得到的报酬很少，但是他们为了给集体谋利益，用责任心弥补了报酬不足的问题（Kazoora et al.，2006）。

公正：协会怎样做到公正？

公正的程序

圭亚那林产品协会每月都要召集它的12个成员执行委员会开会，其中每个委员会法定人数不少于6人。此外还不定期召开其他各种类型的成员会议。

在南非，南非林业协会作为一个大型产业协会，其管理委员会主要由5个大业主成员、3个中型业主成员以及2个小业主成员组成。大业主成员占的比重较大，所以协会会议中的议题总是被大业主的业务及利益主导。很自然地，在这种情况下，很多小业主协会纷纷应运而生（Bukula and Memani，2006）。

3.6.2 第三次村民大会

森林经营委员会代表、村民组长及村民代表与社区成员约定会议时间，并通知工作组。会议要求全体农户尽量参加。会议议程大致包括下列内容。

- 委员会代表、组长或村民代表回顾内部讨论程序的过程、参加人员以及主要的讨论成果。
- 委员会代表、组长或村民代表按讨论提纲内容（挂图），逐条对拟建立的森林经营单位进行详细描述。
- 解答村民以及工作组提出的疑问。
- 听取村民的反馈意见，必要时可展开讨论。
- 工作组对拟建立的森林经营单位进行快速评估：
  - 该组织是否满足项目的政策和要求；
  - 代表的选择方法以及他们的职责和任务是否清晰透明；
  - 成员权利和义务是否明晰；
  - 决策机制和受益分配是否公平公正；
  - 讨论内容在细节上是否已经能够支持组织章程的制定；
  - 该组织在项目实施中是否具备可操作性；
  - 项目期结束后该组织是否仍具有可持续性。
- 向大会阐述评估意见，并提出建议：哪些方面需做出调整，哪些方面仍需详细讨论和完善。
- 主持后面的讨论进程。
- 如果村民内部分歧很大，耐心听取多方意见，分析原因并请委员会代表、组长和村民代表提出解决的建议供村民讨论。工作组一位成员应记录会议中的所有讨论要点，作为下一步制定组织章程草案的基础。
- 安排组织章程草案的制定工作。

章程草案应根据村民大会讨论意见进行制定，由工作组进行主笔，由委员会代表、组长和村民代表进行协助。鉴于草案成稿后将进行公示，会上工作组应根据工作量，与村民约定公示的时间和地点。

3.6.3 对章程草案进行公示

拟定的章程草案应在村民组中心地段进行公示。公示应持续至少1个月，期间村民可将其疑问、评价、建议或反对意见反馈给委员会代表。

公示期结束后，工作组来到村民组，与委员会代表们一起回顾村民的反馈意见，必要时应对章程草案进行调整和完善。工作组同时应与村民组约定第四次村民大会时间。

3.6.4 第四次村民大会

第四次村民大会的目的是展示、讨论并通过章程草案，并在此基础上，开始组建森林经营单位并选举成员代表和／或管理人员。会议议程大致包括以下内容。

- 回顾前一阶段工作，重点介绍章程草案的制定过程及公示反馈情况。
- 向村民逐条介绍章程草案，重点是村民反馈意见较为集中的地方，确认大家对其内容的理解是否一致。
- 进一步征求意见，如无意见则以举手表决的形式通过草案。
- 组织选举森林经营单位的管理机构和监督机构成员。
- 讨论下一步工作：
  - 以联户管理或个人管理成立的森林经营单位，可直接开展森林经营方案的编制工作；
  - 股份制管理的，讨论如何开展成员的山林入股工作。制定工作计划，确认哪些方面需要工作组的见证或协助；
  - 承包给他人经营的，讨论采用何种方式外包，承包人与个户分别签订单独的承包协议，还是先确定个户的合同份额，再统一与承包人签订一份总的协议？制定相应的工作计划，确认哪些方面需要工作组的见证或协助。

原则上，工作组应尊重社区内部的商讨结果，但如果发现有不切实际、不公平、不合理的地方，应及时澄清，必要时应进行干预。

3.6.5 森林经营单位的注册

完成森林经营单位的组建后，县项目办应协助其开立账户。对于需要注册的经营单位，协助其进行机构注册。注册程序以及相关证书、材料的准备应按照不同类型组织机构的相关要求进行。

森林经营单位与项目签署合同附录

3.7 第八、第九步：森林经营方案的实施及项目监测验收

在森林经营方案实施（第八步）之前，森林经营单位已经开始创建（第七步），但是我们不必等到它完全建立再实施，甚至项目的监测验收工作（第九步）也可以先期进行。在森林经营单位尚未完全投入运作之前，森林经营委员将继续扮演其过渡性角色，待森林经营单位正式成立和注册后，它将自然地接管委员会的工作任务。

实际上，大多数的森林经营单位将在森林经营方案制定完毕并得到森林经营委员会的同意和批准之后才建立，原因是森林经营单位的章程制度和组织形式与森林经营方案中涉及哪些经营活动密切关联。但是森林经营单位的创建可能需要一些时间：成员们可能需要更多、更深入的讨论以便决定森林经营单位内部的规章、制度、职责；或者森林经营单位的注册过程可能耗时很长。但是，注册过程不应耽误森林经营方案的实施。实际的执行过程中，本指南的第五、第六步到第八、第九步应该是顺畅的、不间断的。

然而，需要注意的一点是，在森林经营方案开始实施之前，林户必须已经就下列安排达成了一致：①劳动力如何组织？②项目补贴如何分配？③林木产品如何分配？这样的安排可以避免后面的步骤中出现误解/争端，也有利于森林经营单位的顺利成立。

森林经营方案的实施由森林经营单位/委员会负责。实施活动将按照方案的要求，在县项目办和乡镇技术人员的协助下开展。此外，经营单位和县项目办将对实施成效开展自查，每年两次。

省级监测中心根据《项目监测指南》执行项目的监测检查，每年开展两次。森林经营单位的代表们将作为林权所有者和顾问，参加验收过程。为此，他们需要熟知项目监测验收的程序及规定。

监测中心将制定监测纪要，对监测结果及其影响作出清晰阐述。这些监测纪要需要监测中心、县项目办和森林经营委员会/单位代表签字，以表明他们接受该监测检查及其监测结果。

4. 挂图、传单、手册

在与村民约定村民组会议时间之前，通过村民代表和村民组长向村民发放项目传单，并将项目宣传挂图抄在大纸上，或打印在大幅的纸质/塑料/布质材料上，用于向村民们介绍项目。在村民组大会结束时，向到会人员发放林户手册。

（1）挂图

- 挂图1：中德合作贵州林业项目简介
- 挂图2：什么是参与式森林经营？
- 挂图3：什么是森林可持续经营？
- 挂图4：森林中要开展哪些经营活动？
- 挂图5：为什么要成立森林经营单位？

- 挂图 6：个人对森林经营单位的要求？
- 挂图 7：森林经营单位可能的组织形式。

(2) 传单

- 传单：《中德合作贵州林业项目林户宣传材料》。

(3) 手册

- 手册：《中德合作贵州林业项目林户手册》。

挂图 1

中德合作贵州林业项目简介

中德林业项目是做什么的？

帮助林权所有者按照可持续的方式经营森林：保持和提高森林的生态功能，提高森林的经济价值，给群众带来越来越多的经济收益。

项目实施期是多少年？

2008—2015 年，共 7 年。

项目怎样组织实施？

- 通过信息传播引入参与式森林经营。
- 帮助村或村民组级别的林权所有者以森林使用权联合体（森林经营单位）把自己组织起来。
- 在森林可持续经营方面以及近自然原则方面，制定森林经营规划。
- 帮助森林经营单位实施获审批的森林经营方案。
- 检查所有工作步骤：森林可持续经营的投入、产出以及质量。
- 给森林经营单位及其成员支付补贴。
- 对森林及社会经济影响实施监测。
- 森林研究活动。
- 在项目的所有相关活动（森林可持续经营规划、森林可持续经营的实施、会计核算、森林经营单位管理等）上，对参加项目的所有人员进行培训（工作人员、技术员、森林经营单位负责人、林权所有者、工人等）。

森林经营单位的目的是把村民组内有林权的所有农户联合起来，统一成立一个森林经营单位。县项目办与经营单位签署项目合同，项目资金直接提供给森林经营单位，而不单独针对个户。一个经营单位的森林总面积不宜低于 1000 亩（最小 750 亩）。

森林经营方案的制定和实施必须严格遵循森林可持续经营和近自然原则。一个森林经营方案涉及每个森林经营单位的全部森林面积。森林经营方案必须由森林经营单位成员/代表和林业技术员一起共同制订，规划期是10年，包含之后10年中每年的活动规划。森林经营方案贯彻可持续森林经营的原则，并采用“近自然”林业的方法，尤其是生态公益林。

森林经营方案包括哪些内容？

- 对森林经营单位及其森林的描述。
- 森林的经营目标。
- 按不同类别（如森林功能、立地质量、经营类型等）森林面积的分布情况。
- 不同龄级或发育阶段的立木蓄积量情况。
- 规划的营林措施以及年度间伐和主伐蓄积量情况。
- 森林保护计划。
- 基建规划。
- 把森林划分为经营单元（小班和细班）：各自单独的立地与林分描述以及活动规划（栽植、抚育、间伐等）。
- 地图：方位图和营林规划图。

林户能得到哪些好处？

- 懂得怎样以最高效的方式经营自己的森林，并获得这方面的帮助。
- 森林的价值、生产力和稳定性持续提高。
- 免费得到所需的工具和设备。
- 在森林维持和保护方面获得补助。
- 在改进森林的基建设施方面得到补助。
- 以一定的林业优惠政策获得采伐许可证。

挂图 2

什么是参与式森林经营?

参与式森林经营即在森林经营从森林经营规划到规划实施的所有步骤，都是在林权所有者和林业局的林业专家紧密合作下进行的。尽管林权所有者可能没有专业的林业知识背景，他们应当高度参与每一项决策和实施过程，这包括要按照森林可持续经营原则、尽可能尊重和遵循他们的意愿和兴趣。其目的是帮助林户建立最适合的森林经营组织，选出大家最信得过的带头人，实行民主决策，并保证在发放森林保护与维护补贴和分配森林经营收入时，实现真正的透明、公正、合理。

项目规划和实施步骤：

1. 县项目办选择适合参与项目的村 →通知乡、镇、村、组领导和村民代表 →初步宣传 →转发项目传单给村民。

2. 项目详细宣传：村民组大会，尤其是林权所有者大会。

3. 分析村民组森林现状和参加项目的可能性→村民组决定是否参加项目 →提交《项目合作申请表》。

4. 创建森林经营委员会（过渡性组织）→选举产生三位代表→与县项目办签订合同。

5. 制订森林经营方案：项目技术人员负责，森林经营委员会参与。

6. 森林经营委员会认可经营方案 →上报省林业厅 →批准。

7. 成立森林经营单位 →项目合同转签到森林经营单位。

8. 项目实施：森林经营单位负责，县项目办协助。

9. 监测与评估：森林经营单位和县项目办一起自查，每年两次，监测中心进行评估，有森林经营单位参加。

补贴发放：项目直接将劳务补贴通过森林经营单位的银行账号发放给森林经营单位。要按照森林经营单位成员内部约定的方式，以公开透明的方式发放劳务补贴。

挂图 3

什么是森林可持续经营？

两个原则：森林面积不减少；采伐量不高于生长量。

通过合理的经营措施，永久性的“类似自然”的森林逐渐形成：

I. 形成群落　　II. 质量得到改善

III. 竞争与选择　　IV. 永久性的森林覆被

好处：①经济效益：稳定的、连绵不断的经济收入；②生态效益：保护自然资源（土壤、水等）；③森林服务：村庄环境、休闲、旅游等。

可持续经营的森林有哪些特点?

1. 永久性的森林覆被：经营措施以间伐为主，只在有限的小范围内可以开展皆伐，一般尽量不采用。

没有大面积的皆伐

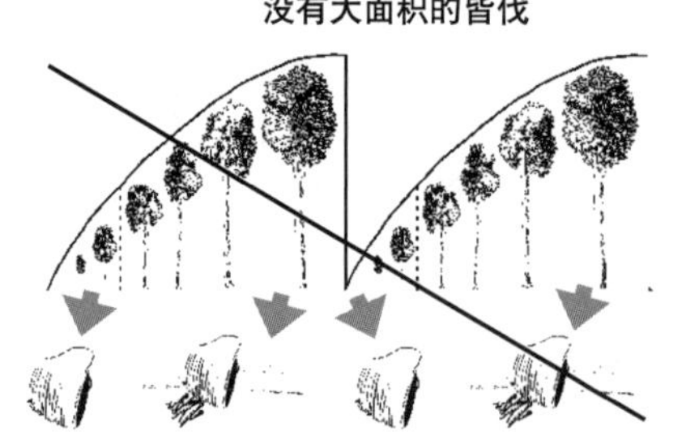

稳定地提供林产品

2. 蓄积量增加。

3. 促进乡土树种。

4. 促进天然更新和森林的自然恢复。

5. 促进混交状态。

6. 选择并促进目标树。

7. 降低间伐的不利影响：对间伐和通道的布局进行仔细规划，非常小心地实施基建措施，保护水源地，尽可能避免水土流失和植被破坏。

挂图 4

森林中要开展哪些经营活动？

发育阶段和林分类型	经营目标	营林措施选择
无立木的面积	重新造林	最初规划：尽早栽植，以及随之而来的除杂； 后来规划：取决于立地质量，栽植6～10年后开展“间伐1”
天然更新 （树高 < 2 m）	促进物种混交； 促进质量良好的植株生长	最初规划：人工促进天然更新（除杂、保护），在林中空地栽植； 后来规划：如果密度大于167株/亩，2～4年后开展“抚育”，取决于立地质量，5 ～8年后开展“间伐 1”
人工林 （树高 < 2 m）	促进质量良好的植株生长	5～8年后取决于立地质量开展 “间伐 1”
幼林 （胸径< 5 cm）	保证阔叶树比例； 促进质量良好的植株生长； 调整密度，使密度最大不超过167株 / 亩（2500 株 / hm²）	最初规划： 如果密度大于167株/亩则进行“抚育”； 后来规划：3～7年后取决于实际胸径和立地质量开展“间伐 1”
中龄林 （胸径< 15 cm）	选择和促进目标树木的生长； 促进林分的针阔混交（ 阔叶树比例至少为 30%）； 改善林分结构和调整密度	最初规划：1～3年后取决于实际的现有株数/亩和胸径，开展“间伐 1”； 后来规划：6～8年后取决于实际的现有株数/亩和胸径开展“间伐1”或“间伐2”
近熟林 （胸径15～34 cm）	进一步促进目标树	最初规划： 1～6年后取决于实际的现有株数/亩和胸径，开展“间伐2”； 后来规划：6～8年后取决于实际的现有株数/亩和胸径，开展“间伐2”或“择伐”或者“在规划期内没有营林措施”
成熟林 （胸径> 34 cm）	根据目标胸径开展主伐，促进天然更新	择伐（更新伐）
退化林分 （株数/亩低于正常值）	林分恢复 林分蓄积量增长	自然恢复：无主动的营林措施；通过保证没有任何伐木活动，使林木生长能够不受人为干扰
矮林	如果民众支持，转化为混乔矮林或者乔林	最初规划：通过压制矮林的生长来进行立地清理，同时迅速栽植以及随之而来的除杂，并进一步压制矮林的生长； 后来规划：取决于立地质量，栽植6～10年后开展“间伐1”

挂图 5

为什么要建立森林经营单位?

1. 个户的森林面积很小，不利于规模经营

规模经营的好处：提高效率，降低成本和费用，林权所有者能够得到更多的经济收益。

2. 森林经营需要长效机制

林业经营周期长，所以规划及经营活动要有长远性和连续性。项目期望一个森林经营单位的功能不只持续几年，而是几十年甚至更长。

3. 森林经营需要中小林权所有者相互合作

- 林道规划和建设（需要占地）；
- 集材道的开辟和使用（需要统筹规划）；
- 木材的采伐、加工和营销；
- 统一购买和使用林业工具和设备（需要很多资金）；
- 森林保护，如防火、病虫害防治；
- 防范自然灾害，如山体滑坡等；

总之，森林经营需要的是合作与协调，不是相互竞争。

4. 项目实施需要统一组织

- 统一规划：为整个森林经营单位的森林面积编制森林经营方案。
- 统一施工：以小班和细班（山头、地块）为单位统一施工，统一提供技术培训和现场指导。
- 统一验收：以小班和细班（山头、地块）为单位进行检查验收。
- 统一发放劳务补助：项目不直接把劳务补助发到单个农户。每个森林经营单位建立一个银行账户，劳务补助直接发给经营单位。经营单位的成员需要商定一个分配方法，用来界定谁该得，以及得多少。

挂图 6

个人对森林经营单位的要求?

森林经营单位是属于成员大家的，建立什么样的经营单位，也需要基于项目的推荐意见，大家共同协商后统一决定。但是，在“究竟什么样的森林经营单位才是最适合的？”问题上作出决定之前，请每一个林户先自己思考下面的问题。

1. 你的森林目前资源有些什么？主要有哪些树种？年龄？蓄积量？质量？
村名组中是否有其他森林所有者的情况和你一样?

2. 你的森林发展潜力怎样？你准备如何经营管理，保护和利用你的森林资源?
- 生产大型的规格材?
- 生产坑木等小径材?
- 提供烧柴（如冬天取暖用）?
- 保持原样，作为风景林?
- 生产非木质林产品？（如药材？饲料？野菜？蘑菇？）

其他人的想法和你一样吗?

3. 你的森林在管护方面存在哪些困难(防火？防病虫？防牛羊？防砍柴？防盗伐？)？经营利用方面呢（劳动力？知识和技术？市场信息？外运销售？木材手续？）？

4. 你在哪些方面需要跟其他人合作？怎样合作？ 哪些方面不希望跟其他人合作?
其他人的想法和你一样吗?

5. 你经常外出打工吗？如果外出时森林经营需要你表态决策和提供劳动力时，你打算怎么办?

6. 你们家会一直住在村里吗？你的儿女呢？如果将来不住在村里，林地怎样经营和收益?

挂图 7

森林经营单位可能的组织形式

下表中总结了四种森林经营单位的组织形式，但我们随时欢迎新的想法和形式。

类别	联户经营	承包经营	股份制经营	个户经营
管理模式	联户决策，分户经营	联户外包，按协议分成	森林入股，集体经营	个人决策，个人经营
运行方式	自己负责在自己的宗地上施工，出售自己林地中出产的林产品，领取自己那份项目劳务补贴	大家的林地统一承包给他人，由他人来组织项目实施以及今后的生产经营，森林经营收益按协议分成	打破个户的宗地边界，拉通经营，设置专门机构进行统一决策、统一组织施工和经营，亏损按股分摊，盈余按股分红	经营完全自主，自负盈亏（注意：面积不小于750亩）
特点及利弊分析	▪自己做自己的工作会更仔细，自己管理自己的林地更放心，并且可以自己做主。 ▪统一施工时，工期不可能很长，因此自己家的劳力可能不够用，需要雇工或换工； ▪项目期内，要求本人经常参加项目会议，亲自参加项目培训； ▪项目结束后，仍需要不时与其他农户一起商量如何进行森林管理，并统一规划和实施森林的生产经营活动； ▪将来如果经营需要，修建基础设施（如林道）占地时需要重新协商解决	▪自己劳力不足的时候没关系，因为施工不用自己负责； ▪将来离开村里也没关系，因为林地收益可以与管理者分成； ▪森林经营活动施工过程中，经营者需要雇工时，自己也可以出工，挣工钱； ▪对森林经营管理不懂并不影响经营收益。 ▪项目期内：不要求参加项目会议，如果不出工，也可以不参加项目培训。 ▪项目结束后，不需要参加经营管理会议。 ▪必须在条款中明确规定森林经营的原则和方法，以保证可持续经营实践贯穿合同期始终。 ▪将来如果经营需要，修建基础设施（如林道）占地时需要重新协商解决	▪自己劳力不足时没关系，因为施工由单位统一组织； ▪将来离开村里也没关系，因为林地收益可按股分红； ▪本人对森林经营管理不懂并不影响经营收益； ▪将来如果由于经营需要，修建基础设施（如林道），或者出现自然灾害时，可不必担心自家的地块被占用或破坏，因为自己拥有的是股份，不再是山头地块； ▪森林经营活动施工过程中，自己也可以出工，挣工钱； ▪项目期内：个体农户有事可以不参加项目会议，如果不出工，也可以不参加项目培训； ▪项目结束后，不需要经常参加经营管理会议	如果林地是此前承包来的，只需与此前的发包人协调
林权变化	林权不发生任何形式的变化	林权不变，在与承包人的合同期内，自己没有林地的经营决策权；合同期满后自动重新获得完整的林权	林权不变，只是林权由具体的山头地块变成在一大片森林中占有的股份，林权证将成为股份形式	林权不发生任何形式的变化
退出机制	理论上可以随时退出组织，但是退出后其他人进行规模经营时会遇到不便	合同一旦签订，就没有单方面退出的余地，除非协商解决	可以将股份转让给他人，理论上也可以随时退股，但退股后其他人在规模经营时会遇到不便	不存在
焦点问题	如何建立一个决策和协调机制，以保证远期的联户经营？届时的森林经营可能会涉及很多新的情况和需求，如何协调并做出决策？	▪谁愿意承包经营，分成按什么比例合适？ ▪承包经营的成本和收入的账目如何保证透明和公开？确定什么样的机制来保护发包人的利益？	林地怎样折股？怎样才能做到真正公平？有什么机制能保证若干年后依然公平？	此前发包人对本次林权改革的结果（收益分成协议）是否满意？如果目前与你存在任何矛盾冲突，你的林地不能纳入项目

中德合作贵州林业项目
林户宣传材料

我们为什么要宣传“中德合作贵州林业项目”？

林户朋友们，在了解项目之前，请先思考下面的问题。

1. 你有自己的森林，但是长期以来一直是在保护，有没有为你带来经济收入？

2. 你希望自己的森林质量越来越好，并且持续不断地为你带来收益？

3. 你知道森林要不断地经营才能变得越来越好，但一不懂技术，二没有采伐许可证？

4. 你担心自己的森林发生火灾、病虫害和被别人砍伐？

5. 你的森林中没有道路，木材采伐了也运不下来，你希望有人能帮助修建林区道路？

6. 你觉得个人办理木材采伐和运输手续很麻烦。希望简化手续，并降低相关税费？

7. 你明白个人的森林面积有限，要体现经济效益需要跟其他人联合经营，但是没有可靠的人带头，不知道该怎么做？

如果你面临上面的困难和问题，请关注下面的项目介绍。

“中德合作贵州林业项目”简介

“中德合作贵州林业项目”简称叫“中德林业项目”。它是一个由德国政府和中国政府无偿援助和扶持的林业项目，两国的资金各占约一半。

一、项目主要的活动：通过抚育、间伐、择伐以及保护森林，提供给农户必要的材料、工具和基础设施，让农户的森林质量越来越好，病虫害减少，并持续不断地为你带来经济收益。

二、项目的实施方法：项目把村民组内的林户联合起来，统一成立一个森林经营组织。项目实施针对林户组织，不针对个人。

森林经营采用“近自然”林业的方法，一般没有大面积的人工造林，而是促进天然下种的幼苗生长。这种方式和人工造林相比，一是成本低，二是成活率高，三是树种类型多，四是森林的稳定性好。特殊情况下，会对林中空地和间伐后形成的空地进行小面积的人工造林。

三、参加项目有哪些好处：

1. 项目帮助林户建立自己的经营组织，以便对森林进行长期的、科学的经营管理；

2. 短期内，通过森林抚育和间伐，林户可以获得一定的原木和木材销售收入；对于不赚钱的森林经营活动，项目提供劳务补贴；

3. 项目免费提供森林经营的知识和技能培训；

4. 项目免费提供种苗和工具，必要时也包括基础设施和设备；

5. 长期来看，通过采取科学的经营措施使森林的价值不断提高，能产生稳定的、更高的经济收入；

6. 集中办理采伐许可证和手续，并提供一定的林业政策优惠。

四、劳务补贴的标准：不同的森林类型、不同的经营措施，有不同的资金补贴标准。参加项目的规划会议能够详细了解。只要是按照项目的要求来对森林进行经营，项目将按标准给予补贴。

你们的决策和参与，决定你们森林的未来

项目马上要在村民组召开规划会议，通过参加会议，你能进一步地了解项目的内容。

中德林业项目与过去有很大的不同，它采用的是“参与式森林经营方法”。林户参与项目规划和决策，专家和林业技术员只是提供帮助。项目首先会为林户提供相关的信息和知识，并充分了解林户的意愿。根据农户的意愿，林业技术人员和农户一起制定森林的经营方案，让林户真正做森林的主人。

因此，项目需要你们自己做出决定：是否参加项目？如果决定参加，需要联名向项目提出申请后，项目才能落在你们村民组。

此外，项目需要你们在下列方面发表意见。

- 你跟其他林户之间怎样合作？应当成立什么样的经营组织？
- 你们的组织选谁做带头人？
- 项目实施的劳动力怎么组织？你是否亲自参加项目劳动？劳务补贴怎样分配？
- 你们的森林确定什么样的经营目标？

总之，中德林业项目为你提供了一个改变自己森林的未来的机会，希望广大林户们关注项目，积极参与，把握好这次机会！

5. 项目文档表格

- 表 1　项目合作申请表
- 表 2　村民组会议出席名单
- 表 3　村民组会议总结表
- 表 4　森林经营委员会成立大会总结表
- 表 5　森林经营单位机构章程公示总结表
- 表 6　森林经营单位章程所需内容示例
- 表 7　村组信息表

　　附：林户签字规则

表 1

中德合作贵州林业项目
项目合作申请表

在了解了上述项目的框架、规章和收益条件后，我们，________县__________乡/镇__________行政村________________村民组的林户们，决定向项目表达合作意愿，并提出申请。

我们知道，与中德合作贵州林业项目合作，我们应该成立森林经营单位，并制定内部的规章制度（章程和条例），并建立决策机制。

我们愿意成立这样的森林经营单位，并针对我们的森林制定可持续经营方案，并因此请求在这些方面得到项目的帮助。

我们承诺将通过我们的森林经营委员会/单位，积极地参与项目的实施，包括对森林的评估、森林经营规划、森林维持和保护，以及符合项目规程的所有相关工作。

森林资源总面积（亩）	
其中乔木林分（%）	
涉及的林户总数	
其中常住林户	
交通状况（道路类型、到达最近的乡镇所需时间）	

我们已经通过投票选举了下列人员作为我们的代表，他们的任期直到我们的森林经营单位成立。

（地点）______________________（日期）______________________

森林经营委员会代表签字______________________

行政村主任签字______________________

行政村书记签字______________________

森林经营委员会涉及的常住林户名单及参与意愿：(第　页，共　页)

县 _____ 乡镇 _____ 行政村 _____ 村民组 _____ 森林面积 _____

序号	户主名字	森林面积份额（亩）	家庭代表签字	是否同意参加？（是/否）	与户主关系

注：1. 村民组内所有常住林户均须在名单上签字，同时申明自己是否愿意参加项目。本申请表将作为森林经营合同的附件，若其中不愿意参加的林户数>20%，申请表及合同无效。

2. 本名单必须由本人签字。如果张三确实不会写字，可委托李四代签，方法为：李四先写下“李四代张三”，然后由张三在自己的名字“张三”上按手印。更多情况详见参与式指南中的“林户签字规则”。

表 2

中德合作贵州林业项目
村民组会议出席名单（第　页，共　页）

______县_____乡/镇_____行政村__________村民组____年___月___日

序号	姓名	村民组	签字	序号	姓名	村民组	签字

注：本名单必须由本人签字。如果张三确实不会写字，可委托李四代签，方法为：李四先写下“李四代张三”，然后由张三在自己的名字“张三”上按手印。

表 3

中德合作贵州林业项目
村民组会议总结表

_______ 县 _______ 乡 / 镇 _______ 行政村 _____________ 村民组

____ 年 ___ 月 ___ 日，村民组常住户数 ___，参会户数 ___；参会妇女人数 ___，占 ___%

如果出席数较少，原因为：

____

序号	村民提出的主要议题、问题及异议	是否已解决✓	解决办法
1			
2			
3			
4			
5			
6			
7			
8			
9			
10			
11			
12			

工作组的观察与评价：

村民组组长、村民代表签字：____________，___________，___________

技术员签字：____________，___________

注：本表由工作组填制，相关人员签字。

表 4

中德合作贵州林业项目
森林经营委员会成立大会总结表

_______ 县 _______ 乡 / 镇 _______ 行政村 ______________ 村民组

____ 年 ___ 月 ___ 日，村民组常住林户数 ___，参会林户数 ___；妇女人数 ___，占 ___%

如果出席的林户数较少，原因为：

____

森林经营委员会代表名单：

姓名	性别	所属村民组	职务（如有）

代表产生方法：□ 投票海选 □ 差额选举 □ 群众公推 □ 其他：____________

工作组主要观察 / 评价：

1. 关于项目政策、森林经营委员会和项目合同，林户们提出了哪些问题？如何回答 / 解决的？

2. 非常住林户是否已得到通知，他们是否了解项目的政策和好处，是否同意参加项目？他们提出了哪些问题和关注？

3. 选举的方法是否适合，为什么？选举的过程是否公平透明？

4. 其他：

5. 下一步工作中需要注意的问题和事项：

森林经营委员会代表签字：____

技术员签字：____________，____________

注：本表由工作组填制，相关人员签字。

表 5

中德合作贵州林业项目
森林经营单位机构章程公示总结表

_______ 县 _______ 乡镇 _______ 行政村 _______ 村民组 ______ 年 ___ 月 ___ 日

序号	村民的主要问题/评价/异议	解决办法
1		
2		
3		
4		
5		
6		
7		
8		
9		
10		

村民对章程的总体满意度：

□ 强烈不满　□ 较不满意　□ 可接受　□ 较满意　□ 很满意

主要观察 / 评价：

森林经营委员会代表签字：____________，____________，____________

村民组组长签字：____________

工作组成员签字：______________，______________ 日期：____________

注：本表由工作组填制，相关人员签字。

表6

森林经营单位章程所需内容示例

1. 目标

2. 成员（以及面积份额，如适合）

3. 类型

4. 任务

5. 代表体系：
例如：
- 会员大会
- 委员会

6. 会员大会的组成及任务

7. 委员会的组成及任务

8. 代表及职能

9. 决策机制

10. 质询

11. 代表及委员会成员的任期和职责

12. 账户核查

13. 收入来源

14. 收益分配

15. 解散和清理

表 7

村组信息表 1

县：　　　　　　　　　　　　乡 / 镇：

村：　　　　　　　　　　　　村民组：

1. 社会经济特征

人口统计	
总人口	
劳动力总数（18 ~ 60 岁）	
其中妇女劳动力	
常年在外打工的劳动力	
总户数（户口本口径）	
其中林户数	
常住林户数	
少数民族及所占 %	

交通					
通车种类：	不通车	摩托车	长安车	农用车	卡车
路况：	土路?	砂石?	硬化?		
到最近木材市场所需交通时间（卡车，小时）					

成年人文化程度		
小学及以上	人数 / 百分比	
扫盲班水平	# 或 %	
完全不能读写	# 或 %	

备注：

备注：

村组信息表 2

2. 林地使用权
林权制度改革现状（进展情况？人们的满意程度？是否有冲突等？）
林地使用权描述：农户数、权属类型、宗地地块大小（包括集体的林地）
其中，是否有承包？（谁承包给谁、林地大小、位置、合同有效期等）

3. 森林的历史
具体的历史特征（采伐森林阶段、再造林阶段、经营类型的演变）
自 20 世纪 80 年代以来实施过的主要林业项目

村组信息表 3

4. 森林和林产品的利用情况					
林木采伐与销售					
产品	用途	产量(多/有一些/少)	是否采伐?	是否销售?	在哪里销售?
林副产品的采集与销售					
产品	用途	产量(多/有一些/少)	是否采集?	是否销售?	在哪里销售?
是否需要在林中放牧					
是　　否					
备注					
是否需要收集薪柴					
是　　否					
备注：					
其它需求：(休闲活动、水源保护、家禽养殖、蘑菇养殖等)					

村组信息表 4

5. 项目实施要素
可能会影响到森林经营单位的成立和项目实施的潜在冲突
1. 2. 3.
注：冲突可能发生在任何互不相同的方面，如社会矛盾、人际关系冲突、农户间的争端、关于森林利用的不同意见等。
社区对将来森林利用上的期望
村民对项目的主要关注和希望

附：林户签字规则

为保证项目实施与规划过程的公开和透明，保障林农的参与权和知情权，林户必须在一些项目文档中签字。理想的情况是，任何一个人的签字必须由本人进行，然而项目区的社会经济情况决定了这种情况难以实现，代签字的情况不可避免。为了规范代签字的方法，使每一个签字均有据可查，特作如下规范。

1. 村民组会议出席名单签字办法：该文档只要求参加村民组会议的人签字。

例一：张三出席会议，张三本人会写字：

姓名	村民组	签字
张三	新房子	张三

例二：张三本人不会写字，找李四代签：

李四先写下"李四代张三"，然后由张三在自己的名字"张三"上按手印。

姓名	村民组	签字
张三	新房子	李四代张三

2. 项目申请表签字办法：项目申请表要求森林经营委员会所涉及的所有常住林户签字，该申请表将被作为项目合同的附件。

例一：张三的妻子李梅花代表她们的家庭签字：

序号	户主名字	所属村民组	家庭代表签字	是否同意参加？（是，否）	与户主关系
	张三	新房子	李梅花	是	妻子

例二：李梅花本人不会写字，找李四代签：

序号	户主名字	所属村民组	家庭代表签字	是否同意参加？（是，否）	与户主关系
	张三	新房子	李四代李梅花	是	妻子

例三：李梅花除代表他们的家庭外，还代表她的两个儿子（张老大、张老二）签字：

A：如果李梅花会写字：

序号	户主名字	所属村民组	家庭代表签字	是否同意参加？（是，否）	与户主关系
	张三	新房子	李梅花	是	妻子
	张老大	新房子	李梅花代表张老大	是	母亲
	张老二	新房子	李梅花代表张老二	是	母亲

B：如果李梅花不会写字，找李四代签，李梅花在她的每个名字上都要按手印：

序号	户主名字	所属村民组	家庭代表签字	是否同意参加？（是，否）	与户主关系
	张三	新房子	李四代李梅花	是	妻子
	张老大	新房子	李梅花代表张老大	是	母亲
	张老二	新房子	李梅花代表张老二	是	母亲

6. 访谈指南

说明：

以下问题的目的是指导你如何进行农户访谈。你不需要直接问对方这些问题，这不是一个问卷，而是一个帮助你记忆的工具，或者是一个话题清单，以确保你不会忘记任何重要的方面。

下列内容不必按顺序提问，而是自然谈到时提出。不要打断对方说话，而是引导谈话内容，以便让他/她给出你问题的答案。

6.1 村 / 组干部访谈指南

姓名：

（1）村人口

总人口：________________

总劳动力：______________，其中妇女劳动力：_________

常年在外工作 / 打工的劳动力（数量或 %）：________________

总户数：_______ 其中少数民族及户数：________________

林户数：_______ 其中常住林户数（数量或 %）：_______

（2）成年人文化程度

对农户的文化程度进行估计（数量或 %）：小学及以上的有多少，达到扫盲标准的有多少，完全不会读写的有多少。

（3）是否通车

通车种类、乘卡车到最近的木材市场的距离（公里数或所需时间）、路况（水泥路或土路等等）。

（4）林地权属

核对，确认林业局已有的信息，并进一步进行记录。

个户的林地使用权：林地面积、农户数、宗地面积大小。

其中，是否有承包？面积和森林类型等。

集体的林地：乡镇集体、行政村、村民组（分别描述其面积和森林类型）。

（5）森林的历史及利用

过去实施过的项目：发展过什么人工林（退耕还林以及其他项目）、间伐项目、封山育林项目；什么时候、怎样实施的（承包？集体出工投劳？）；结果（保存维护等方面）。

有没有大面积采伐过森林，哪个期间？解释为什么，出于什么目的？

林地分配（在 20 世纪 80 年代就已经分到户了吗？还是最近分配的？林地怎样分配的，是否是按就近原则，为农户在靠近其耕地的位置分山；是几户指定一个山头，还是落实了

清晰的界限；等等）。

有没有非法的木材经营利用？

其他？

6.2 半结构林户访谈指南

介绍：

- 介绍你自己。
- 放松你自己，并让你的访谈对象放松，用几句关于天气、收成或者该年度该农户关心的任何的话题，或通过与小孩谈话、或对该村做几句评价，建立起对方的自信。
- 问对方是否有时间跟你聊一下。
- 简要解释项目的目的：帮助农户照顾好他们的森林，以便提高他们的森林质量。
- 你现在是工作组的成员，工作组在村里工作，以便了解农户的生活和状况，他们对森林经营的意愿以及打算。

（1）农户

有几个家庭成员？

有几个劳动力？

有几个人在打工？

民族？

（2）家庭经济

主要家庭收入来源？庄稼、家畜（问种类和数量）、打工、在外上班等（在这里，我们不需要一个绝对准确的数字，只要能够反映农户的家庭经济条件和收入来源即可）。

（3）农户的山林

如果你们在户外，并且能够看得见林子，问农户他/她家的林子在哪？

农户分到的山林有多大？一共有几宗地？边界清楚吗？

森林类型：树种？人工造林？天然次生林？大树还是小树？

(4) 森林利用

采集薪柴吗？如果是的，农户家庭的取暖期有多长？

牲畜（牛羊）在放牧吗？

农户砍过树吗？如果是的，是做什么用（建筑、销售）？

什么树（树种、规格）？

如果卖过，卖给谁，什么价格？

采集野菜或蘑菇吗？

其他用途？

(5) 你对你自己的林子有什么打算？你希望怎样利用？

我们希望知道的是：农户是否对自己的森林感兴趣，对他们来说保持并提高森林质量是否重要；森林面积看起来是大还是小，他们是否有能力管理和经营好。

(6) 分析和结论（由访谈人填写）

可能会对森林经营单位的成立和运行以及项目实施产生影响的潜在的冲突 / 困难（需要讨论和解决的困难）。农户对项目活动的兴趣和能力。

6.3 关键信息人访谈指南

(1) 森林的利用

采集薪柴吗？如果是的，农户家庭的取暖期有多长？

牲畜（牛羊）在放牧吗？

农户砍过树吗？如果是的，是做什么用（建筑、销售）？什么树（树种、规格）？如果卖过，卖给谁，什么价格？

采集野菜或蘑菇吗？

其他用途？

(2) 森林的历史

过去实施过的项目：发展过什么人工林（退耕还林以及其他项目）、间伐项目、封山育林项目；什么时候、怎样实施的（承包？集体出工投劳？）；结果（保存维护等方面）。

有没有大面积采伐过森林，哪个期间？解释为什么，出于什么目的？

林地分配(在20世纪80年代就已经分到户了吗？还是最近分配的？林地怎样分配的，是否是按就近原则，为农户在靠近其耕地的位置分山；是几户指定一个山头，还是落实了清晰的界限；等等)。

有没有非法的木材经营利用？

其他？

(3) 你们对你自己的林子有什么打算？你希望怎样利用？

我们希望知道的是：农户是否对自己的森林感兴趣，对他们来说保持并提高森林质量是否重要；森林面积看起来是大还是小，他们是否有能力管理和经营好。

(4) 农户访谈的分析和结论（由访谈人填写）

可能会对森林经营单位的成立和运行以及项目实施产生影响的潜在的冲突 / 困难（需要讨论和解决的困难）。农户对项目活动的兴趣和能力。

6.4 妇女小组访谈指南

(1) 森林的利用

采集薪柴吗？如果是的，农户家庭的取暖期有多长？

牲畜（牛羊）在放牧吗？

农户砍过树吗？ 如果是的，是做什么用（建筑、销售）？什么树（树种、规格）？如果卖过，卖给谁，什么价格？

采集野菜或蘑菇吗？

其他用途？

（2）劳动力以及是否充足

妇女在森林里工作吗？采集薪柴、放牛或其他？

在森林经营中，妇女将会参与吗？什么程度？

妇女的生产生活季节历是怎样的，她们什么时候有空？

（3）你们对你自己的林子有什么打算？你希望怎样利用？

我们希望知道的是：农户是否对自己的森林感兴趣，对他们来说保持并提高森林质量是否重要；森林面积看起来是大还是小，他们是否有能力管理和经营好。

（4）农户访谈的分析和结论（由访谈人填写）

可能会对森林经营单位的成立和运行以及项目实施产生影响的潜在的冲突/困难（需要讨论和解决的困难）。农户对项目活动的兴趣和能力。

附录2

中德合作贵州林业项目森林可持续经营技术指南

缩略语

a 年

ANR 人工促进天然更新

ctn 近自然

DBH 胸径（1.3 m 处）

EP 补植

EPv 包括珍贵（昂贵）树种的补植

FCT 目标树

FMU 森林经营单位（林权所有者联合体，是拥有自己法规的林业法人实体）

G 基部断面积

GFA 负责给中德合作贵州林业项目提供咨询服务的公司

GZ 贵州

H 高（主要是树高或立木高）

ITTO 国际热带木材组织

N 数量

NFPP 天保工程

NRh 自然恢复

P 栽植

RIL 降低影响的伐木

SC 小班

sH 择伐

SFM 森林可持续经营

SGFP 中德合作林业项目

STC 从矮林纯林向混乔矮林的林分改造

STH 从矮林纯林向乔林的林分改造

Te 抚育

Th 间伐

V 蓄积量

根据项目新的安排对2009年9月伍力博士原指南做了修订和调整，胡伯特·福斯特，2010年6月。

1. 指南的目的

本技术指南是作为森林经营规划和具体实施森林作业的基础，而为参与中德合作贵州项目的林业技术人员和工作人员而制定的。

本指南介绍了森林可持续经营的总体目标、营林的一般原则，以及主要的营林措施。该指南适用于人工林、天然林、商品林以及地方公益林。

需要指出的是，所有采伐活动，如采伐强度的控制，应优先遵守国家和地方的规定。

主要的原则是：一种营林措施的应用是为达到一个既定的经营目标。有时，为实现一个目标，可以采用不同的方式，其中“不干预”也是实现既定目标的方式之一。

2. 森林可持续经营的总体目标

该项目背景下森林可持续经营的总体目标是建立、维护和经营森林：

- 实现所要求的森林功能；
- 使森林保持稳定并适应自然的立地条件；
- 为当地居民创造较稳定的收入；
- 出产大量有价值的木材以产生长期经济效益；
- 满足当地居民的生计需求。

2.1 森林可持续经营

“森林可持续经营是以实现一个或多个既定的经营目标为目的的森林经营过程，它同时要保证所需要的林产品和服务源源不断的供应，不得减少其内在价值和未来生产力，从而避免对物质和社会环境造成不必要的不良影响”（国际热带木材组织，1998）。

在这种定义下，对下列因素作重要的说明：

- 森林可持续经营要实现明确的具体目标是不同级别的，如林分级别、企业经营级别、行政级别或生态单位一级（如流域）；
- 森林可持续经营提供林产品和服务。林产品包括木材、薪材和非木质林产品。服务也可以被理解为公共利益（如防止土壤侵蚀、持久供水、娱乐等）；
- 森林可持续经营为这些产品和服务(这是森林本身)的供应基础提供保证，以这种方式经营使未来生产力得到保证，使林产品与服务能够持续地供应；
- 森林可持续经营的实施方式应当是这样的，它既不能对居住在林中或森林附近的居民造成消极影响，也不能对包括森林本身、基础设施或者其他土地利用系统在内的森林环境造成消极影响。

森林可持续经营的一个基本特征是学习。森林可持续经营并不是一个静止的概念，而

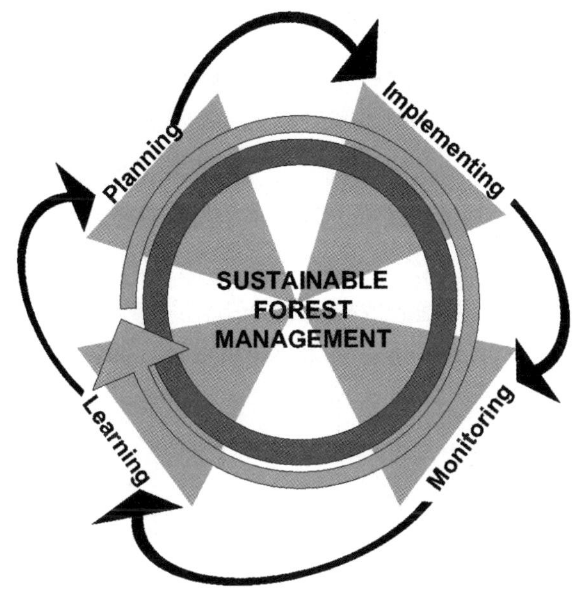

注：
Learning 学习；
Planning 规划；
Implementation 实施；
Monitoring 监测；
Sustainable Forest Management森林可持续经营。

图 Ⅱ-1 森林可持续经营的循环学习过程

来源：Seebauer & Seebauer 2008。

是要求基于系统地观察环境、社会和经济方面，这些方面不仅受到森林经营活动，而且还受到其他因素，如市场、人口流动和政策的影响。学习可以被定义为获得知识或技能的行动、过程或经历，通常包括连续的四个阶段（图Ⅱ -1 ）。

2.2 森林生物多样性保护与稳定性

森林可持续经营的一个最低要求是，特定地段的动植物的生物多样性不会受到经营措施或其他活动的不利影响。近自然森林可持续经营在这方面的要求更高，其中一个要求是，在中长期内，生物多样性将朝着群落自然演替的方向发展。

维护与改善生物多样性的目标是，作为林产品和服务基础的森林生态系统是稳定的，并且能够更好地应对自然条件的变化（极端气候、虫害、火灾等）。

在该项目背景下，意味着我们需要努力取得以下目标。

- 形成由适应立地的、针 / 阔叶树组成的混交林分。
- 防止土壤侵蚀、板结和土壤耗竭。
- 对保护生物多样性有特殊意义、而对木材生产没那么重要的特殊地段（群落生境 / 生境小区）加以保护：包括陡坡、岩石区、小河、小溪流、高山草甸和沼泽等。

2.3 林分蓄积量、立木度和生长量

森林如果具有以下特征，将能够更好地提供所需产品与服务。

- 是近熟林、成熟林或者异龄林。

- 如果是混交林，其树种以及树种组成符合自然选择过程。
- 具有最优的立木密度，该密度取决于许多因素（如树种、树龄、胸径、立地条件）；这为发育稳定的林木与林分创造了条件，而最优立木密度或胸高断面积也保证能够获得最大的木材生长量。

这就意味着需要把所有相关因素和经营目标都考虑进去，来非常小心地保护、维护和间伐森林。

作为林产品与服务产出基础的森林，如果它是成熟林，其总体产出将更好。这意味着它应该至少有一些胸径 > 40 cm 的林木，有相当程度的立木蓄积量和立木度，从而能充分利用林分较高的生长潜力。

按照国家政策，该项目希望到 2050 年实现平均立木蓄积量达 150～200 m^3/hm^2 的目标。以目前平均立木蓄积量约 40 m^3/hm^2 的情况来看，这意味着需要使现有林分蓄积量以平均每年 3 m^3/hm^2 的速度增长。

得到项目支持的森林立木蓄积量的情况会跟平均情况（40 m^3/hm^2）有所不同。因此，很有必要对项目所有森林的真实情况，包括树种组成、年龄、密度、蓄积量、活力以及其他参数，单独作评估。基于这些单独的研究结果，才能针对维护森林林分，制定、建议和实施最适合和最有必要的活动。

3. 营林基础与原则

3.1 对目标树概念的说明

目标树的概念是为了生产高价值的大径材（胸径 > 35 cm）。因此，目标树的概念意味着需要在明确定义的基础上，如，需求量高的树种，优质林木和生命力强，稳定性和抗性，促进从林分中选出的林木的生长。要达到促进目标树生长的目的，通常需要移除那些价值相对较差的干扰木，如干扰目标树生长的林木（促进目标树生长的间伐体系也可通用到目标胸径 < 35 cm 的情况）。

由于目标树的概念是为生产大径材，需要的生长期很长（达到 40 年或者更长），如果要用这个概念，只有满足以下条件时才比较合理：

- 对高质量和大径级的木材有市场需求，由于较高的木材价格，该市场回馈的是较长的生产周期；
- 采取的是降低影响的间伐和集材技术，以避免对保留下来的目标树造成损害，并维持目标树的价值。

通过间伐移除干扰木可以改善目标树的生长和蓄积量生长，但是这只在一定时期内有效，该时期因物种而异。经验法则：不要太早也不要太晚。

只有到一定年龄或胸径，如胸径至少达到 15 cm 时，才有把握去确定目标树。对于那些平均胸径低于 15 cm 的林分，将采用一种叫做“密度管理间伐”的方法，该方法中，树形良好、生长良好的林木会被保留下来。当平均胸径超过 5 cm，以及当立木密度过高以至于单株树无法发育正常的树冠时，就需要开展间伐了。

稍晚的时候（胸径 ≥ 15 cm），将会采用有针对性的“促进目标树的间伐”。对于喜光树种，当胸径达到约目标胸径的 50%～60% 时，就需要完成间伐了。对于耐阴树种，可以稍晚间伐，而等到实际胸径达到目标胸径的 75% 时，再开展间伐。但是，还有其他决定因子，如林分的卫生状况（把病死木或受损木移除）。

目前农民所采用的间伐和主伐方法，是为了生产大量的小径材，主要是坑木。对于生产这种长度 2.2 m，平均胸径 25 cm 的坑木，质量要求的重要性很低。对于此种生产目的，目标树的概念不能完全适用，而是必须与林分密度的概念结合起来。

采用森林可持续经营体系的目的是要生产胸径达到 35 cm 以及大于 35 cm 的木材，这就需要采用一定的间伐、集材以及运输方法和技术。间伐和主伐大而长的林木只能由专业的林业工人来做，他们拥有专业设备，并且实施地有合适的森林基础设施存在。

目前，由项目支持的森林的平均胸径小于 25 cm。在项目期内，对需要移除的林木进行间伐和集材的工作可能完全可以通过人力完成。为了工作人员和林业工人适应将来的情况，项目应当对工作人员和林业工人（林权所有者）进行培训，使他们掌握间伐大径级材的合适的方法，包括伐木、集材和运输。

3.2 营林原则

项目将向整个项目区引进和促进基本的森林可持续经营原则，以及在选定的生态公益林区域[①]，引进和促进近自然森林可持续经营（表Ⅱ -1）。以下是对这两种经营方法的最低要求所作的界定。

3.2.1 所建议的森林可持续经营的最低要求

- 稳定的、甚至是增长的森林面积，仅用于林业目的（不能自由放牧）；
- 在森林经营单位(FMU)一级，一个中期目标(10～20 年)是创建包含至少有 3 种树种、阔叶树所占比例至少为 20% 的混交林；
- 在森林经营单位一级，在一个 10 年期（森林经营规划）内，总的间伐量应当小于同时期内目前的生长量；
- 皆伐只适用于小面积（1 ～ 2 亩），并且必须采取特别的措施（带状皆伐、块状皆伐或伞伐）；
- 在纯矮林中收集薪材只适用于指定区域，该区域具有改进过的轮作体系并且引入了混乔矮林的经营类型；

①如果森林所有者同意，也可以在商品林开展近自然方法的试点。

表II-1 主要的近自然森林可持续经营原则图解

 	1.可持续经营的森林必须在同一时间、同一地点同时满足经济、生态和社会效益 近自然林业对于公益林是一个合适的经营方法，因为它在充分考虑生态效益的同时，还顾及了森林对当地居民的经济效益。 具有连续植被覆盖的森林是可以永续利用的（不存在轮伐期、再造林）！ 根据可采伐的最小胸径，进行间伐和择伐（没有皆伐）； 对特殊地段的保护与经营（陡坡、溪流）。
	2.形成多样性的异龄混交林分 正如在天然林中一样，大树和小树共存，并形成2～3个林层。它们并不是均匀分布地生长，而通常是群状或块状分布。同样，目标树也可以彼此距离很近并呈小的群状或块状生长。间伐也必须能够促进森林多样性结构的形成，而且要把保护稀有植物种考虑进去
	3.充满活力的森林满足森林提高生产力和增加立木蓄积量的要求 森林经营规划和营林措施必须充分考虑所要求的森林功能； 在一定时期（如10年）内，森林经营单位一级的间伐和主伐蓄积量要低于同时期的蓄积生长量，从而在长期范围内增加蓄积量；但是，比单纯的增加蓄积量更重要的是，森林活力和生产力的增加
	4.目标树的选择与促进（FCT） 单株林木的生命力和质量是选择目标树的决定性标准。目标树是那些产生较高经济价值的木材，即，它们有圆满而不受任何干扰的树冠，以及通直、圆满和无损伤的树干。 目标树的数量取决于立地条件和林分质量，可以是在75～250株/hm²之间 。目标树的平均株数为大约150株/hm²或10株/亩。 通过把影响目标树冠型发育以及最终影响其生长质量的干扰木移除（砍掉）来促进目标树的生长。其他的树要保留，除非与目标密度比起来，林分密度太高。 只有达到目标胸径时，才主伐目标树，即胸径至少为35 cm（生产锯木厂所需木材）

（续）

	5.与自然合作（生物学自动控制过程） 在有发展潜力的某些特定地段，使近自然森林的发育朝着天然植物群落的方向发展； 自然发生的林种变化以及林种混交状态的变化会作为该立地的自然生产潜力而被接受； 应处处（包括在人工林内）促进和保护自然更新的潜力； 森林经营要以自然过程为导向，并尽可能利用生物学自动控制过程； 对处于森林发育早期阶段的幼林，主要活动是保护和低强度间伐； 不能损害土壤、地表植被、灌木和自然更新出来的林木
	6.降低影响的采伐（RIL） 采用降低影响的采伐，从而使对剩余林木和幼苗尤其是目标树的损害降到最低；避免对土壤和特殊地段，如水道/河道造成损害；维护森林生态系统的生态功能；并使伐区内可以进行经济利用的每株林木蓄积量最大化。 选择伐倒方向，以降低对林分剩余部分的损害。 使伐倒木尽量朝向林中空地、或只有幼树的地段、或是林冠部分被清除后也很容易恢复的更新地段。 不要在暴风雨天气伐木，因为风力可能会改变伐倒木的方向，以及对伐木工人造成安全隐患。 在开始砍伐前，先清除掉树基周围的灌木和其他植被，因为它们可能会妨碍伐木工作。不要向着斜坡方向伐木，除非采伐木明显朝向下坡弯曲。尽量沿等高线伐木。 千万注意工作安全

- 必须保护森林土壤，使其免受侵蚀、板结或其他形式的干扰（如收集枯落物、放牧）。

3.2.2 近自然森林可持续经营的要求[①]

- 考虑森林的多种功能，尤其是森林对公众的生态效益；
- 促进林分形成混交与异龄结构（在林分水平），尤其是由乡土树种构成，长期的发展方向是天然的森林植物群落（1个轮伐期）；
- 森林经营单位级的间伐和主伐量低于生长量，旨在持续地增加立木蓄积量；
- 应用目标树概念来生产高质量的木材，这涉及要设定最终择伐的目标树的目标胸径至少为35 cm；
- 利用天然过程，尤其是尽可能利用天然更新；
- 采用降低影响的采伐作业和谨慎的基础设施建设，从而降低成本和减少对立地的影响；
- 土壤保护：

①大部分是分立协议上的要求。

- 保护自然的特定的土壤生产力
- 不施化肥
- 不收集枯落物
- 没有排水装置
- 不损害土壤结构的集材方法

■ 树种构成：

- 只存在适应立地的树种
- 仅优先考虑乡土树种，没有外来树种
- 树种的混交程度足以维持生态稳定性

■ 森林结构：

- 能促进异龄和不同胸径组合结构的形成

■ 森林更新：

- 应当尽可能以较长的轮伐期经营森林
- 没有大面积的皆伐，只有单株利用或块状、带状采伐
- 更新方式主要是通过启动和促进天然更新

■ 森林保护：

- 是虫害预防，而不是病虫害治理
- 如果需要病虫害治理，只能采取机械的或生物学的方法
- 不要使用化学制品，除非不使用就会危及到森林的存亡

3.3 伐前伐后可能的林分密度发育情况

为了更好地引导技术员和农户，对间伐密度特提供以下建议，用于整体上的指导。表格中的前提假设是林分的初始密度是 2500 株 /hm²（通常是造林密度）。为了更好理解所建议的间伐方案，关于间伐对剩余林分的最重要的参数（株数 /hm²、胸高断面积 /hm²、蓄积量 /hm²）以及对最终蓄积量生产（定期的蓄积生长量）有何影响，对此做了粗略估计。

表中的数字建议应当理解为，间伐强度可以达到 20%，或者取决于特殊的立地条件，可以高一点或者低一点。如果现有林分密度高于目标密度，就需要相应地减少林木株数。在这种营林措施中，质量最优的、最具活力的林木将保留下来，而树形差、长势弱的林木将被伐除。如果现有的立木密度太高，与目标密度之间相差太大，为减少其立木株数并达到目标密度，需要在 10 年期内，开展分 2 次或者 3 次连续的间伐；因为太高强度的间伐，如林木株数间伐强度超过 33%，会对林分造成损害（如风倒），因此应当避免。

必须要注意到的是，降低密度这种活动通常是在具有高密度的、同质的林分内开展（如针叶纯林）。一旦林分进入混交和异质状态，就最好是采用目标树的理念。在实践中，很多情况下，这两种理念可以融合起来利用。

表II-2　林分密度表

平均胸径（cm）	7	12	17	22	27	32
径级（cm）	5 ~ 9	10～14	15～19	20～24	25～29	30～34
林分平均高（m）	5	8	10	12	13	14
间伐前株数/hm^2	2500	1700	1200	850	600	425
间伐株数/hm^2	800	500	350	250	175	0
间伐强度（株数）	32.0	29.4	29.2	29.4	29.2	0.0
保留木株数/hm^2	1700	1200	850	600	425	425
间伐前胸高断面积/公顷（m^2/hm^2）	10	19	27	32	34	34
间伐前蓄积量/公顷（m^3/hm^2）	24	77	136	194	223	239
间伐蓄积量/公顷（m^3/hm^2）	5	14	25	36	42	0
间伐蓄积量（%）	20.5	18.8	18.7	18.8	18.7	0.0
保留木蓄积量/公顷（m^3/hm^2）	19	62	111	157	182	239
定期的蓄积量生长（m^3/hm^2）	58	74	83	66	58	
前提假设：平均胸径增长（cm）	0.8	0.8	0.7	0.7	0.6	
最少几年后开展下一次间伐	6	6	7	7	8	

注：采伐蓄积量不能超过立木蓄积量的20%（天保工程的要求）。

3.4 其他任务和方法

3.4.1 保护自然包括粗糙的木质残体

近自然森林可持续经营还有一个目标是保留一定数量的枯死木（粗糙的木质残体），用以维护生物多样性（许多动植物种的生存都依赖于枯立木或枯倒木和腐木）和水域保护（枯死木对蓄水的海绵功能）。

- 应当保留个别（干形差或枝丫过多或是受损木）经济价值较低或者所处极难开展采伐地段的林木，使其自然腐烂。
- 采伐后把树木的部分主干或树枝保留在森林里。
- 此外，近自然森林可持续经营需要特别注意林内的小溪和小水流，尽量保持它们的自然状态，并促进沿这些溪流的典型植被的发育。在项目背景下意味着：避免直接沿着这些水道或在其附近修建补给线和集材道；在水道左右10 m带宽的距离避免采伐或特别小心地开展采伐。

3.4.2 林缘改进

林缘的发展和人为活动必须能保证其内部的森林气候，使其免受外部影响（风、太阳、农业活动），并且它是森林免受暴风雨袭击的坚固屏蔽。

- 不能动（不要干预）林缘，用于发育多枝桠的乔灌。
- 避免间伐和采伐作业对林缘的损害。必须很早就对需要间隔出来的距离做出规定，这样一来，林木就能有力而稳定地发育，树枝向外伸展，直到垂向地面。
- 避免在太靠近公路、林道和水道的地方植树，而应该在道路或水道两边都留下 5 m 的带宽用于自然演替。

3.4.3 生计需求

在森林经营单位的经营水平上，必须留出一定区域以满足生计的需要。特别是有必要为收集薪柴（在萌生林）和林内放牧留出地块，并且必须限制在特定范围内，以免与近自然森林可持续经营产生冲突。如果森林所有者同意以及如果薪材需要能用其他的方式来满足，可以选择把萌生林 / 矮林改造为混乔矮林。

4. 林分类型划分

必须根据以下标准对林分进行划分和描述：

- 森林结构
- 森林主导功能
- 有立木—无立木
- 森林经营类型
- 林分类型
- 起源
- 发育阶段
- 年均年龄与年龄范围
- 林冠覆盖度
- 受损类型与程度
- 立地质量与生产潜力

4.1 森林结构

在大多数情况下，总是可以在一个小班内发现不同大小（胸径或树高）的林木。这是因为存在不同的林层或存在异龄的森林结构。通过森林经营规划的调查结果，也会反映在不同大小（胸径或树高）上森林的真实结构。

如果对一个异龄结构的林分描述有什么怀疑的话，建议参考对林分最重要部分的描述。

不管在什么情况下，森林经营规划以及实施森林经营方案，都需要把各个林层和不同发育阶段的所有林木考虑进去。

4.2 森林主导功能

根据中国的森林法，森林林种划分 5 类，而本项目只针对以下 3 种林种的森林功能：

- 防护林
- 用材林
- 薪炭林

4.3 有立木—无立木

没有立木的小班需要变成有立木，要么通过促进天然更新，要么在没有天然更新的情况下栽植幼树。

将对有立木的小班进行分析，并按以下方面做进一步详细描述。

4.4 森林经营类型

森林经营类型包括：

- 乔林
- 混乔矮林
- 矮林

4.5 林分类型

可以按以下来进行林分类型划分：

- 针叶纯林
- 阔叶纯林
- 混交林

将会应用以下对“纯林”和“混交林”的定义：如果某个树种或种组（如阔叶树）占全部林木株数的比例超过 80%，那么该森林就划分为纯林，否则划分为混交林。

4.6 起源

需要陈述当前的林分是怎样形成的：

- 通过栽植
- 通过天然更新
- 以混合的方式——部分是栽植的，部分是天然更新的
- 以其他方式（如直接播种）

4.7 发育阶段

在中德合作贵州林业项目框架下，对发育阶段是这样定义的：

- 更新： 树高 < 2 m
- 幼林：树高 ≥ 2 m 而胸径 < 5 cm
- 中龄林：胸径 5～14 cm
- 近熟林：胸径 15～34 cm
- 成熟林：胸径 35～44 cm
- 过熟林：胸径 ≥ 45 cm

4.8 平均年龄与年龄范围

如果知道的话，需要对平均年龄以及年龄的上下限做陈述。

4.9 林冠覆盖度

需要分 2 个发育阶段，分别对林冠覆盖度做估计：

- 更新与幼林（胸径 < 5 cm）
- 中龄林到过熟林（胸径 ≥ 5 cm）

林冠覆盖度是以小班土地被相应的林冠覆盖的百分数（%），定义为“林冠的垂直投影面积”。 而对于复层林，两个覆盖度数据的总和可能会大于 100%。

4.10 受损类型与程度

通过分析整个林分，对主要的受损类型及其出现情况作估测。森林可能的受损类型可以按如下分类：

- 雪折
- 病虫害
- 盗伐
- 火灾
- 其他类型（应做进一步解释）

受损程度（影响、出现频率）将按如下分类：

- 轻微
- 中等
- 严重

4.11 立地质量与生产潜力

立地质量决定了生产潜力，因此很重要。建议按 4 种类别进行立地质量分类：

- 好：土壤肥沃深厚，没有或者只有少数的石头，缓坡或者沟谷，现有林木生长明显良好（年度蓄积生长量估计高于每年 8 m³ / hm²）

■ 中等：土壤中等肥沃，只有极少数的石头，中坡或者缓坡，现有林木生长明显中等（年度蓄积生长量估计为每年 4～8 m³ / hm²）

■ 差：许多石头，土层薄，或者不怎么肥沃，陡坡，立地（山脊、山顶）裸露，现有林木生长明显差（年度蓄积生长量估计为每年 1～4 m³ / hm²）

■ 没有生产力：石质立地，土层浅薄，而蓄积生长量低于每年 1 m³ / hm²。

5. 经营目标与营林措施

5.1 经营目标

按照表 II-3 进行选择。

表 II-3 发育阶段、经营目标和措施选择

发育阶段和林分类型	经营目标	营林措施
无立木地	造林	最初的规划：尽早植树，以及之后的除杂 之后的规划：根据立地质量，在植树后6～10年开展“间伐1”
天然更新（树高 <2 m）	促进树种混交；扶持优质植株	最初的规划： 人工促进天然更新（除杂、保护），在大的林窗植树之后的规划：如果密度 > 167株数/亩，2～4年后抚育；根据立地质量，5～8年后开展“间伐1”
新造林地（树高< 2 m）	扶持优质植株	根据立地质量，5～8年后开展“间伐1”
幼林（树高 ⩾ 2 m，胸径 < 5 cm）	保证阔叶树比例； 扶持优质林木； 调整密度约167 株/ 亩	最初的规划：如果密度 > 167株/亩，进行“抚育” 之后的规划：根据实际胸径和立地质量3～7年后“间伐1”
中龄林（胸径 < 15 cm）	选择和促进目标树； 促进林分针阔混交，且在针叶林中阔叶树比例应至少为 30%； 改善林分结构及调整密度	最初的规划：根据实际现有的株数/亩和胸径，1～3年后“间伐1” 之后的规划：根据实际现有的株数/亩和胸径，6～8年后“间伐1”或“间伐2”
近熟林（胸径 15～34 cm）	进一步促进目标树	最初的规划：根据实际现有的株数/亩和胸径，1～6年后“间伐2” 之后的规划：根据实际现有的株数/亩和胸径，6～8年后“间伐2”或“择伐”；或者在规划期内不再有任何措施。
成熟林（胸径 > 34 cm）	根据目标直径开展主伐，促进天然更新	择伐（更新伐）
退化林分（株数/亩小于正常值）	林分恢复，增加立木蓄积量	自然恢复：没有干预措施；保护林分不受任何伐木影响，而能够不受干扰地生长
萌生林	如果能够得到群众支持，把它改造为混乔矮林或乔林	最初的规划：通过抑制萌生林的生长进行立地清理；迅速植树，以及紧接着的除杂活动和进一步抑制萌生林的生长 之后的规划：根据立地质量，6～10年后开展“间伐1”

5.2 对措施的具体描述

5.2.1 概述

建议的主要营林措施类型见表II-4。

表II-4 建议的主要营林措施类型

措施	简短描述
种植/补植	在天然更新不够充分或林分生产力较低的地方，种植/空地补植杉木*Cunninghamia lanceolata*、柳杉*Cryptomeria fortunei*、杨树*Populus* spp.、桦木*Betula* spp.、桤木*Alnus* spp.、青冈栎*Cyclobalanopsis glauca*。
补植珍贵树种	类似于补植，不同之处是在珍贵树种占一定比例的地方进行的补植，比如花榈木*Ormosia henryi*、红豆树*Ormosia hosiei*、滇楠*Phoebe nanmu*、香樟*Cinnamomum camphora*、猴樟*Cinnamomum bodinieri*，榉木*Zelkova schneideriana*等，为了中长期的生态和经济效益，补植的幼苗约有30%为珍贵树种。补植意味着需要除杂和再补植。
人工促进天然更新（树高达2 m）	通过避免放牧、用火、采伐薪材来严格保护和有效促进天然更新。可进行除杂活动，如有必要，清除干扰性的灌木和攀援植物来进行保护。
抚育	抚育针对胸径＜5 cm的“幼林”（灌木丛）。进行质量改进和以低强度方式调整物种混交结构。清除霸王木，弯曲、树形差的林木。目标密度为大约2500株/hm²。严格保护，使之免受放牧、火烧和砍伐薪柴的破坏。
中龄林间伐平均胸径为5～14 cm	对发育阶段处于中龄林的森林规划了两类间伐干预，第一种平均胸径大约是7 cm，第二种平均胸径大约是12 cm。在该阶段（5 cm ≤ 胸径< 15 cm）确定目标树为时太早，因为林木仍旧处于发育阶段。因此，需要采取的是把目标树与间伐密度控制两种方式结合起来。此阶段的间伐有2个目的：（1）促进优质植株的生长；（2）通过降低立木密度，给保留木留出更好的生长空间。 胸径为7 cm 的间伐目标密度：1700株 / hm² 胸径为12 cm 的间伐目标密度：1200株 / hm²
近熟林择伐（胸径15– 34 cm）	在近熟林发育阶段规划的间伐措施可以分为平均胸径分别为17、22、27 和 32 cm 4种情况。在平均胸径为17 cm时开展的第一次间伐，每公顷选出约150株（75～250株）目标树比较合适。针对每株目标树，每次干预措施通过移除约2株干扰木来促进目标树的生长，除了促进目标树的生长，还需要按照目标密度，来降低总体密度： 胸径为17 cm时的间伐目标密度850株/ hm²； 胸径为22 cm时的间伐目标密度600株/ hm²； 胸径为27 cm时的间伐目标密度425株/ hm²； 胸径为32 cm时的间伐目标密度300株/ hm²
遭受雪折损害林分的间伐	按照上面解释的进行目标树选择。应该很小心并低强度地进行间伐。不再有不稳定的林分或者林木群组。
在成熟林与过熟林的择伐（胸径≥35 cm）	采用降低影响的采伐技术来逐渐收获目标树。 对于防护林：在正确的时间选择单株择伐或特定地块采伐，以促进天然更新（10月 / 11月）。每块特定地块的采伐面积不应当超过1亩，而每亩内可以同时有4块特定地块进行采伐。对小班进行主伐后3～5年内，必须完成更新。 对于用材林与薪炭林：允许带状或者特定地块采伐。带宽可以达到30 m，而每块特定地块的采伐面积不应当超过2亩，而每亩内可以同时有3块特定地块进行采伐。
从矮林向混乔矮林的林分改造	把一个纯矮林改造为混乔矮林。改造过程中，要选出并保护好实生树以及树形良好的单株植株（只有1个主干）。每公顷标记并促进大约100株实生树和单株植株（约10 m × 10 m 的间距）。促进包括植株保护与清除干扰性杂草、灌木和萌生植株。
林分从矮林改造为乔林	只有持续不断地阻止或者至少是减少林木的萌生，才可能实现从矮林向乔林的改造。如果萌生植株一直比年幼植株长得快，那么年幼植株就没有机会生长和存活。因此，现有的萌生树和灌木要么需要连根拔起，要么需要一直压制（砍掉）萌生的势头，直到所种植的树苗不再受到萌生树的压制。以前都是通过使用化学制品来阻止萌生，当前出于环境保护与生态方面的原因，不再允许这么做了。因此，最有效的方法是把萌生树连根拔起。
自然恢复	严格保护和特别利用天然过程以促进遭受雪折、林内放牧、过度利用等而严重退化的林分的恢复。不允许取树脂、放牧、砍伐薪柴和火烧等森林利用活动。5年后修订和选择其他措施。

5.2.2 技术细节

(1) 种植 / 补植，以及补植珍贵种

- 种植 / 补植：通过种植和补植适应立地的树种，如杉木、柳杉、杨、桦、桤木、青冈栎、山毛榉等，适用于那些自然更新不够充分的林分。
- 补植珍贵种：在适当的地方进行空地补植，珍贵树种在补植中占一定比例，如花榈木、红豆树、楠木、香樟、猴樟、大叶榉等（表Ⅱ -4）。为了长期的生态与经济效益，栽植的幼苗中约有 30% 为珍贵树种的幼苗。补植意味着需要除杂和再补植。

补植的目标是提高劣质或退化森林的质量和生产力。这是一个耗时费钱的活动，因此只能在一些选定的地点进行。这些地点必须符合下列标准：①具有良好的立地条件，以确保所植林木生长良好；②得到充分的保护，不受放牧影响；③地块足够大，以保证有足够的光线或较稀疏的林冠覆盖度（<30%）；④没有足够的天然更新。

该项目只支持群状和块状补植，而不是以线状补植（因为线状补植往往存活率较低而且导致不理想的森林结构）。补植的空地大小必须大于 1 亩。栽植幼苗的间距通常为 2 m×2 m。

(2) 在早期成林阶段的人工促进天然更新（ANR）

人工促进天然更新（ANR）是一种在森林形成的早期或者森林采伐后更新时采取的一种营林措施。更新树木的高度仍然低于 2 m，常常以小群状而不是遍布整个区域的方式生长。

在天然更新上的协助活动主要是点状除草和除去具有竞争的灌木或者阻碍了林木生长的攀援植物。保护更新，使其免受人类活动的干扰，这一点很重要。

在这些更新地点要开展的人工促进天然更新措施包括：

- 严格保护，在这一阶段不允许砍伐正在自然更新的林木；
- 禁止放牧；
- 防火；
- 小心伐除干扰灌木和攀援植物（点状除杂）。

请记住：这一阶段林木就像是小婴儿一样，要非常温柔地对待他们。

(3) 幼林抚育（胸径 1～4 cm）

抚育是在幼林（灌木丛）胸径已为 1～4 cm 时采取的一种营林措施。这些林分只是部分完成了成林阶段，而整个区域林冠尚未完全郁闭。在某些稠密的地方，林木开始彼此竞争，并开始高生长的分化。这一自然的进程将会凸显出那些更具有生命力和具有良好生长能力的林木；这些林木可能将成为我们的目标树。

幼林需要的是不受干扰地生长。其密度可能很高，但不会超过 2500 株 /hm²。如果幼林密度超过 2500 株 /hm²，就需要通过抚育措施，把其密度降低到 2500 株 /hm²。尤其是那些树形差、弯曲的林木，以及霸王木需清除。林分不要疏开得太大，这一点很重要，以避免灌木和杂草发育起来。不要在此阶段把质量优良的植株清除掉。

不要砍掉任何枝条或对树皮造成任何损害，这一点十分重要。

如果幼林密度超过 2500 株 /hm²，可以通过伐除干形差的、弯曲的树和老狼树，来降低该幼林的密度。在这个阶段，不要把质量好的林木伐除了。

根据林分情况，抚育措施有不同的目标。

- 针叶幼林：增加阔叶树比例，质量改进。

在针叶纯林中，对那些自然发生的具有前途的阔叶树，需要通过提供足够的空间促进其生长发育，如清除干扰性针叶树。树形极差、弯曲的针叶树应当清除，但是不要把林冠疏开太大。

- 针 / 阔混交幼林：保证混交结构，提高林分质量。

在混交林分中，只有在不实施抚育，某个物种或种组有消失的危险时，才需要对林分的混交状态进行调整。树形极差、弯曲的针叶树应当清除，但是不要把林冠疏开太大。

- 阔叶幼林：提高密度、多样性和质量。

在阔叶林分（通常是起源于天然更新，因此已经在朝着近自然的方向发展）中，其目标是增加密度（通过进一步的天然更新，或者在特殊情况下，通过补植）和提高物种多样性。

因为这种林分已经通过自然演替成林，并且是以先锋树种占主导（如杨树、桦木）。接下来的目标是，允许发生更多的自然演替和栎类以及杉木的天然更新，从而达到林分的多样化并增加其未来价值。演替是一个持续的过程，即使是最初的先锋树种已经成林后也不会停止。为提高林分质量，少量树形极差和弯曲的针叶树可以移除，尤其当它们是萌生林时。这些林分中常常有一些自然更新的松树，如果他们不具有生长优势，就不应该得到支持，因为他们是喜光树木，之后会产生与阔叶树竞争的问题。如果是来源于种子自然更新的杉木，就可以得到支持。

请记住："这一阶段的林木就像是幼童一样，要温柔地对待他们"。

（4）中龄林的间伐（胸径 5～15 cm）

当林木的平均胸径达到 7 cm 时，就可以采用中龄林间伐。在此阶段（5 cm ≤ 胸径 < 15 cm），单纯以目标树为导向来开展间伐，还为时尚早，因为林木还处于发育阶段。因此，需要采用目标树与间伐密度控制两种方法的融合。此阶段的间伐有 2 个目的：①促进优质植株的生长；②通过降低立木密度，给保留木留出最优的生长空间。其总的间伐原则为：

- 间伐将改善林分的质量与稳定性（砍劣留优）；
- 从建立由乡土树种组成的混交林分角度来说，间伐将改善森林结构（砍掉外来树种，留下乡土树种）；
- 通过间伐，可以改善林冠发育情况，因此，生长量可以集中在保留木上；
- 如果间伐是为了促进阔叶树混交，那么，不要砍阔叶树（砍针留阔）；
- 通过强度间伐，建立复层结构的林分。在间伐时，不要砍掉灌木或下木层的小树；

- 间伐时必须小心操作，以避免对保留木造成损害，并尽可能降低对下木层的损害（更新苗木和灌木）。

（5）近熟林择伐（胸径 15 ～34 cm）

在本项目框架内，择伐就是对少量小径级的木材开展的间伐和采收活动，主要是为了满足生计需要或者为农民创造小部分现金收入。从改善森林角度看，这种活动可以视为是不必要的活动，但从满足短期的对某些林产品的需求来看，它又是必需的。

林分在此发育阶段，要区分 5 种林木类型。

①目标树。间伐活动都是围绕着促进目标树的发育。目标树是可以产生较高经济价值的木材，它是实生繁殖的，具有发育良好的树冠和清晰的末级小枝，以及通直的、有价值的、无损伤的树干，且树干较低处没有枝条。

通过砍掉影响目标树冠型发育的干扰木来促进其生长。除了促进目标树的生长，还需要通过对“常规树”小心地开展间伐，来对林分的密度进行总体控制。最优林分密度取决于该林分的平均胸径。当胸径达到至少为 35 cm 的目标胸径以后，就可以对目标树进行主伐。

目标树选择的决定性标准是单株的生命力和质量。目标树之间的空间 / 距离并不重要。目标树的数量将取决于立地条件和林分质量（75～250 株 /hm²）。在一般林分，通常可以选择 150 株 /hm²（10 株 / 亩）目标树。如果某些地段（如山顶、山脊）林分中没有目标树，那么就不选择目标树。目标树的生命力必须为 1 或 2 级（见图Ⅱ -2）。

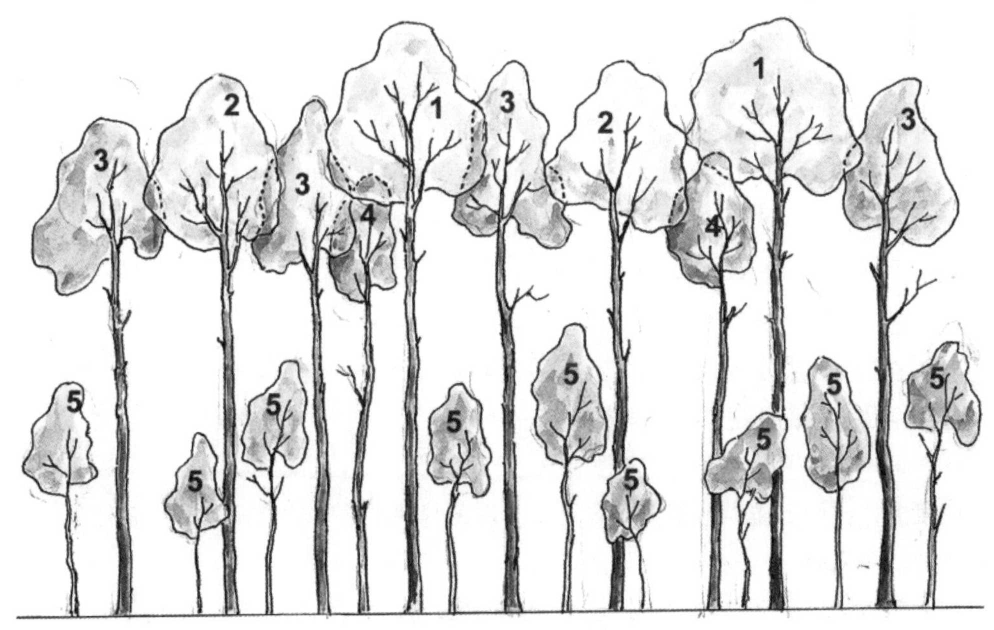

图Ⅱ-2　目标树生命力等级

只有那些有生命力的林木才会以生长量增加的方式，对间伐措施做出反应。在视线高度位置给目标树标记红色环，同时在目标树基部做一个红色圆点标记。

②干扰木。是指那些会阻碍目标树林冠发育的植株。它们活力也属于 1 或 2 级，但质量比目标树差。如果目标树是喜光树种（如松树），那么干扰木活力可能属于第 3 级。每次间伐活动（约每 6～10 年一次）将有 2 株干扰木被伐除。喜光的树木比耐阴树木需要更多的间伐(如松树就比杉木需要得到更多的间伐支持)。喜光树种比耐阴树种需要更多光照，这是一般规则（如松树比杉木需要更多光照）。

应当注意“没有目标树，就没有干扰木。”不会直接干扰到目标树的所有树木都要保留在林分中，除非密度太高，以至于需要把其密度调整到目标密度（表Ⅱ -2）。只有在森林所有者需要木材以满足生计需要（杆材、薪材等）时，第 4、5 级林木才被伐出。要么通过在视线高度位置给树皮砍一刀（一只手的大小），要么使用红色油漆在 20cm 高处涂上一道斜线，来给干扰木做标记。

③其他间伐木。是指那些在做密度调整以及其他营林措施（如建立集材道）时需要清除的树。

④特殊目标树。这些林木由于活力或质量低而不能选作目标树，但是对改善林分的混交状态或保护稀有物种以促进生物多样性具有重要意义。例如，针叶纯林里的阔叶树就是特殊目标树。特殊目标树保留的原因也可能是美观和生物多样性，例如“景观树”。

特殊目标树的标记方式与目标树类似，但是，应当注意不要因为特殊目标树而把（压制目标树的相邻）目标树砍掉。

⑤常规树。林分中所有其他林木都是常规树，在间伐作业中将被保留，除非密度太大，需要调整到目标密度（表Ⅱ -2）。如果密度小于或等于目标密度，将会在以后的间伐干预措施中，逐渐把这些常规树伐除。 在这些间伐干预措施下，允许移除常规树，而非目标树或特殊目标树。常规树目标胸径范围为 15～30 cm。

为了避免过多减少立木蓄积量，在 5 年期内，择伐量不得超过林分总蓄积量的 10%，对该项目的情况即意味着，在平均 60～100 m^3/hm^2 蓄积量的林分内，择伐量不超过 30～50 株 / hm^2。

（6）对遭受雪折林分的间伐

也可以在遭受雪折的林分开展间伐。在这种情况下，间伐也可视为“卫生伐”。其目的是要促进保留下来的未受损害的林木的生长，并通过清除受损木而避免发生病虫害。不是所有的受损木都需要清除掉，甚至如果能留下少量死木，从微生境角度，可以促进生物多样性的发展，比如可作为蘑菇、地衣、昆虫以及其他微生物的繁育场所，并作为鸟类和其他动物的食物来源。

对遭受雪折的林分开展间伐时，必须十分谨慎，强度应当很低，从而避免造成林分更加不稳定。不要把林木群拆分开，尤其是那些在雪灾后形成的稳定林木群。这些林木群可以一起生长。要清除的是那些已经不稳定的林木。

(7) 成熟林的择伐（胸径≥ 35 cm）

在本项目框架内，择伐即根据规定的市场可售木材的最小胸径，逐步采伐目标树。为了不至于急剧减少立木蓄积量，不是把达到目标胸径的林木一次性砍光，而是分在 3～5 年期间内逐步采伐。

①对于防护林：在正确的时间选择单株择伐或特定地块采伐，以促进天然更新（10 月 /11 月）。每块特定地块的采伐面积不应当超过 1 亩，而每亩内可以同时有 4 块特定地块进行采伐。对小班进行主伐后 3～5 年内，必须完成更新。

②对于用材林与薪炭林：允许带状或者特定地块采伐。带宽可以达到 30 m，而每块特定地块的采伐面积不应当超过 2 亩，而每亩内可以同时有 3 块特定地块进行采伐。

每次采伐活动不能超过小班原先立木蓄积量的 1/5～1/3。包括了贵州省大部分地区森林的天保工程甚至把最大采伐量严格限制在立木蓄积量的 20% 以内。这些要求是与以自然为导向的森林经营（自然为导向的森林经营要求最大采伐蓄积量不能超过 25%）相一致的。但是，考虑到本项目针对的是属于私有林权所有者的小面积森林，因此，如果在采伐期间以及采伐后，小班会马上进行天然的或者人工植树的更新（这是一个必不可少的前提条件），应当允许更多的以经济为导向的采伐程序。如果林权所有者要求对一个小班的主伐要（最早）在 3 年内完成，建议这也是可以的。

优先考虑在那些已经形成了天然更新的区域开始主伐，这就是说，幼树将在不久的将来取代采伐木。

择伐同时也是促进林分更新的一种活动，必须采取降低影响的采伐技术 ，以避免损害到正在进行的更新以及保留木。

(8) 从矮林向混乔矮林的林分改造

出于经济的和生态的原因（避免进一步土壤耗竭，恢复土壤生产力，改进有价值的木材的生产情况），本项目必须促进一个纯矮林林分向混乔矮林的改造。

矮林 / 萌生林改造采取的措施：

- 促进实生苗的天然更新（第一选择）；
- 选出单株健康、具有活力的矮林，让其长成为乔林（第二选择）；
- 选出大约 100 株 /hm²（即行间距约 10 m × 10 m）的树木，并对其做明显标记，保护和促进其生长。

(9) 林分改造

基于上述同样的原因，项目也会促进矮林向乔林的改造。只有持续不断地阻止或者至少是减少林木的萌生，才可能实现从矮林向乔林的改造。如果萌生植株一直比年幼植株长得快，那么年幼植株就没有机会生长和存活。

因此，现有的萌生树和灌木要么需要连根拔起，要么需要一直压制（砍掉）萌生的势头，直到所种植的树苗不再受到萌生树的压制。以前都是通过使用化学制品来阻止萌生，当前出于环境保护与生态方面的原因，不再允许这么做了。因此，最有效的方法是把萌生树连根拔起。否则，就需要每年对萌生林砍伐 2～3 次。

（10）自然恢复（NRh）

林分的自然恢复类似于“封山育林”，并且意味着它是暂时受到严格保护的林分。自然恢复适用于所有被划分为“受到一定程度破坏或退化”的林分类型。保护活动必须确保：

- 禁止放牧；
- 禁火；
- 严格限制木材采伐；
- 不允许取树脂和砍伐薪柴等森林利用活动。

强烈推荐安排一个护林员，负责对指定森林区域的保护。

针对所有小班，森林经营规划中划分为自然恢复的内容，5 年之后都需要重做修订。

5.2.3 林木标记上的规定

在本项目框架下，需要统一采纳遵循以下所述林木标记规定。

- 目标树：对目标树，需要在视线高度处用油漆标记一个红色的圆环，同时在树干基部（将来的树桩）打一个红点。
- 特殊目标树：应当按标记目标树的方法，同样来标记特殊目标树。
- 间伐木。间伐木的标记方法主要为：用油漆以斜杠“/”形状做标记；用斧头或者弯刀在视线高度砍去一块巴掌大小的树皮。
- 在研究地的林木：标记研究地的林木可以采用上述林木一样的标记方法，只是需要用白色来标记。

附录3

中德合作贵州林业项目影响监测营林固定研究样地的设立和调查方法

约瑟夫·特纳，国际咨询专家
梁伟忠，国内咨询专家
蔡磊、夏婧、李姝，项目监测中心
2011 年 6 月 23 日版本

缩略语

ANR 人工促进天然更新（树高 <2 m）

EP 补植

NRh 通过保护，实施自然恢复

sH 择伐（胸径≥ 35 cm）

ST 林分改造（对林分类型进行改造 / 对林分组成进行改造）

Te 幼林抚育（胸径 1～4 cm ）

Th 间伐 1，在中幼林实施（胸径 5～14 cm），选择目标树

sC 间伐 2，在近熟林实施（胸径 15～34 cm），扶持目标树以及更新

Cop 矮林经营及其他

1. 营林影响监测指南的目标

按照分立协议的要求：“为了记录森林可持续经营的实施结果并从中学习，将在选定的项目村建立 100 个监测和研究样地……”其目的如下。

1.1 评估营林措施的效果

森林可持续经营影响监测的一个目标，是获取可靠的对照信息，用以反映采取了本项目营林措施的林分与未采取措施林分之间的对比关系。这些信息的获取将通过对固定样地进行定期的重复调查实现。尤其是针对下列参数：

- 直径和高度的增量；
- 林分结构的演变（主林层和林下植被）；
- 林分质量和损害情况；
- 乔木更新情况和物种多样性的演变。

1.2 营林理念的示范

在研究样地上开展的营林措施，将由合格的项目人员认真地、以做样板的方式，按照正确的营林理念执行。因此，实施后的林分可以为各类人群提供生动的营林示范。

- 林农：主要的目标群体，可接受营林原则的培训；
- 林业工程师：作为监督者和培训者；
- 林学专业的学生；
- 其他访问者：了解项目目的以及项目实施情况。

至于其他方面可能的目标，则应有所保留。

- 开展项目投工情况的调研方面，本来也是固定样地调查的目标之一。对于这方面来说，目前采取的样地似乎太小；并且固定样地可能会成为特例，因为选择这些固定样地的条件是交通便利，并且样地内的林木标记和采伐工作也会开展得更仔细。
- 虽然在中长期内对样地进行持续观测和数据采集可能会产生优秀的科研素材，其研究条件是：只有在特定的条件下积累一定的重复数据后，才能产生重要的科学价值。然而对于项目的目的而言，似乎将这些固定样地在空间上分散设立、使其代表不同的营林条件，并且对单独个体进行重复研究的方法更为实用。

2. 固定研究样地的数量及分布

考虑到建立固定研究样地以及样地的跟踪调查都十分耗费时间，以及项目工作人员有限，德国复兴银行检查团于 2011 年 5 月同意把固定研究样地总数减少到 20 个，即 5 个县

项目办（不包括百里杜鹃县项目办）每县 2 对。

出于营林研究和示范目的的需要，建立固定研究样地应当选择幼林林分，因为在这种林分里，抚育以及间伐 1 措施可以产生积极的效果，并可以给予文字记录并进行研究。

为了得到足够长的观测期，固定样地应赶在所有营林措施开展之前设立。然而，它的前提条件是：《森林经营方案》已制订，或者至少已经明确了未来森林经营单位覆盖的森林面积范围。最理想的情况是：在对森林经营方案检查把关的同时，进行固定研究样地设置与调查工作。固定样地在选点时应集中在开展中幼林间伐的地块，因为这些地块能产生最显著、最具说服力的成效。

3. 固定研究样地的选点和布局

固定研究样地就设立在有代表性的、具有至少 2 亩均一林分状况和均一立地条件的地块。因为要实现示范功能，交通上也应该足够便利。

固定研究样地位于两个面积各为 1 亩的区域中，其中一个区域采取营林措施，另一个不采取措施。为了避免两个样地之间相互干预，在两个样地中间需要有一个缓冲带。样地外面也应采取相同的措施，这一点很重要。

样地的布局方法是设立一对样圆，在样圆中心竖立水泥桩作为永久性标记，为重复调查提供参照点。两个样圆的中心之间标准距离为 25 m，也可以根据地形条件稍作变化。详见本指南的附件 1 外业调查表 A 中的样地布局示意图。

至于样地规格，对于间伐来说，一般情况下一个样地中包括 30～50 株林木即可认为足够。鉴于项目区林分密度大多在 1000～2000 株/hm² 之间，样地的规格在 250 m² 最为高效。而对照样地的规格可以小些(100 m²)。该样地规格适用于调查所有胸径不低于 5 cm 的林木。

调查胸径小于 5 cm 的乔灌木更新情况时，样圆面积减小到 100 m²，圆心不变。

草本植被和林冠盖度调查方法是：从样圆中心沿四个主要方向各拉 10 m 长的样线，沿样线进行调查。

每次调查时，均应在相同的地点、按相同的取景范围拍摄有代表性的林分照片。为此，应在靠近样地中心的位置选一个合适的视野较好的拍照点（也可以为样地中心）。

4. 固定研究样地的调查参数和调查方法

调查信息记录在一系列不同层次的外业调查表中，见本指南附件 1。

4.1 固定研究样地基本信息（表 A）

本表包含样地的标识数据以及回访信息，在设立固定样地时填写。

- 样地编号：各县按样地设立顺序进行编号，编号中还应包括县区编码（如 KY_1）。
- 经营单位：用于确认森林经营活动的实施主体。
- 森林经营类型：与森林经营方案相同，与采取的经营措施相关。
- 经营阶段 I 计划：基本与森林经营方案相同（第 1～5 年内实施）。
- 经营阶段 II 计划：基本与森林经营方案相同（第 6～10 年内实施）。
- 中心横坐标（m）：经营样地的中心点 UTM 横坐标（确认 GPS 是否已按当地公里网格设置）。
- 中心纵坐标（m）：经营样地的中心点 UTM 纵坐标。

样地中心竖立水泥桩作为永久性标记，水泥桩长 70 cm，其中 50 cm 埋入地下。 水泥桩顶部以油漆书写其编号，同时书写样地类别（1 为经营样地，0 为对照样地）。在经营样地和对照样地的四角及四边，用显眼的白色油漆对林木做标记。

- 设立日期：设立固定样地的日期。
- 调查队伍：组长姓名。
- 林木标记所需时间：目标树和采伐木的选择及标记所花费的时间，应分别测定并做记录，以便为今后估计标记林木所需时间的时候提供参考（首先选择目标树，并用红色油漆在高度 2 m 处作环状标记；然后选择采伐木，并用黄色油漆标记）。

林分和地块参数的作用是将来帮助解读调查结果及其与对照样地的比较结果。只需要考虑样地区域内部的立地条件。

- 经营目标：为了说明所采取的营林措施，应针对该样地情况具体制订一个适合的经营目标，这也是考虑到培训和示范的需要。
- 经营措施：如上所述，在经营目标后面列明经营措施。所用术语应能够用于其他样地（轻度或重度的间伐；系统性或以目标树为导向；目标直径等）。
- 备注：任何有助于理解的具体情况或环境细节。
- 位置：固定研究样地的位置应在《森林经营方案》中的规划图上标示，并将其副本附在样地基本信息表后。两个样地中心的相对位置应在示意图上按下列参数标注。
    - 对照样地的位置 相对于经营样地中心。
    - 距离（m）：经营样地中心与对照样地中心之间的距离。
    - 方位（°）：自经营样地到对照样地之间的罗盘方位角。

如果回访时发现其中一个水泥桩已经移位，上述参数能够帮助更准确地找回其中心位置，比 GPS 坐标精确度更高。

- 拍照点位置：相对于经营样地的中心。
- 距离（m）：样地中心到拍照点的距离。
- 方位（°）：自样地中心到拍照点的罗盘方位角。
- 拍照视角（°）：拍照点视角罗盘方位。

4.2 胸径≥5 cm 乔木调查（表 B）

经营样地的半径为 8.92 m，对照样地半径为 5.64 m。用白色油漆对样地内的所有林木做环状标记，标记高度为距离地面（取上坡一侧）1.3 m 处（即胸径测量处）。林木自样地中心开始按顺时针方向连续编号，将编号用刷子书写在测量标记的上方，书写编号时要注意能长久保留。

此外，在初次调查时，应该对每株树到样地中心的距离和罗盘方位角进行界定。通过这些极坐标，即使编号变得模糊不清时，也能够找到正确的林木。并且，这也允许我们在图表上对树的位置进行标记。下次回访时，这些信息可用于辨识林木。

- 林木编号：林木株数，自样地中心开始按顺时针方向依次编号，并将编号永久性地标记在树上。只针对保留木进行编号，但是采伐木也同样要进行测量并做好记录（第二轮测量）。
- 树种：树种名。
- 距离（cm）：样地中心到林木中心（切点处）的距离，该距离为水平距离或坡改平后的距离，单位为 cm。
- 方位角：样地中心到林木中心的方位角。
- 胸径（mm）：用皮尺测量，测量部位用白色油漆做环状标记，以保证每次调查时均在同一部位进行测量。
- 总树高（dm）：对每株林木测定树高。
- 枝下高（dm）：测量地面距离树冠最下端的活枝的高度。
- 受损类型：每株树进行认真诊断，对观察到的任何症状进行记录。如断梢、扭曲、病害、虫害等。
- 林木分级：林木在森林中的社会地位，按国家抚育间伐标准中的分级方法。1= 优势木，2= 亚优势木，3= 中庸木，4= 被压木，5= 濒死木。
- 营林定位：按营林指南中的营林定位。1= 目标树，2= 稀有 / 混交木（特殊目标树），3= 一般木 / 中立木，4= 干扰木 / 竞争木，5= 下层木 / 填充木。
- 间伐优先级：样地调查包括间伐木标记，样地中选树工作的质量应具有样板水平，应由调查组长亲自进行。应将马上采伐的林木标记为 1（优先），可能在后期进行采伐的林木标记为 2（可暂缓）（后期如果有继续开展间伐的必要，不应回避这些样地）。

4.3 胸径小于 5 cm 的乔灌木调查（表 C）

乔木更新和灌木层的发育情况通过以样地中心为圆心，半径为 5.64 m 的样圆进行调查。经营样地和对照样地方法一致。调查方法较为简单，分类型、分树种、按不同高阶（<50 cm、50～130 cm、130～300 cm、>300 cm）对植株进行计数。

乔木及稀有灌木树种的更新应进行仔细取样。对于非常茂密的林下灌木，最频繁出现的树种可以粗略计数。

4.4 地表植被及林冠盖度样线调查（表 D）

地表草本植被和林冠盖度的调查方法为：从样地中心出发，向各个主要方向各拉 10 m 样线。调查时，将皮尺放于地上，末端置于样地中心，沿罗盘所指示的方向拉直。

- 地表植被：在每个整数米处向下看地表的草本植被，应尽可能辨识各个物种类别（乔木、小乔木、灌木、草本、禾本科草、蕨类、苔藓）并做记录，同时记录其总高度。如果遇到裸地则该处空格不填。
- 林冠盖度：同上，通过垂直向上观测，记录该观测点被林冠遮蔽与否（如果不使用顶点对点器之类的工具，可能无法测量准确）。如果被遮蔽，则应记录”1”。

4.5 研究样地的拍照监测

每次监测时均在已界定好的固定拍照点拍摄一张数码照片。由于在林内拍摄一张有效的（能反林分状况的）照片很不容易，拍照点及取景范围的选择必须非常小心。为了能够产生有对比性的图片系列，每次调查进行重新拍摄时，均需要将上次的照片带到现场进行参照。

图片将按数据库中的样地文档命名，即样地编号 + 样地类型（1 代表经营样地，0 代表对照样地）+ 调查序次，如 KY01_1_0。

5. 调查及所需设备的组织

5.1 机构职责及人员配备

每次调查时均应采用相同的标准和准确度。因此，固定研究样地的设立和今后的重复调查应由专业的队伍，并在整个观测期内尽可能由相同的人员执行。

建议由设在贵州省林业调查规划院的项目监测中心派出一支专业队伍，负责样地的设立、重复调查和数据记录以及保存调查文档等工作。

该专业队伍的组长必须由一位在营林、林业调查及植物学方面具有丰富经验的林业工程师担任。协助他的人员应包括一位技术员和两位工人（由森林经营单位提供）。

固定研究样地的设立和基线调查工作至少需要一整天时间。

重复调查需要的时间可以相对短些，每支队伍至少可以完成 2 个研究样地的调查。

据相关理解，调查队伍在出发时就应具备必要的交通能力，这样他们可以独立开展工作，从而更有效率。

5.2 评估周期

固定研究样地的设立和基线调查应该在森林经营方案编制的外业工作结束后着手，或许可以跟监测中心对森林经营方案的核查工作结合起来进行。

在设立样地时进行基线调查，而第一次调查应在实施营林措施后立即进行。其后的重复调查每两年一次。这样的调查密度应该已经能够反映林分的演进情况。

5.3 设备和材料

新编制的森林经营方案（规划图、林分描述以及外业规划表）应该被用作设立固定研究样地的前提文档，虽然固定研究样地需要有一个具体的立地描述，甚至应该设定具体的规划数据指标。

（1）样地调查需要的设备

- GPS，用来测定样地中心坐标（应设定为当地的公里网格体系）；
- 经纬仪或其他能测量方向和坡改平距离的通用测量工具，需配备三脚架；
- 倾斜仪，用来测量坡度和树高；
- 顶点对点器或类似的垂直对准装置，用来测量郁闭度；
- 数码相机；
- 皮尺（30 m）；
- 围尺；
- 花杆；
- 窄锹，用来埋植水泥桩；
- 油漆刷子，宽度分别为 1 cm 和 3 cm。

（2）需要的材料

- 全套调查表格（如果是重复调查，需要将上次调查的数据带上）；
- 规划图复印件；
- 永久性油漆（白、红、黄）用来标树；
- 70 cm 长的水泥桩。

6. 数据存储

已经开发了一套 MSACCESS 数据库程序“IM_PRP_<版本日期>.mdb”用来存储上述调查数据。在营林措施实施后，将获得第一次重复调查数据，届时可以在该数据库中进一步添加所需的数据展示格式和分析功能。

数据录入窗体与外业调查表格式相近，因此进行数据录入时不会有任何困难。

附件 1

固定研究样地基本信息（表 A）

县/区	经营单位	小地名	设立日期	调查队伍	样地编号

树种类型	林龄（年）	起源	发育阶段	森林经营类型	海拔（m）	坡度	母岩	土壤类型	土层厚度	生产力级别

经营目标	
营林措施（第1～5年）	
营林措施（第6～10年）	
备注	

位置：

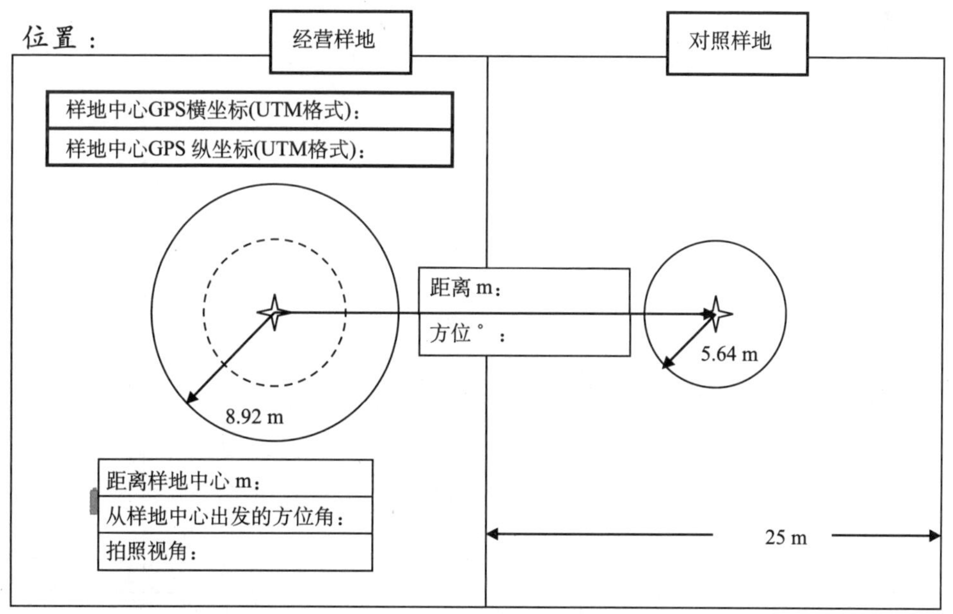

选树及标记所需时间：

目标树（红色环）	分
采伐木（黄色环）	分

调查历史：

调查序次	基线=0	1	2	3	4	5	6	7	8
日期									
调查队伍									
照片编号									

经营样地：林木调查（胸径 ≥ 5 cm）（表 B1）
样圆半径为 8.92 m（250 m²）

县/区	样地编号	调查日期	调查队伍

序号	树种名	距离（m）	方位角	胸径（cm）	总树高（m）	枝下高（m）	受损类型	质量	林木分级①	营林定位②	间伐优先级③
1											
2											
3											
4											
5											
6											
7											
8											
9											
10											
11											
12											
13											
14											
15											
16											
17											
18											
19											
20											
21											
22											
23											
24											
25											
26											
27											
28											
29											
30											
31											
32											
33											
34											
35											

① 1—优势木，2—亚优势木，3—中等木，4—被压木，5—濒死木。

② 1—目标树，2—稀有/混交木，3—一般木，4—干扰木/竞争木，5—下层木/填充木。

③ 1— 优先（<5 年内），2—可暂缓（5～10 年内）。

经营样地：乔灌木调查 胸径 < 5cm（表 C1）
样圆半径为 5.64 m（100 m²）

县/区	样地编号	调查日期	调查队伍

类别[①]	树种	高度 <50 cm	高度50～130 cm	高度130～300 cm	高度 ≥300 cm

经营样地：地表植被及林冠盖度样线（表 D1）

方向	距离	1 m	2 m	3 m	4 m	5 m	6 m	7 m	8 m	9 m	10 m
东	物种类别										
	高度（cm）										
	被遮盖[②]										
南	物种类别										
	高度（cm）										
	被遮盖										
西	物种类别										
	高度（cm）										
	被遮盖										
北	物种类别										
	高度（cm）										
	被遮盖										

D1 汇总：

物种类别	乔木	小乔木	灌木	草本	禾本科草	蕨类	苔藓	裸地		郁闭度
合计										
平均高										

① C—针叶乔木，B—阔叶乔木，A—小乔木，S—灌木。

② 如果被主林层林冠所遮蔽的话，记为“1”。

对照样地：林木调查（胸径 ≥ 5cm）（表 B0）
样圆半径为 5.64 m（100 m²）

县/区	样地编号	调查日期	调查队伍

序号	树种名	距离（m）	方位角	胸径（cm）	总树高（m）	枝下高（m）	受损类型	质量	林木分级①	营林定位②	间伐优先级③
1											
2											
3											
4											
5											
6											
7											
8											
9											
10											
11											
12											
13											
14											
15											
16											
17											
18											
19											
20											
21											
22											
23											
24											
25											
26											
27											
28											
29											
30											
31											
32											
33											
34											
35											

① 1—优势木，2—亚优势木，3—中等木，4—被压木，5—濒死木。

② 1—目标树，2—稀有/混交木，3—一般木，4—干扰木/竞争木，5—下层木/填充木。

③ 1—优先（<5 年内），2—可暂缓（5～10 年内）。

对照样地：乔灌木调查 胸径＜5cm（表 C0）
样圆半径为 5.64 m（100 m²）

县/区	样地编号	调查日期	调查队伍

类别①	树种	高度 <50 cm	高度50～130 cm	高度130～300 cm	高度 ≥300 cm

对照样地：地表植被及林冠盖度样线（表 D0）

方向	距离	1 m	2 m	3 m	4 m	5 m	6 m	7 m	8 m	9 m	10 m
东	物种类别										
	高度（cm）										
	被遮盖②										
南	物种类别										
	高度（cm）										
	被遮盖										
西	物种类别										
	高度（cm）										
	被遮盖										
北	物种类别										
	高度（cm）										
	被遮盖										

D0 汇总：

物种类别	乔木	小乔木	灌木	草本	禾本科草	蕨类	苔藓	裸地		郁闭度
合计										
平均高										

① C—针叶乔木，B—阔叶乔木，A—小乔木，S—灌木。
② 如果被主林层林冠所遮蔽的话，记为“1”。

附录4

中德合作贵州省林业项目农村社会经济影响监测（农户访谈）指南

胡伯特 · 福斯特，项目首席技术顾问
约瑟夫 · 特雷纳，国际咨询专家
梁伟忠，国内咨询专家

2010 年 1 月

1. 介绍

1.1 背景

中德合作贵州省林业项目由中德两国政府共同出资，其中德方资金通过德国复兴发展银行（KfW）提供。项目区包括贵州省的贵阳市和毕节地区的 6 个县：开阳、息烽、金沙、黔西、大方和百里杜鹃。项目的目标是对大约 35000 hm^2 的森林进行可持续经营。项目已于 2008 年 11 月开始运行。

项目活动将可能对参加的林户们在社会、经济和教育各方面产生直接的影响。很有可能的是，项目对林户产生的经济条件方面的影响将随着时间的推移而变化。

项目分立协议中提到："社会经济监测将由监测中心进行，评估本项目对参与农户的影响及其可持续森林经营示范村的生计变化。定期监测与中期影响评估将有助于项目执行机构与德国复兴银行正确地指导项目完成扶贫目的。"

1.2 目标

项目的总体目标是："按照可持续森林经营的原则，对贵州的社区森林进行经营，同时保持这些林分的重要生态功能，使社区的人们从森林价值的不断增加中受益。这个目标包括保护生态环境和提高农村人口的生活水平两个方面。本项目影响监测体系的目标是测量、记录并评估这些出现在项目活动实施中的主要影响。这包括生态、经济、社会以及性别层面。

社会经济影响监测的目标是：得到尽可能客观的、关于项目活动对于参与户和未参与户所产生的影响及其对比情况的信息。这些影响应得到测量，并与项目的总体目标进行对照比较，即"社区从贵州省集体森林持续的价值增加中受益，该价值增加通过按照可持续森林经营原则对森林进行经营，同时保持这些林分的重要生态功能的方式实现"。社会经济影响监测将调查下列主题：

- 农户的经济条件；
- 农户及其组织的意识和能力；
- 农户的社会情境；
- 妇女地位。

本指南的内容是中德合作贵州省林业项目社会经济影响监测体系的设计。该体系由一位国内专家在项目人员、国际可持续森林经营监测专家和本项目首席技术顾问的紧密合作下设计开发的。自项目开始时就实施影响监测活动是最好的方法，因为可以采集到"项目前"的基本情况。本影响监测体系力求在数据的范围和精度与可获得的资源（时间、资金、人员能力）之间寻求一个平衡妥协。

建议影响监测自 2010 年开始进行，以后每两年出具一次监测报告。影响监测报告结论中应包括整改措施，以便减少不利的项目影响，或者提高项目目标的实现程度。影响监测的结论能够提供反映项目活动成效的数据，用以衡量项目的目标在多大程度上得到了有效实现，并由此为项目的管理决策提供导向，必要时可指示整改措施。

本指南同时强调的一点是：影响监测在项目中的机遇和局限性并存。影响监测是一个不可或缺的工具，它不但能够在项目层面促进决策以及整改措施的出台，并且总结项目措施的适合性、原材料的利用效率、项目目标的实现程度等各方面的经验教训，为今后的同类项目提供借鉴。然而另一方面，项目所力求达到的效果要在项目的中长期内才能缓慢呈现。有些预料中的变化难以测量，如生态意识的提高。由于大多数的项目目标是集合性的（生态恢复、生活水平提高等）并且以一种“为……做出贡献”的方式来表述，因此在衡量项目活动是否并且在多大程度上为项目目标做出了贡献时，总是存在一个归因差距的问题。在这种情况下，我们必须理解影响监测的局限性，才能对其结论进行切合实际的解释，并正确地使用这些结论。

2. 方法

影响的定义是“一个项目或规划所实施的活动在生态、经济、社会文化、技术、机构或政策方面促生的变化”。因此，影响监测的过程与活动监测（有形监测）不同，后者是对有形的实施措施进行监测并评估其数量和质量。然而，影响监测和活动监测应被整合在一个实际的监测体系中，在进行影响监测的同时开展有形监测，有形监测采集的数据也可为影响监测所用。

影响监测可确定项目活动在多大程度上实现了其所设定的项目目标。它揭示项目所需要的变化在实际上是否已经发生，并且没有产生不利的影响。换句话说就是：“项目的执行是否在正确的轨道上？”因此，影响监测在项目管理上有一个控制职能，它从项目层面和政策层面为适当的决策提供信息。这将涉及项目人员、合作伙伴以及资助方。它帮助决定项目设计和项目活动（如间伐）是否适当，并为未来的整改措施提供依据。它也能在指标的设定和资源的使用方面，反映项目的委托实施方的信誉。

由于项目促生的变化大多随着时间的推移逐渐显现，影响监测有必要以定期间隔的方式，在较长时间段内开展。这个时间段应包括整个项目期，但最理想的情况是在项目结束后继续进行，以便测量长期影响。

关于影响监测，现有的各种方法基本上采用了相同的理念。本指南采用的方法为下面的“六步模式”[①]：

① 该方法详见：Vahlhaus，M.（2001）“侧重于扶贫影响的经济及就业项目的影响监测指南”第二部分：如何介绍并开展影响监测——方法、技巧及工具。引自Schmidt，E.（2003）咨询报告：在KfW越南造林项目中建立影响监测体系。

- 澄清并确认影响监测的目标；
- 选择影响监测的方面 / 话题；
- 为每一个影响方面设定假设条件；
- 为每一个影响方面选择验证指标；
- 开发数据采集方法，开展数据采集；
- 分析数据、评估结果、为项目管理提供反馈。

尽管项目的社会经济影响可能在诸多方面、诸多层面上得到体现并被感知，本项目选择了以农户层面为主的监测途径。这意味着，社会经济影响监测将主要以农户层面为平台开展，但可按需要随时反映并延伸到其他层面及方面。过去在中德合作甘肃造林项目中的经验表明，农户层面的影响也可以在一个更广的社会经济背景下，甚至与政策面及行业发展结合起来进行解读。最重要的是，应随时考虑到可供利用的资源、可行性以及效率因素——最有效的监测体系是利用最少的资源采集最多的相关信息。

表Ⅳ-1　社会经济影响监测体系

方面/话题	指标	验证方法
生活水平/收入	人均年纯收入及收入来源；项目劳务补贴收入及森林经营收入的多少及使用情况	农户访谈（问卷）；参与式规划数据；关键信息人访谈
意识与能力	对生态环境的理解	农户访谈（问卷）；关键信息人访谈
	对项目的理解	农户访谈（问卷）
	森林可持续经营的知识和能力	农户访谈（问卷）；关键信息人访谈；项目有形监测结果
	参与会议及培训情况（总数/性别）	参与式规划记录、培训记录；关键信息人访谈
	森林经营单位运行情况及可持续性	农户访谈（问卷）；关键信息人访谈；森林经营单位经营管理档案
社会情境	个人：是否担任决策机构中的代表；村庄：在社区中间的地位；行业地位	农户访谈（问卷）；关键信息人访谈
妇女地位	妇女在村庄中的地位；妇女在家庭中的地位；妇女的工作量	农户访谈（问卷）；关键信息人访谈

如表Ⅳ-1 所示，本体系涉及四种验证方法，分别为：①在选定的项目村组以及对照村组进行农户访谈；②关键信息人访谈；③参与式规划数据及森林经营单位 / 委员会经营管理档案；④森林经营有形监测及森林经营影响监测采集到的数据。在以上四种方法中，农户访谈（问卷）是主要的验证方法，其他方法则主要用于对访谈的结果进行解读和分析。

3. 农户访谈的总体理念

农户访谈应该反映农户自身参与项目的经验和感受。然而，并不是总能把农户自己的观点和他从项目规划与实施过程中学到的知识区分开来；因此，如果他们能够重复所学到的知识，我们就可以认为是项目的培训起到了预期效果。

除了监测已经稳定的影响（这些影响必须到中期以后才能够衡量）外，农户问卷的设计思路中还包括为项目提供一些即时性的反馈信息：项目参与式规划及培训、森林经营方案编制的质量和效率。因此，第一次农户访谈（基线调查）应在调查的村成立了森林经营委员会/单位并编制森林经营方案不久后进行。这样，一般情况下是在12月/1月对夏季进入项目的村进行调查，6月/7月对冬季进入项目的村进行调查，这时农户的时间也比较充裕。

调查将每隔2年后重复一次，回访时应尽量询问同一农户家庭中的同一位被访问者。在项目期内，农户对项目影响的感受可能会发生较大变化，这些变化可能来源于：

- 外业实施工作是否通过了监测验收并得到报账；
- 对于村民之间的劳务补贴分配，森林经营委员会/单位的主持是否公正透明；
- 森林经营委员会/单位成功地对其木材产品进行营销，销售收入是否在林户中进行公平分配；
- 森林经营委员会/单位是否有必要持续存在、能否持续存在。

外业实施工作将接受项目监测验收，并根据验收结果报账。如果实施不成功，森林经营委员会/单位应重新组织农户，额外投劳进行整改，在此情况下报账付款也将延迟。然而，这种可以重新申请报账的情况只针对实施中的错误不严重、林木未过采的情况。对于外业实施成功的农户，则无需额外投劳整改，直接可以得到劳务补助。考虑到项目的这种在时间和结果上的特殊性，建议在外业实施后不久即进行第一次重复调查，也就是在基线调查一年之后。

计划进行影响监测评估的年份分布应为：0、1、3、5、7、9、11……年等。

基于农户是否参与了项目、成立了什么样的经营委员会/单位、劳动力如何组织等方面问题，项目中大致存在7类不同层次的参与农户，这些农户对于项目影响的感受也将不尽相同：

- 项目参与户
  - 联户形式中自己投劳实施的农户
  - 联户形式中雇佣他人实施的农户
  - 股份制形式中投劳的农户
  - 股份制形式中未投劳的农户
  - 大户形式的经营大户

■ 纯雇工

■ 未参与户

项目的组织方法（森林经营委员会 / 单位）意味着在参与项目的村民组中，将很难找到很多纯雇工和未参与户。然而由于这两类人群参加了项目的实施或受到波及，他们对项目影响的感受也应收集以便作为对照参考。因此仍需尽量在同一个村民组或隔壁村民组中寻找这类农户进行访谈。

妇女在项目中被涉及和参与的情况也应得到反映。对于所有参与层次（参与户、雇工、未参与户）均需要选定一些妇女进行访谈。

尽管不同农户的参与层次不同，仍应采用同一套问卷对所有农户进行访谈，这样才能就不同参与层次进行对照分析。

4. 村组 / 农户选择标准

建议只选择参与项目的村民组。如果在同一村民组中找不到纯雇工，可同时选择少量未参与项目的村民组，但它们和参与项目的村民组之间应有所关联，例如：毗邻的、在实施中提供了劳务的村民组。所需的村组及农户情况如下：

■ 在 6 个县的 11 个行政村中，选择 11 个村民组（百里杜鹃 1 个，其他县区各 2 个）；

■ 每个村民组访谈 15 个农户（总共 165 个农户）。

表IV-2　村组/农户访谈时间表（至2017年）

访谈时间		村组数			农户数		
		基线调查	重复调查	村民组数量/年*	基线调查	重复调查	农户数量/年*
年	月						
2010	1	2		2	30		30
	7	9		9	135		135
2011	1			0			0
	7		11	11		165	165
2012	1			0			0
	7			0			0
2013	1			0			0
	7		11	11		165	165

（续）

访谈时间		村组数			农户数		
		基线调查	重复调查	村民组数量/年*	基线调查	重复调查	农户数量/年*
2014	1			0			0
	7			0			0
2015	1			0			0
	7		11	11		165	165
2016	1			0			0
	7			0			0
2017	1			0			0
	7		11			165	165
合计		11	44		165	660	

* 本表中只预计了参与项目的村民组。

表Ⅳ -2 中展示了预计的本项目期内(至 2017 年)适合的村民组和访谈农户数量。然而，项目影响将会是长远的，因此，建议项目期结束后（即 2017 年后）仍需对这些农户进行跟踪访谈。

4.1 村组选择标准

在该村组应该已经成立了森林经营委员会 / 单位并且编制了森林经营方案，并且该村组的森林面积相对较大。

4.2 农户选择标准

对于第一次（基线）调查来说，参与农户应该由访谈组从森林经营委员会 / 单位提供的农户名单中选取。所选取的农户应该能够代表整个村民组的社会经济谱系，即：家族、民族、个户森林面积（大、中、小)、家庭经济状况（富裕、中等、贫困）等方面。

由于基线调查时尚未进行外业实施，以及森林经营委员会 / 单位通常包括村民组内的所有村民，在基线调查阶段界定未参与户及纯雇工几乎是不可能的。在进行第一次重复调查时，这两类农户应由访谈组从森林林经营委员会 / 单位提供的备选名单中选取，考虑到数据的连续性及可比性，每一次重复调查时，均应尽量找到原访谈户中的原人进行访谈。

一般来说，一个村组中农户访谈的组成结构如表Ⅳ -3。

表 IV-3　村组农户访谈结构　　单位：人

类别	男	女	合计
参与项目农户	6～8	2～4	10
项目区外雇工	1	2	3
未参与户	1	1	2
合计	8～10	5～7	15

5. 农户访谈技巧要点

农户访谈由接受过专门培训的监测中心人员在咨询专家的协助下进行。访谈中，村领导和县林业局人员均不应参加，以便农户能够自由表达他们的意见。在访谈之前，应该向农户解释为什么项目要收集这些数据（为了评估农户的情况及他们的看法）。农户访谈问卷见本报告附件 1。

访谈应尽可能以一种交谈的方式进行，这样农户可以说出他 / 她的想法。被访者应能够感觉到他 / 她的观点是重要的，同时他 / 她也不应被一些太专业、太复杂的问题吓住。还应该注意避免不能引导被访者说出“正确”的答案（项目人员或领导期望的答案）。问卷中所给出的选项应被看作只是一个线索，或只是一个答案清单，被访者的回答可能会落在这个清单中。任何问答式的、测验式的询问方法都应避免。访谈者应该听取所有基本的回答信息，并将其最终归于其中的一个选项。如果看来不可能归于其中任何选项，则将其记录在“其他”一行中。这些“其他”信息在数据录入和分析过程中将被分类和评估。

虽然访谈者应该花足够的时间聆听，但访谈时间也不能超过 20 分钟，这样可以避免双方出现疲劳，并使调查保持应有的效率。

6. 数据处理

6.1 数据存储

农户访谈信息将被录入到一个名称为“GZ_HHinterviews< 版本日期 >.mdb”的数据库程序中，该数据库的录入窗体结构将与访谈问卷保持一致，以避免录入错误。一位固定的监测中心工作人员将专门负责数据的录入，该人员同时也应该是访谈组成员。所有有利于解读调查结果的备注信息都将被录入数据库。数据录入应在访谈结束后立即进行，以便访谈者仍然保持着新鲜的记忆，可以对访谈的答案尤其是备注内容及时进行澄清核实。

6.2 数据分析和报告

对访谈结果进行分析时，将按对合格的问题答案（原因或观点）的频率分布、均值或分段频率的形式进行。这些访谈结果能够显示项目的社会经济影响，也能够反映项目执行的效率、成效及可持续性。在咨询专家的协助下，监测中心人员应分析这些访谈结果并出具报告。

基线调查报告的结论多少是描述性的。而真正的影响分析将从 2011 年之后，当影响监测采集到回访数据后开始进行。

附件 1 农户访谈问卷

中德合作贵州林业项目农户访谈问卷

年－月－日	调查人姓名

A. 地点

县	乡	行政村	村民组

B. 受访者

户主姓名：__________ID 号：__________

民族：__________ 汉：☐__________ 其他：☐________

本家庭第几次接受访谈：__________

本次受访者姓名：__________ 性别：女性☐ 男性☐

参与的层次：

☐ 联户自投劳农户

☐ 联户雇主

☐ 股份制投劳农户

☐ 股份制未投劳农户

☐ 大户单独经营者

☐ 纯雇工

☐ 项目区未参加者

☐ 非项目区森林经营者

1. 你家有多少亩林子？ ________ 亩。何时获得当前的土地权属：______ 年。

2. 你家的森林是哪种类型为主？

☐ a 商品林 ☐ b 国家公益林 ☐ c 地方公益林 ☐ d 我不知道

3. 你家的森林已实施项目活动的有 _________ 亩。

4. 你家的森林实施了哪些经营活动？（可多选）

☐ a 造林 ☐ b 人促 ☐ c 自然恢复 ☐ d 中幼林间伐 ☐ e 近熟林间伐

☐ f 抚育 ☐ g 萌生林改造 ☐ h 基建 ☐ i 我不知道

5. 你是怎样参加德援项目的？（雇工及未参加者不填）

☐ a 我是积极主动要求参加的

□b 我是随大流，我不知道具体有什么利益，但是也不想错过机会

□c 我本来没兴趣，但别人让我参加项目

□d 我不知道

6. 当时你最看重项目宣传的哪些好处？（可多选）

□a 能学到知识和技术　□b 能改善村庄的生态环境

□c 有采伐指标，采伐的林木可卖钱　□d 有劳务补贴，出工投劳能挣工钱

□e 将来林子里可能有蘑菇、野菜、药材　□f 林子越经营越好，可以留给子孙

□g 项目提供免费的种苗、采伐工具和林区道路　□h 其他方面，详细说明

□i 我不知道

7. 截至现在你已从项目中获得了多少劳务补贴或工钱？

□a 没有　□b 有一点　□c 比较多　□d 非常多　□e 我不知道

8. 截至现在你已从项目中获得了多少免费的材料 / 工具 / 基建？

□a 没有　□b 有一点　□c 比较多　□d 非常多　□e 我不知道

9. 截至现在你从森林的经营利用方面获得了多少利益（木材和林副产品）？

□a 没有　□b 有一点　□c 比较多　□d 非常多　□e 我不知道

10. 你认为你将来能从森林中获得多少木材和林副产品？

□a 没有　□b 有一点　□c 比较多　□d 非常多　□e 我不知道

11. 你最喜欢哪类森林产品？

□a 大径材　□b 小径材　□c 薪柴及林副产品

□d 生态休闲服务　□e 我不知道

12. 你在森林经营活动中花费了多少时间？

□a 不多　□b 比较多　□c 非常多　□d 记不得了

13. 在参与森林经营时，你学到了多少知识和技能？

□a 没有　□b 有一点　□c 比较多　□d 非常多　□e 我不知道

14. 孩子们对林业和森林可持续经营方法感兴趣吗？

□a 没兴趣　□b 一般　□c 很感兴趣　□d 我不知道

15. 为搞好森林经营，你目前最大的一项困难是什么？

□a 技术　□b 采伐指标及办证　□c 市场信息　□d 林业税费

□e 运输车辆　□f 林区道路　□g 带头人　□h 劳力　□i 我不知道

16. 总体上看，成立森林经营单位对于搞好森林经营有必要吗？

□a 很有必要　□b 或许有吧　□c 没必要　□d 制造麻烦　□e 我不知道

17. 目前你们自己的森林经营单位运行得如何？

□a 很成功　□b 还可以　□c 没什么作用　□d 制造麻烦　□e 我不知道

□f 我不想评价

18. 你对你们的森林经营方案满意吗?

□ a 很满意 □ b 还可以 □ c 不太满意 □ d 强烈反对 □ e 我不知道

19. 总体上看，搞好森林经营有好处吗?

a）在收入和生活水平方面?

□ a 没好处 □ b 没影响 □ c 有益 □ d 非常有益 □ e 我不知道

b）在生态环境方面?

□ a 没好处 □ b 没影响 □ c 有益 □ d 非常有益 □ e 我不知道

c）在森林质量方面?

□ a 没好处 □ b 没影响 □ c 有益 □ d 非常有益 □ e 我不知道

20. 妇女的工作量由于森林经营活动发生变化了吗?

□ a 没变化 □ b 变化一点 □ c 变化较多 □ d 我不知道

21. 妇女个人从森林经营活动中得到好处了吗?

□ a 完全相反 □ b 没有影响 □ c 一点好处 □ d 较多好处

□ e 我不知道 □ f 我不想评价

22. 你觉得参与森林经营活动在哪些方面改变了你的生活？

23. 你对项目有什么意见和要求？

附件 2　关键信息人访谈提纲

经济影响

- 项目的森林经营活动是否给你带来了现金收入？是否带来了实物收入？
- 上述的收入你是怎样使用的，给你的生活带了怎样的变化？（生活水平、生活方式、生产方式等）
- 你在项目活动中花费了多少工作量？
- 你怎样看额外的工作量和额外的收益 / 好处之间的关系？是划得来还是划不来？
- 项目方向需要改变吗？你有什么建议（经济、生态、可持续性）？
- 如果没有项目的限制，你会怎样经营你的林子？

妇女地位

- 项目邀请你参加村庄的会议了吗？你参加了没有？你喜欢参加吗？ 项目实施期间，你是否有你自己的想法？你能自由地、自信地表达自己的想法吗？
- 项目对你在家庭和村里的正常生活是否产生了影响？哪些影响？
- 项目是否直接增加了你的工作量，即：你是否直接参加了林业活动？
- 项目是否增加了你家人（丈夫、儿子等）的工作量？
- 你家人工作量的变化是否影响到了你的工作量？你是否必须接手别人的工作？
- 项目对林产品（薪柴、杆材、林副产品）产量是否产生了影响？

生态意识及感受

- 项目提供过技术培训吗？你参加了没有？
- 通过实施项目，你学到了什么新东西没有？
- 你们是否需要搞森林经营？
  - 为什么需要？为什么不需要？
- 项目如何改变林户的收入？
  - 短期（5 年内），中长期（5～20 年内）？
- 你对可持续森林经营是如何理解的？
- 你喜欢可持续森林经营中的哪些方面？不喜欢哪些方面？
- 你的孩子们对林业和可持续森林经营感兴趣吗？他们是怎样学到这些知识的？
- 项目的可持续森林经营方法对你的林子产生了什么影响？（保护 / 改善 / 破坏）
- 项目实施后你的林子更健康了吗，为什么？
- 项目实施后林子里的生物多样性增加了吗？如果是，增加了哪些物种，数量？
- 林子质量的变化是否对村庄的其他方面产生了影响？（农业、水源、风景、小气候等）

■ 如果没有项目的话，你的林子经营不经营，怎样经营？

■ 项目的森林经营方法需要改变吗？你有什么建议？

■ 你愿意让其他人（其他村组、其他农户）也了解可持续森林经营方法吗？

社会及行业地位

■ 参加项目之后，林户之间的关系变化了吗？如果是，怎样变化的？

■ 其他未参与的林户是否就森林如何经营向参与户征询建议或者咨询？

■ 作为一个农民，参加项目是否对你的声望产生了影响？如果是，变好了还是变差了，怎样变化的？

■ 在村委会成员和村民代表中，参与项目的林户是否获得了更多的职位？这与实施项目有关系吗？

■ 与其他未参加项目的村组相比，你们村民组作为一个整体，在当地社会和林业行业中的地位有没有提升？这与实施项目有关系吗？

■ 有没有其他村组的人，来考察学习你们的森林经营委员会/森林经营单位和你们的林子？

森林经营单位绩效与可持续性

■ 你们的森林经营委员会/森林经营单位，在组织项目的实施和正常的森林经营活动方面是否成功？

■ 你们的森林经营委员会/森林经营单位在主持分配项目劳务补助和森林经营收益方面是否做到了公平公正？

■ 你希望你们的森林经营委员会/森林经营单位在项目结束后继续存在下去吗？以你的观察来看，它能持续存在下去吗？为什么？

■ 为了让你们的森林经营委员会/森林经营单位做得更好，你有什么建议？

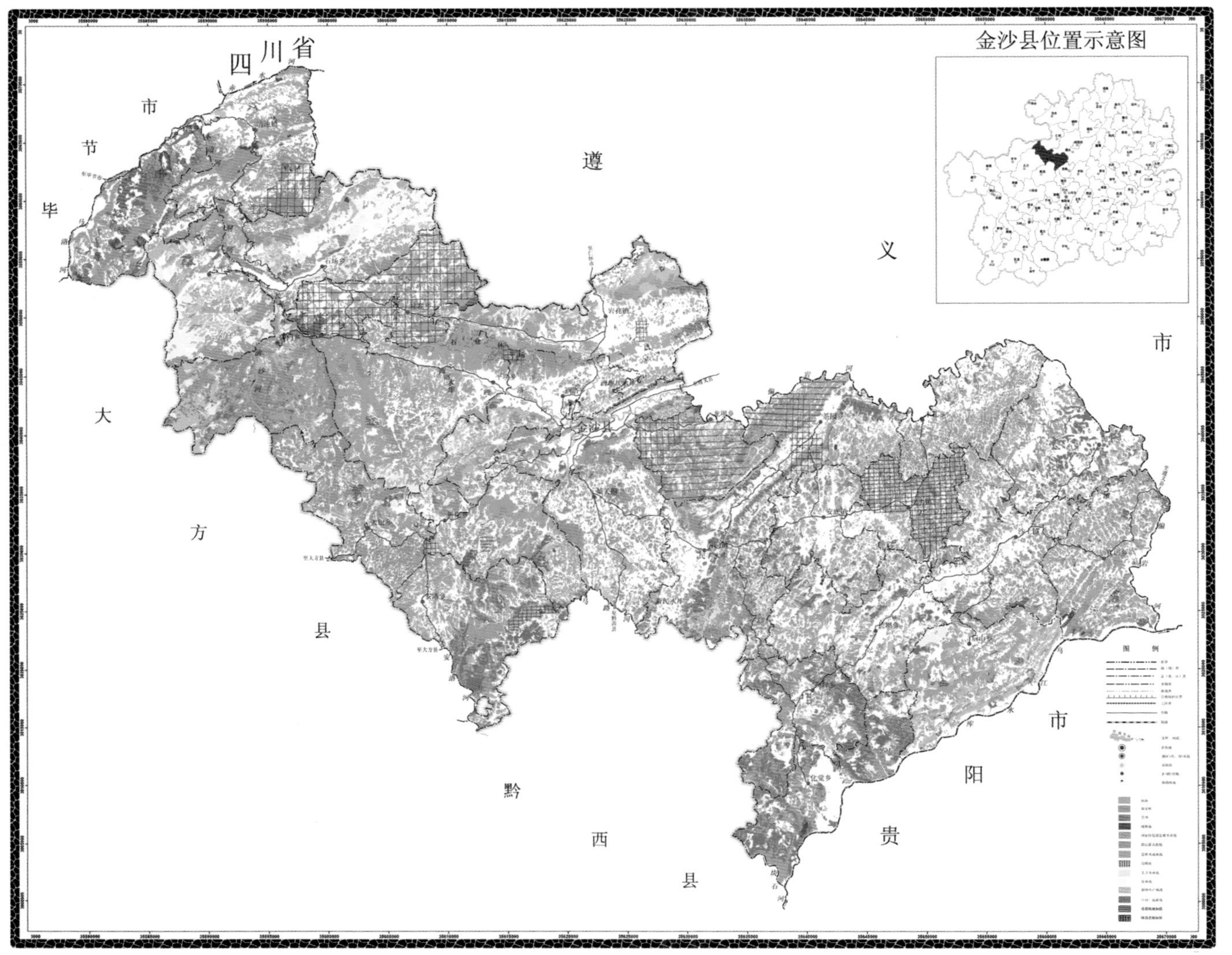

中德财政合作贵州省森林可持续经营项目金沙县项目区概览图

项目启动座谈会

项目启动仪式

项目启动仪式

县级水平的参与式动员会议

项目指导

国际国内参与式林业专家现场指导

首席技术顾问与国内参与式专家现场指导工作

森林经营单位管理研讨会

黔西县的阔叶纯林经营

大方县固定研究样地实施经营活动前（左）和实施经营活动后（右）

开阳县固定研究样地实施经营活动前（左）和实施经营活动后（右）

天然更新

采伐现场

林分改造后栽植的林木长势

林区道路建设

国际专家采伐培训——采伐技术

国际专家采伐培训——油锯维护

森林经营活动的国际监测

森林经营活动的国际监测

财务专家检查与培训

省市项目办与专家到县项目办督导

省项目办领导现场检查

德国复兴银行检查项目实施进度

德国复兴银行检查项目实施进度

项目提款报账培训会

项目国际技术研讨会

四川考察团来项目交流经验

湖北考察团来项目交流经验

赴德学习交流

赴德学习交流

项目期终现场评估

签署期终评估会议纪要

项目书稿评审会